建筑识图与构造

主　编　马红侠　魏书华　张学元

副主编　王会波　武　静　鞠志祥　董国庆

　　　　刘娜娜　武　静　高　凯　刘　俊

参　编　王　婷　王　倩　王艳芳　姜　静

主　审　安德锋　马运成

哈爾濱工程大學出版社

Harbin Engineering University Press

内容简介

本书主要内容有制图基本知识、投影图、剖面图和断面图、建筑识图基础、建筑施工说明及建筑总平面图的识读、建筑平面图的识读、建筑立面图的识读、建筑剖面图的识读、建筑详图的识读、结构施工说明及基础结构图的识读、楼面结构布置图及构件详图的识读、混凝土结构平法施工图的识读、楼梯结构详图的识读、变形缝、建筑工业化、工业建筑构造概述等。

图书在版编目（CIP）数据

建筑识图与构造/ 马红侠，魏书华，张学元主编.
—哈尔滨：哈尔滨工程大学出版社，2019.9
ISBN 978-7-5661-2295-7

Ⅰ. 建… Ⅱ. ①马… ②魏… ③张… Ⅲ. ①建筑制图—识图 ②建筑构造 Ⅳ. TU2

中国版本图书馆CIP数据核字(2019)第204631号

责任编辑 张 彦
封面设计 杨金婷

出版发行 哈尔滨工程大学出版社
地　　址 哈尔滨市南岗区南通大街145号
邮政编码 150001
发行电话 0451-82519328
传　　真 0451-82519699
经　　销 新华书店
印　　刷 廊坊市鸿煊印刷有限公司
开　　本 787mm×1 092mm 1/16
印　　张 20.75（插页 1/8 36页）
字　　数 489千字
版　　次 2019年9月第1版
印　　次 2019年9月第1次印刷
定　　价 55.00元

http://www.hrbeupress.com
E-mail:heupress@hrbeu.edu.cn

前　言

识读建筑工程施工图是进入建筑行业的敲门砖，是施工员、预算员、测量员、资料员、质检员、安全员和各技能操作人员等施工一线专门岗位人才必备的基础能力。

由于多数中职、高职学生的文化基础差、底子薄、空间想象能力较差，而《建筑识图与构造》是一门实践性很强、空间想象能力要求高的综合课程，所以一本好的教材对于学生的学习具有举足轻重的作用。本书依据《国家技能人才培养标准》和《一体化课程规范》，结合实践专家访谈会提炼出典型工作任务，创新教材编写模式，打破学科体系，使理论教学和实践教学相融合。依据劳动者的职业特征、职业成长规律和典型工作任务设计教材教学单元，实现理论知识与技能训练的有机结合。本书更注重实践，以一套完整的建筑工程图贯穿始终，注重实际工程的引入，用工程实例讲授建筑施工图、结构施工图和建筑构造，并强调让同学们接触真实的工程资料和实物，以拉近课堂与工程现场的距离，传授给同学工程一线真正需要和最接近实际的知识。本书的理论知识以“必须、够用”为度，以“学以致用、学用结合”的原则安排相关知识。各相关知识的前后顺序，以学生的认知规律为主线来安排。本书采用新标准、新规范，加入了行业标准《混凝土结构施工图平面整体表示方法制图规则和构造详图》（16G101—1）等图集的讲解。

本书结构合理，内容详实，图例丰富，易教易学，适用于以培养技能人才为主的职业院校、技工院校的建筑施工、建筑工程管理、工程造价等建筑类专业学生使用，也可作为相关行业岗位人员的培训教材、职业培训机构或自学用书。

本书由江苏联合职业技术学院徐州技师分院马红侠、河北科技大学魏书华和齐齐哈尔大学张学元担任主编。徐州技师学院王会波和武静、苏州建设交通高等职业技术学校鞠志祥、东南大学成贤学院董国庆、常州工学院刘娜娜、山西大学商务学院武静、黑龙江建筑职业技术学院高凯、武夷山职业学院刘俊担任副主编。徐州技师学院王婷、王倩、王艳芳和佳木斯大学姜静为参编。江苏联合职业技术学院徐州技师分院安德锋和马运成担任主审。

本书参考了书后所附文献的部分资料，在此向其作者表示衷心感谢。由于时间仓促，编审人员水平有限，教材中存在差错和不足之处在所难免。希望读者使用后注意总结经验，及时提出修改意见和建议，使之不断完善和提高。

编　者

2019 年 5 月

目　　录

绪　论

1. 本课程的地位与作用

《建筑识图与构造》是建筑施工、工程造价、建筑工程管理等建筑类专业的一门专业基础课程。工程技术人员的设计意图只有通过工程图样才能确切地表达出来，施工人员也只有在看懂工程图样的前提下，才能依据图样进行施工。由此可见，工程图样是工程界用以表达和交流技术思想的工具之一，具有“工程界的技术语言”之称。本课程与建筑材料、建筑施工技术、建筑工程计量与计价等课程关系紧密，是今后学习后续专业课程的基础，同时也是本专业岗位技能的重要体系。识读建筑工程施工图是进入建筑行业的敲门砖，是施工员、资料员、预算员、测量员、质检员、安全员和各技能操作岗位等施工一线专门岗位人才必备的基础能力。

2. 本课程的主要内容

本教材共 16 章，分三部分。

（1）建筑识图基础知识

建筑识图基础知识包括建筑制图的基本知识、投影原理、点线面体的投影、剖面图和断面图。

根据正投影的原理及建筑图的规定画法，能够把一栋房屋的全貌包括它的各个细微的局部，都一一完整地表达出来，这就是房屋建筑图。房屋建筑图一般有平面图、立面图、剖面图和构造详图。用一个假设的剖切平面，在适当的高度将建筑物水平切开，移去上段，然后用正投影的方法绘制出切开部位下段的水平投影图，就可以清楚地表现房屋内部情况，这就是平面图；以平行于房屋外墙面的投影面，用正投影原理绘制的房屋投影图，就是房屋的立面图；设想用铅垂剖切面，把建筑物垂直切开后得到的投影图，可以表达房屋内部沿高度方向的情况，如层数、层高、屋顶形式等，这就是建筑剖面图。建筑制图是学习建筑识图与构造的理论基础。

（2）建筑识图构造

熟练读图是本课程的重点之一。本教材主要研究建筑工程图的图示特点、图示内容和识读方法。建筑识图包括识读建筑施工图、结构施工图、混凝土结构施工图平面整体表示方法制图规则和构造详图，并将基础、墙体、楼地面、门窗、楼梯、屋顶等基本构造知识融通在建筑工程图的识读过程中。

（3）建筑相关专业知识拓展

建筑相关专业知识拓展包括变形缝构造、装配式建筑概述、单层工业厂房的构造。

3. 学习本课程的方法和要求

学习本课程的目的是培养学生具有绘制和阅读建筑工程图的基本能力，具体要求有以下几点。

（1）熟练掌握绘图仪器和工具的使用，初步掌握绘图方法和绘图技能。

（2）掌握投影制图的基本理论和作图方法，了解剖面图、断面图的基本知识和画法。

（3）认真听讲，适当笔记，借助模型有意识地培养空间想象能力。

（4）及时复习，及时完成作业。本课程系统性、实践性较强，尤其是投影部分，前后联系紧密，一环扣一环，务必认真听讲，及时完成相应的练习和作业，否则直接影响下次课的听课效果。

（5）以识图和民用建筑构造为主要学习内容，要求学生能阅读中等复杂程度的建筑工程施工图。理论联系实际，多观察已建成或特别是正在施工的建筑，不断地由物画图，由图想物，分析和想象实际建筑形体与图形之间的对应关系，逐步提高自己的空间想象能力和空间分析能力。

（6）培养学生严肃认真、一丝不苟的学习态度和工作作风。图纸是工程施工的技术依据，图中一条线的疏忽或一个尺寸数字的差错，都会给工程建设带来不应有的损失，因此要培养学生树立为工程负责、为人民负责的职业精神。在学习中要理论联系实际，只有多画、多识读，才能达到熟练与全面掌握知识的目的。

第 1 章　制图基本知识

本章介绍制图工具和用品的使用方法、建筑工程制图标准、几何作图。通过本章的学习和习题作业的练习，应使学生在获得一定的制图知识的基础上，初步掌握绘图的基本技能。

1.1　制图工具和用品

虽然目前建筑工程设计的工程图都是采用计算机绘图，但是传统的手工绘图方法和步骤是学习计算机绘图的基础。所以学生仍需了解手工绘图工具和仪器的性能，熟练掌握其正确的使用方法。

1.1.1　常用绘图工具

1. 图板和丁字尺

图板是制图的主要工具之一，是专门用来固定图纸的长方形木板，要求板面平整光滑，如图 1-1 所示。图板有三种规格，即 0 号（900 mm × 1 200 mm）、1 号（600 mm × 900 mm）和 2 号（400 mm × 600 mm）。学习时多采用 1 号和 2 号。图板不能受潮、暴晒和重压，以防变形。为保持板面平滑，贴图纸时宜用透明胶纸，不能用图钉。不画图时可将图板竖立保管，并注意保护工作边。

丁字尺是由相互垂直的尺头和尺身组成，如图 1-1 所示。丁字尺与图板配合可画水平线。使用时必须将尺头内侧靠紧图板左侧导边，上下推动，并将尺身上边沿对准画线位置，然后按住尺身，自上而下执笔从左向右画线，水平线的绘制如图 1-2 所示。使用时，只能将尺头靠在图板左侧导边，不能靠右边或上、下边使用，也不能在尺身的下边画线。不要用小刀靠在工作边上裁纸。不用时，应将丁字尺倒挂在墙上，以防尺身变形和尺头松动。

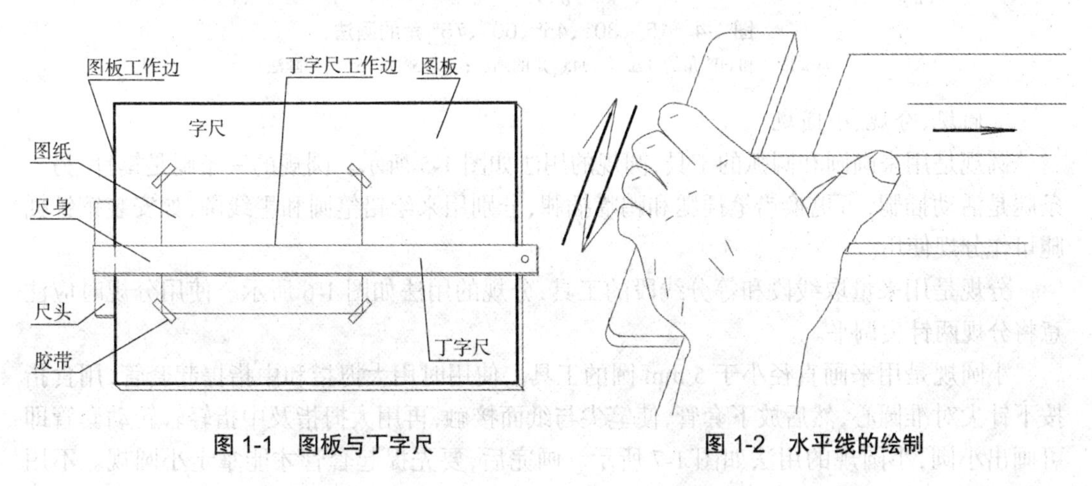

图 1-1　图板与丁字尺　　图 1-2　水平线的绘制

2. 三角板

一副三角板有两块,其中一块是两个锐角,分别是 30°、60° 的直角三角板;另一块是两个锐角均为 45° 的等腰直角三角板。三角板主要用来配合丁字尺画铅垂线,即竖直线的绘制如图 1-3 所示,以及 30°、45°、60° 等各种特殊角的绘制,两块三角板配合使用可画 15°、75° 特殊角,如图 1-4 所示,还可推画任意方向的平行线。因为三角板一般是用有机材料制成的,所以应避免碰摔和刻划,以保持各边平直。

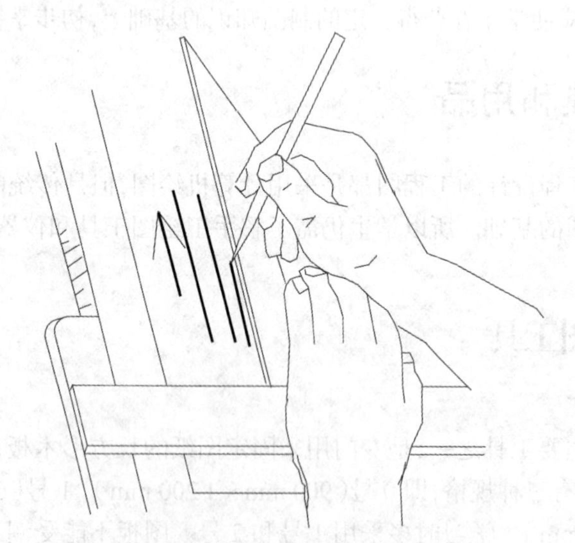

图 1-3 竖直线的绘制及各种特殊角的绘制

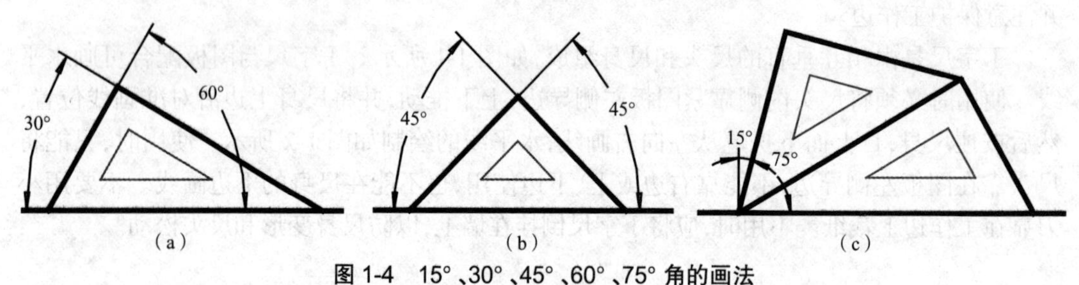

图 1-4 15°、30°、45°、60°、75° 角的画法

(a)30° 和 60° 角的画法;(b)45° 角的画法;(c)15° 和 75° 角的画法

3. 圆规、分规、小圆规

圆规是用来画圆和圆弧的工具,圆规的用法如图 1-5 所示。圆规的一条腿是钢针,另一条腿是活动插腿,可更换铅笔插腿和鸭嘴插腿,分别用来绘铅笔圆和墨线圆,如安装钢针插腿可作分规使用。

分规是用来量取线段和等分线段的工具,分规的用法如图 1-6 所示。使用分规时应注意将分规两针尖调平。

小圆规是用来画直径小于 5 mm 圆的工具。使用时用大拇指和中指提起套管,用食指按下针尖对准圆心,然后放下套管,使笔尖与纸面接触,再用大拇指及中指轻轻转动套管即可画出小圆,小圆规的用法如图 1-7 所示。画完后,要先提起套管才能拿走小圆规。不用时,应放松弹片以保护弹性。

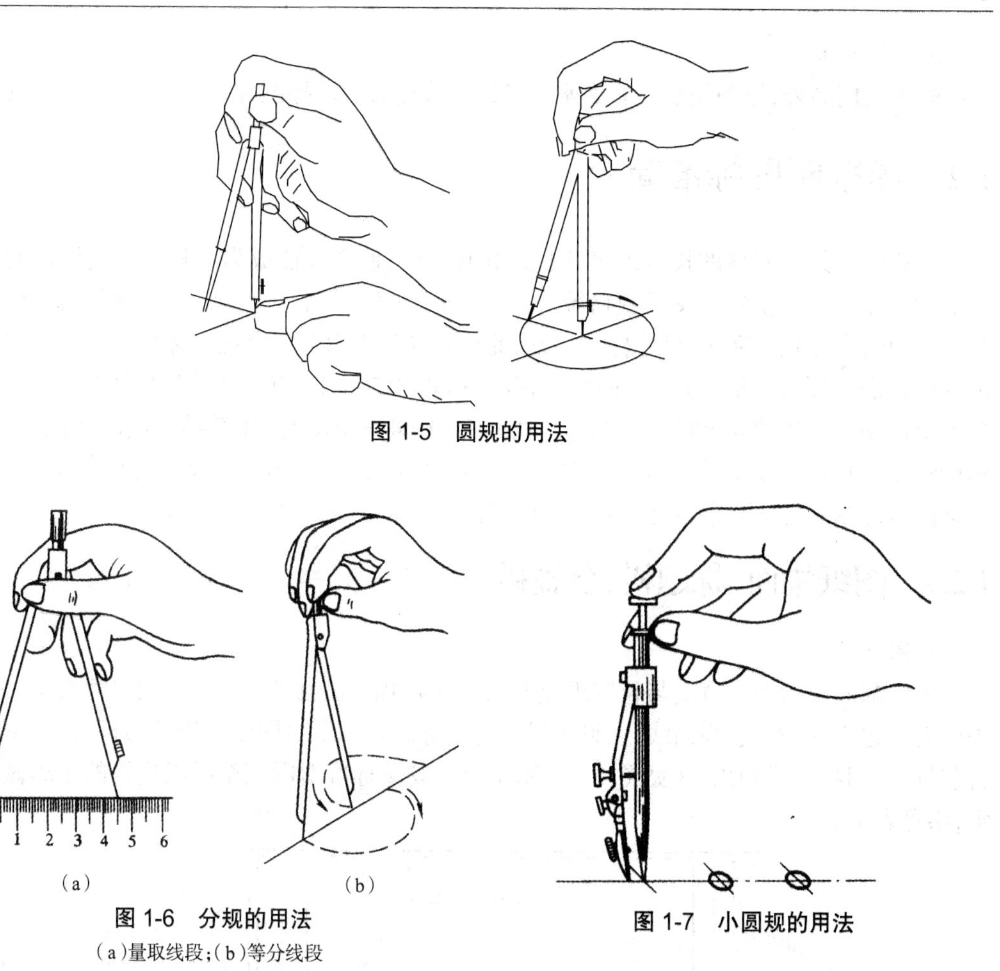

图 1-5　圆规的用法

图 1-6　分规的用法
(a)量取线段;(b)等分线段

图 1-7　小圆规的用法

4. 其他绘图工具

其他绘图工具包括直线笔(也称鸭嘴笔,是描图上墨线的工具)、绘图笔(又称针管笔,是代替直线笔的上墨、描图新型工具)、曲线板(用来描绘非圆曲线的工具)及比例尺(用于放大或缩小实际尺寸的一种尺子)。

1.1.2　绘图用品

1. 图纸

图纸有绘图纸和描图纸两种。绘图纸用于绘制铅笔图,要求纸面洁白、质地坚硬、橡皮擦后不易起毛。要注意识别正反面,用橡皮在图纸边上试擦,不起毛的是正面。

描图纸又称硫酸纸,是用于描绘图样并以此作为复制蓝图用的底图,注意不能使之受潮。

2. 绘图铅笔

绘图铅笔有软硬之分,其型号以铅芯的软硬度来划分。笔端字母“B”表示软铅芯;“H”表示硬铅芯;“HB”表示中等软硬度铅芯。其中,“B”前的数字越大表示越软,“H”前的数字越大表示越硬。H 与 3H 常用于打底稿，HB 与 B 常用于加深图线，H 与 HB 常用于写字。铅笔应从没有标志的一端开始使用,以便保留标记辨认软硬。

3. 其他用品

除上述用品外,绘图用品还有墨水、胶带纸、橡皮、刀片、擦图片、软毛刷、砂纸、模板等。

1.2 国家制图标准简介

工程图样是工程界的技术语言,国家制图标准是使图样能成为工程界共同语言的技术保证和支撑。为了使建筑图纸规格统一,图面简洁清晰,符合设计、施工、存档的要求,必须在图样的画法、图纸、字体、尺寸标注、采用的符号等各方面有一个统一标准。有关的现行建筑制图标准主要有《房屋建筑制图统一标准》(GB/T 50001—2017)、《总图制图标准》(GB/T 50103—2010)、《建筑制图统一标准》(GB/T 50104—2010)、《建筑结构制图标准》(GB/T 50105—2010)等。本节将主要介绍其中的图幅、图线、字体、比例和尺寸标注等基本规定,其余内容将在后续章节中结合专业图纸的识读与绘制详细介绍。

1.2.1 图纸幅面、标题栏、会签栏

1. 图纸幅面

图纸幅面是指图纸宽度与长度组成的图面,即图幅,也就是图纸幅面的尺寸大小。图纸中应有标题栏、图框线、幅面线、装订边线和对中标志。图框是图纸四周的边框,无论图纸是否装订,均用粗实线画出,参见图 1-8 至图 1-11。制图标准对图框至图纸边缘的距离做了规定,参见表 1-1。

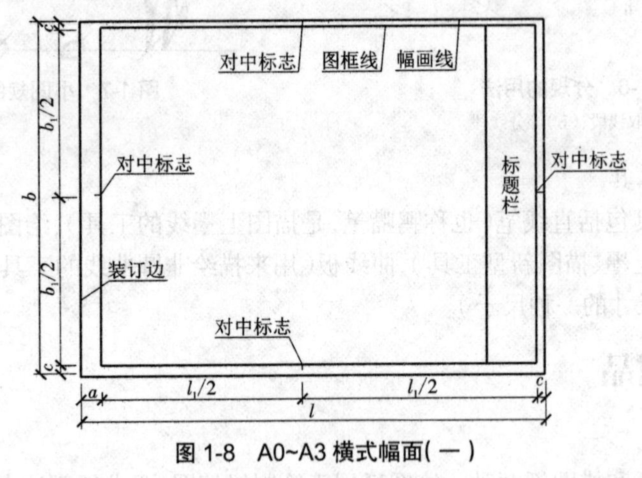

图 1-8 A0~A3 横式幅面(一)

表 1-1 幅面及图框尺寸

单位:mm

尺寸代号 \ 幅面代号	A0	A1	A2	A3	A4
$b \times l$	841 × 1 189	594 × 841	420 × 594	297 × 420	210 × 297
c	10			5	
a	25				

注:①图纸的短边一般不应加长,长边可加长,但应符合规定,参见表 1-2。

②一般 A0~A3 图纸宜横式使用,必要时也可立式使用。A4 应立式使用。参见图 1-8 至图 1-11。

③选用图幅时应以一种图幅为主,尽量避免大小幅面掺杂使用以便于装订管理,一般不宜多于两种幅面。

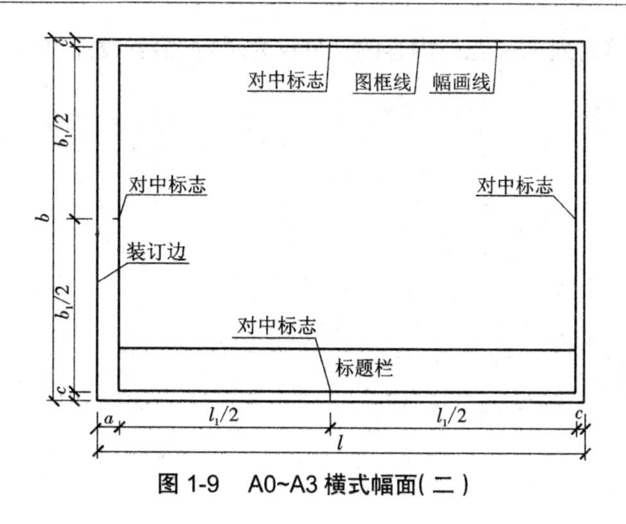

图 1-9　A0~A3 横式幅面(二)

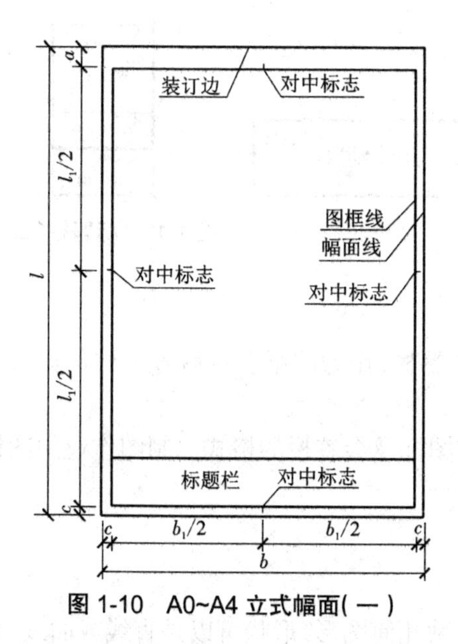

图 1-10　A0~A4 立式幅面(一)

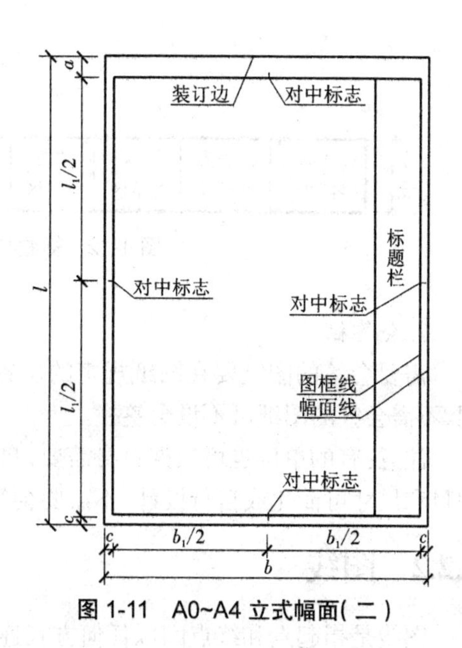

图 1-11　A0~A4 立式幅面(二)

表 1-2　图纸长边加长尺寸

单位:mm

幅面尺寸	长边尺寸	长边加长后尺寸
A0	1 189	1 486、1 635、1 783、1 932、2 080、2 230、2 378
A1	841	1 051、1 261、1 471、1 682、1 892、2 102
A2	594	743、891、1 041、1 189、1 338、1 486、1 635、1 783、1 932、2 080
A3	420	630、841、1 051、1 261、1 471、1 682、1 892

2. 标题栏(图标)

标题栏的格式如图 1-12 和图 1-13 所示,根据工程的需要,选择并确定其尺寸、格式及分区。签字栏应包括实名列和签名列(为了避免因签字过于潦草而难以识别,规定了签字区应包含实名列和签名列),标题栏内容的划分仅为示意,给各设计单位以灵活性。

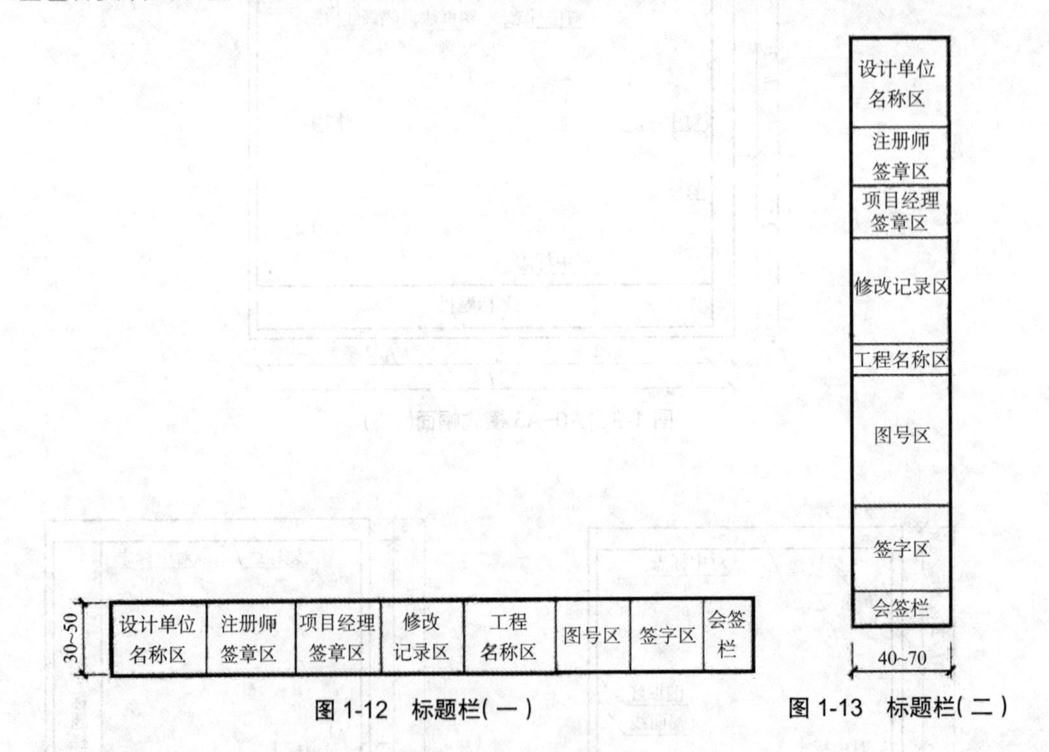

图 1-12 标题栏(一)

图 1-13 标题栏(二)

3. 会签栏

需要会签的图纸要在图纸规定的位置画出会签栏,作为图纸会审后各工种负责人签字用,不需会签的图纸可不设会签栏。

注意:有的单位也可根据自身需要,自选确定图标及会签栏的格式。制图作业中图标的栏目和尺寸可简化或自行设计,不需要会签栏。

1.2.2 图线

图线是指起点和终点间以任何方式连接的一种几何图形,形状可以是直线或曲线,连续或不连续线。建筑工程图中,为了能够分清主次,表示出不同的内容,绘图时必须采用不同的线型和线宽。

1. 线宽组

图线的宽度 b,宜从 1.4 mm、1.0 mm、0.7 mm、0.5 mm、0.35 mm、0.25 mm、0.18 mm、0.13 mm 线宽系列中选取。图线宽度不应小于 0.1 mm。每个图样应根据复杂程度与比例大小,先选定基本线宽 b,再选用表 1-3 中相应的线宽组。在同一张图纸上,相同比例的图样,应选用相同的线宽组。

表 1-3　线宽组

线宽比	线宽组 /mm			
b	1.4	1.0	0.7	0.5
$0.7b$	1.0	0.7	0.5	0.35
$0.5b$	0.7	0.5	0.35	0.25
$0.25b$	0.35	0.25	0.18	0.13

注：1. 需要缩微的图纸，不宜采用 0.18 mm 及更细的线宽；
2. 同一张图纸内，各不同线宽中的细线，可统一采用较细的线宽组的细线。

2. 图线的种类

建筑工程图常用的图线分为实线、虚线、点画线、折断线和波浪线等，参见表 1-4。

表 1-4　图线

名称		线型	线宽 /mm	一般用途
实线	粗		b	主要可见轮廓线
	中粗		$0.7b$	可见轮廓线
	中		$0.5b$	可见轮廓线、尺寸线、变更云线
	细		$0.25b$	图例填充线、家具线
虚线	粗		b	见各有关专业制图标准
	中粗		$0.7b$	不可见轮廓线
	中		$0.5b$	不可见轮廓线、图例线
	细		$0.25b$	图例填充线、家具线
单点长画线	粗		b	见各有关专业制图标准
	中		$0.5b$	见各有关专业制图标准
	细		$0.25b$	中心线、对称线、轴线等
双点长画线	粗		b	见各有关专业制图标准
	中		$0.5b$	见各有关专业制图标准
	细		$0.25b$	假想见各有关专业制图标准、成型前原始轮廓线
折断线	细		$0.25b$	断开界线
波浪线	细		$0.25b$	断开界线

3. 图线的画法要求

建筑工程图中的图线应清晰整齐、均匀一致、粗细分明、交接正确。因此对图线的画法要求有以下几点。

（1）相互平行的图例线，其净间隙或线中间隙不宜小于 0.2 mm。

（2）虚线、点画线或双点长画线的线段长度和间隔，宜均匀相等。

（3）点画线或双点画线的两端，不应是点。点画线与点画线交接或点画线与其他图线交接时，应是线段交接。

(4)虚线与虚线交接或虚线与其他图线交接时,应是线段交接。虚线为实线的延长线时,不得与实线连接。

(5)单点长画线或双点长画线,当在较小图形中绘制有困难时,可用细实线代替。

(6)图线不得与文字、数字或符号重叠、混淆,不可避免时,应首先保证文字等的清晰。

1.2.3 字体

字体是指文字的风格式样,又称书体。建筑工程图上常用的文字有汉字、拉丁字母、阿拉伯数字、罗马数字及各种符号。图纸上所需书写的文字、数字或符号等,均应笔画清晰、字体端正、排列整齐,且标点符号应清楚正确。

1. 汉字

图样及说明中的汉字,宜采用长仿宋体或黑体,同一图纸字体种类不应超过两种。长仿宋体的高宽的关系应符合表 1-5 的规定,黑体字的宽度与高度应相同。大标题、图册封面、地形图等的汉字,也可书写成其他字体,但应易于辨认。

表 1-5 长仿宋体的高宽的关系

单位:mm

字高	20	14	10	7	5	3.5
字宽	14	10	7	5	3.5	2.5

2. 数字和字母

数字和字母的书写,分斜体和直体两种。当其与汉字混写时,宜为直体。如需要写成斜体字,其斜度应从字的底线逆时针向上倾斜 75°,斜体字的宽度和高度与相应的直体字相等。数字和字母的字高,应不小于 2.5 mm。当拉丁字母、阿拉伯数字或罗马数字与汉字并列书写时,它们的字高比汉字的字高宜小一号或小两号。

当拉丁字母单独用作代号或符号时,应避免使用 I、O、Z 三字母。分数、百分数和比例数的注写,应采用阿拉伯数字的数学符号,例如四分之三、百分之二十五和一比二十应分别写成 3/4、25% 和 1∶20。

1.2.4 比例

1. 比例的概念

比例是指建筑工程图中图形与实物相对应的线性尺寸之比。比例的大小是指比值的大小,如 1∶50 大于 1∶100。

例如,图样上某线段长为 330 mm,而实物上与其相对应的线段长为 33.0 m,那么它的比例等于下式,即

$$比例=\frac{图样上的线段长度}{实物上的线段长度}=\frac{0.33}{33}=\frac{1}{100}$$

2. 比例的注写

在工程图样上,比例应该以阿拉伯数字表示,如 1∶100、1∶200 等。图样上的比例应该注写在图名的右侧,字的底线应取平,其字号大小应该比图名的字高小一号或两号,比例的

注写方式如图 1-14 所示。

平面图 1:100　　⑥ 1:20

图 1-14　比例的注写方式

3. 比例的选用

绘图时所用的比例应该根据图样的用途及被绘对象的复杂程度从表 1-6 中选用，并应优先选用表中的常用比例。一般情况下，一个图样应选用一种比例。根据专业制图需要，同一图样可选用两种比例。

表 1-6　常用比例和可用比例

常用比例	1 : 1、1 : 2、1 : 5、1 : 10、1 : 20、1 : 30、1 : 50、1 : 100、1 : 150、1 : 200、1 : 500、1 : 1 000、1 : 2 000
可用比例	1 : 3、1 : 4、1 : 6、1 : 15、1 : 25、1 : 40、1 : 60、1 : 80、1 : 250、1 : 300、1 : 400、1 : 600、1 : 5 000、1 : 10 000、1 : 20 000、1 : 50 000、1 : 10 000、1 : 200 000

1.2.5　尺寸标注

图纸上的图形仅表示物体的形状，其大小及各组成部分的相对位置要通过标注尺寸来确定。尺寸是施工生产的重要依据，因此标注尺寸要求完整准确、清晰整齐。

1. 尺寸的组成及要求

图样上的尺寸由尺寸界线、尺寸线、尺寸起止符号和尺寸数字四部分组成，如图 1-15 所示。

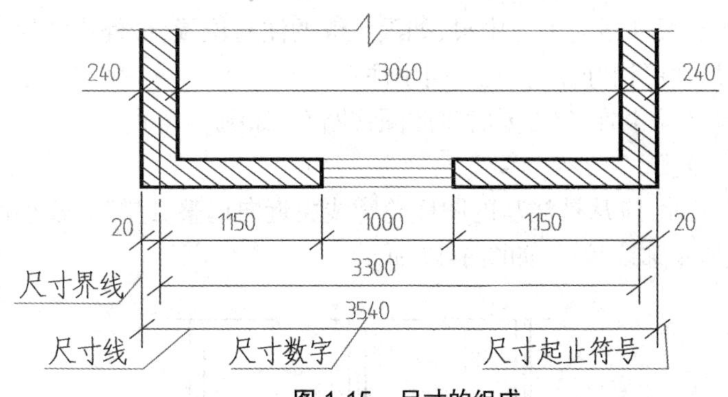

图 1-15　尺寸的组成

（1）尺寸界线

①应用细实线。

②与被标注长度垂直，一端离开图形轮廓线不小于 2 mm，另一端超出尺寸线 2~3 mm。

③图形的轮廓线及中心线可用作尺寸界线，如图 1-16 所示。

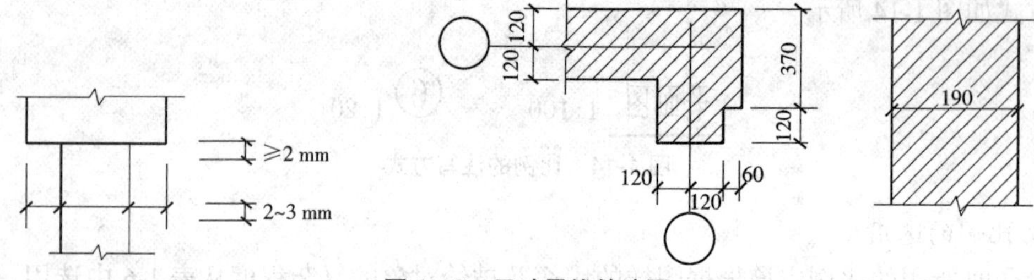

图 1-16　尺寸界线的注写

（2）尺寸线

①应用细实线。

②一般应与被标注长度平行，尺寸线不宜超出尺寸界线。

③中心线、尺寸界线及其他任何图线都不能用作尺寸线。

④尺寸线间隔或与轮廓线间隔一般为 7~10 mm。

⑤小尺寸在内，大尺寸在外。

（3）尺寸起止符号

①与尺寸界线顺时针 45° 斜短划，中粗，长宜为 2~3 mm。

②半径、直径、角度的尺寸起止符号为箭头。

③当相邻尺寸界线很密，起止符号可采用小圆点。

（4）尺寸数字

①实际尺寸与比例无关。

②在房屋建筑工程图中，除标高和总平面图以 m 为单位外，其余均以 mm 为单位，不需要注写单位。

③高度一般为 3.5 mm，不小于 2.5 mm。

④注写方向为靠近尺寸线的上方中央，如没足够的注写位置，最外边的尺寸可注写在界线外侧，中间相邻的尺寸可错开注写，也可引出注写。

⑤任何图线不得穿尺寸数字，必要时将此图线断开，如图 1-16 所示。

2. 尺寸的排列与布置

（1）互相平行的尺寸，应从被注写的图样轮廓线由近向远整齐排列，较小尺寸应离轮廓线较近，较大尺寸应离轮廓线较远，如图 1-17 所示。

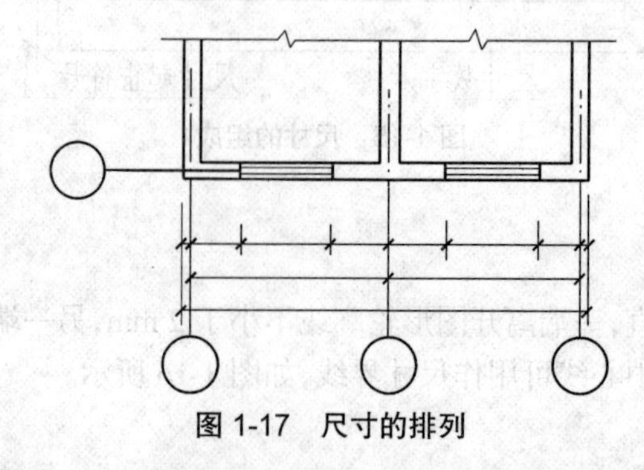

图 1-17　尺寸的排列

（2）图样轮廓线以外的尺寸线，距图样最外轮廓之间的距离，不宜小于 10 mm。平行排列的尺寸线的间距，宜为 7~10 mm，并应保持一致。

（3）总尺寸的尺寸界线应靠近所指部位，中间的分尺寸的尺寸界线可稍短，但其长度应相等。

3. 半径、直径与球的尺寸标注法

（1）半径的尺寸标注

尺寸线一端从圆心开始，另一端画箭头指至圆弧。半径数字前应加注半径符号“*R*”。较小圆弧的半径 、较大圆弧的半径的尺寸标注形式如图 1-18 所示。

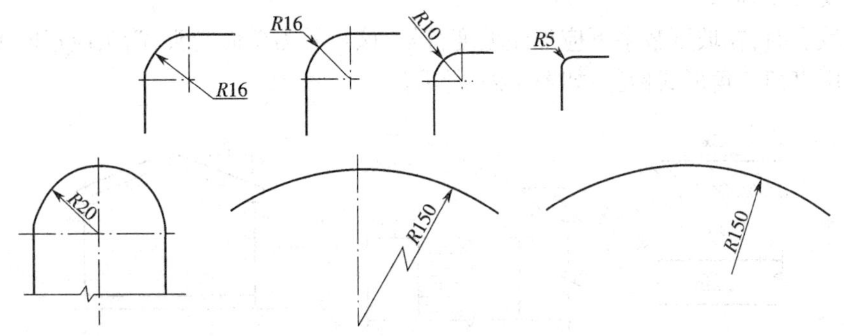

图 1-18　半径的尺寸标注形式

（2）直径的尺寸标注

尺寸线通过圆心，两端画箭头指至圆弧，直径数字前加注直径符号“ϕ”。对较小圆的直径尺寸，可引出标注，如图 1-19 所示。

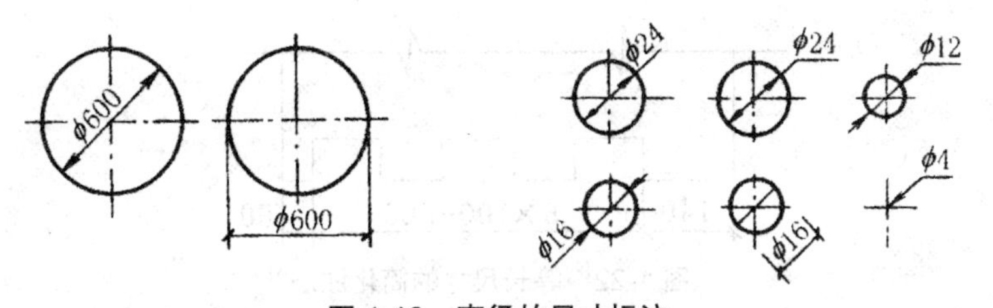

图 1-19　直径的尺寸标注

（3）球的尺寸标注

球半径前加 *SR*，球直径前加 $S\phi$。注写方法与圆弧半径及圆直径标注方法相同。

4. 角度、弧长、弦长的标注

（1）角度的标注

尺寸线以圆弧表示，角度的两边为尺寸界线，圆弧的圆心是该角的顶点；以箭头表示起止符号；若没足够位置，可用圆点；数字水平注写。

（2）弧长的标注

尺寸线是该弧的圆心的圆弧线；尺寸界线应垂直于该圆弧的弦；箭头表示起止，并在数字上方加“⌒”符号。

（3）弦长的标注

尺寸线平行该弦，尺寸界线垂直该弦，起止符号用粗短斜线，如图 1-20 所示。

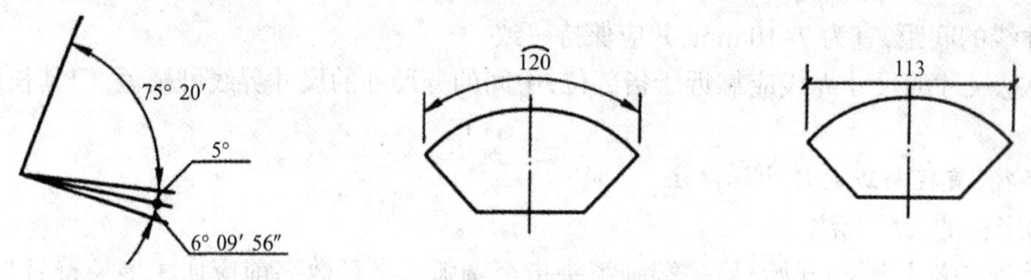

图 1-20 角度、弧长、弦长的标注

5. 坡度尺寸标注

标注坡度时，在坡度数字下应加注坡度符号，该符号为单面箭头，箭头应指向下坡方向。坡度也可用直角三角形式标注，如图 1-21 所示。

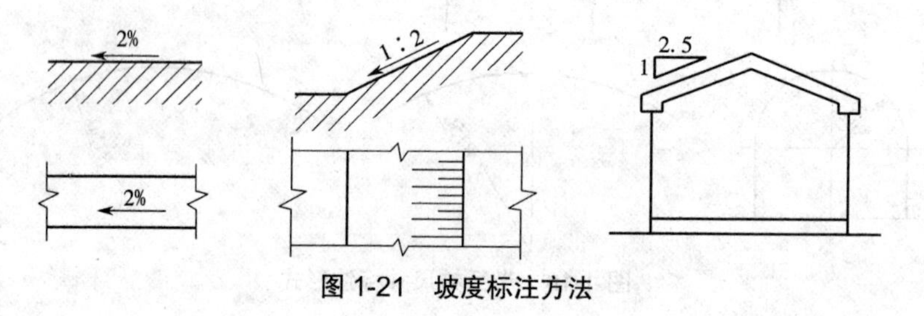

图 1-21 坡度标注方法

6. 尺寸简化标注

(1)连续排列的等长尺寸的简化标注

个数 × 等长尺寸＝总尺寸，如图 1-22 所示。

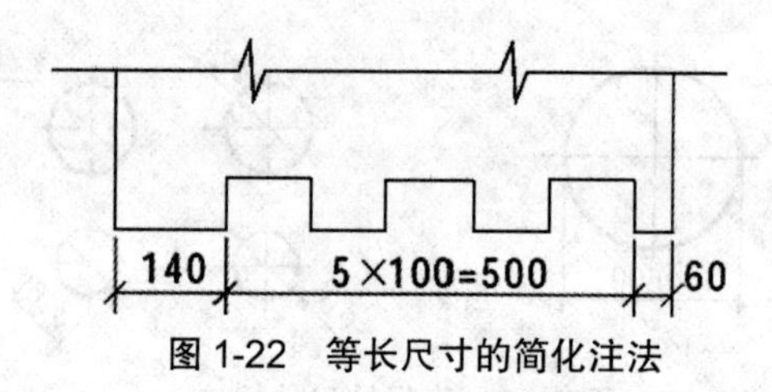

图 1-22 等长尺寸的简化注法

(2)单线图尺寸标注

杆件或管线的长度在单线图(桁架简图、钢筋简图、管线图等)上，可直接将尺寸数字沿杆件或管线的一侧注写，如图 1-23 所示。

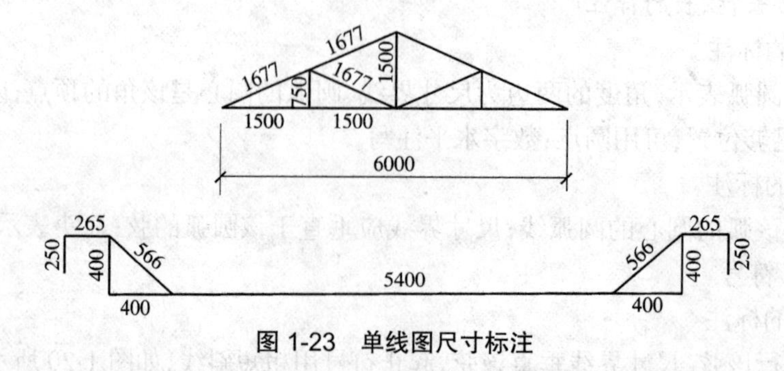

图 1-23 单线图尺寸标注

（3）相似构件尺寸标注

两个构、配件，如果个别尺寸数字不同，则可在同一图样中将其中一个构、配件的不同尺寸数字注写在括号内，如图1-24所示。

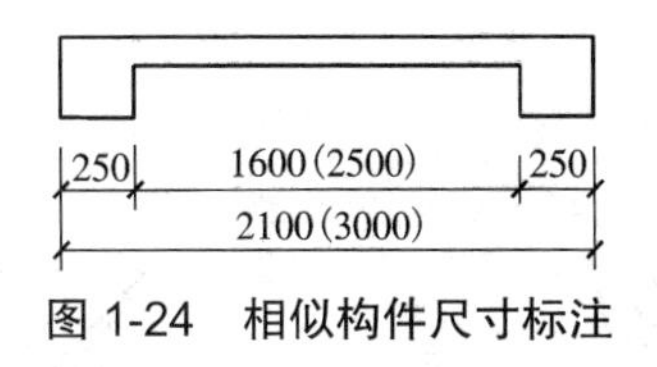

图1-24　相似构件尺寸标注

（4）对称构件尺寸标注

对称图形标注整体尺寸时，尺寸线只要一端画上尺寸起止符号，另一端略超过对称中心，并在对称中心线上画出对称符号（对称符号是由对称线和两端的两对平行线组成）。对称线用细点画线绘制，平行线用细实线绘制，其长度宜为6~10 mm，每对的间距宜为2~3 mm。对称线垂直平分两对平行线，两端超出平行线宜为2~3 mm，如图1-25所示。

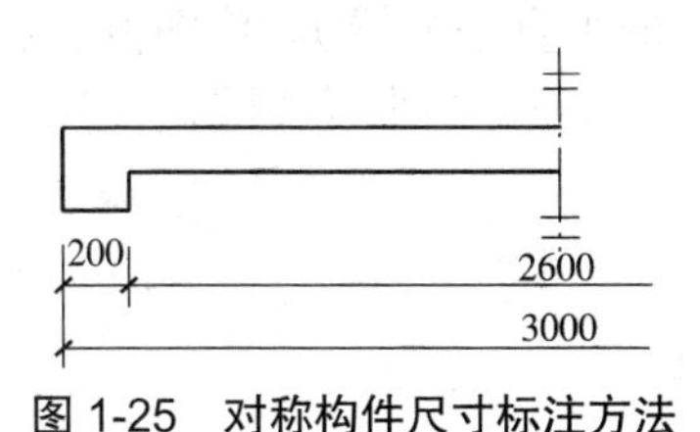

图1-25　对称构件尺寸标注方法

1.3　几何作图

几何作图就是根据已知条件，以几何学的原理及作图方法，利用绘图工具和仪器，准确、迅速地画出所需图形。建筑工程施工图是由直线、曲线所组成的几何图形。为了提高绘图速度和正确性，除正确使用制图仪器和工具外，还必须掌握几何作图的方法。下面介绍一些常用的作图方法。

1.3.1　平行线、垂直线及等分线段

1. 过已知点作已知直线的平行线

作图方法和步骤：如图1-26所示，将三角板①的一边与已知直线 AB 重合，三角板②与三角板①的另一边靠紧，按住三角板②，推动三角板①至 C 点，过 C 点画直线即为所求平行线。

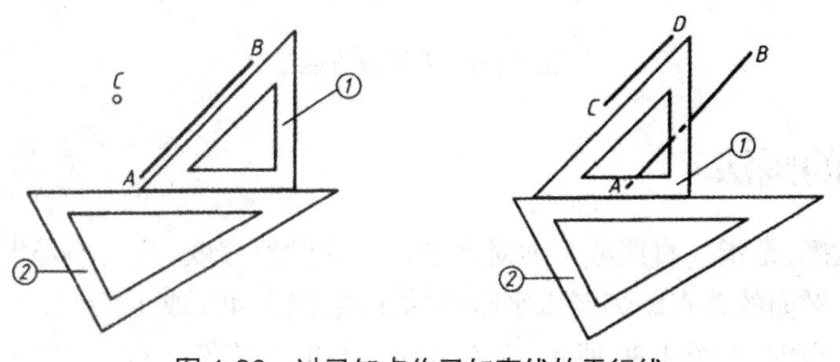

图1-26　过已知点作已知直线的平行线

2. 过已知点作已知直线的垂直线

作图方法和步骤：如图 1-27 所示，将三角板①的一边与已知直线 *AB* 重合，三角板②的一直角边紧贴三角板①，按住三角板①，平推三角板②的另一直角边至点 *C*，过 *C* 点画一直线即为所求垂直线。

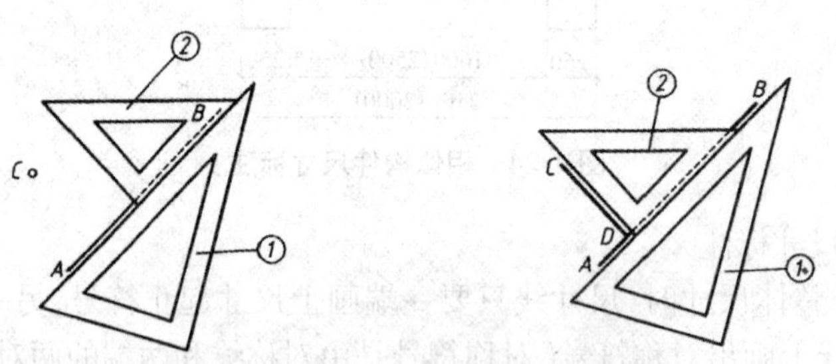

图 1-27 过已知点作已知直线的垂直线

3. 等分直线段

（1）二等分直线段（作直线的垂直平分线）。作图方法和步骤：如图 1-28 所示，分别以 *A*、*B* 两点为圆心，以大于 *AB* 一半的长度为半径作圆弧，得交点 *C*、*D*。连接 *CD* 交 *AB* 于 *M*，*M* 即为 *AB* 的中点。

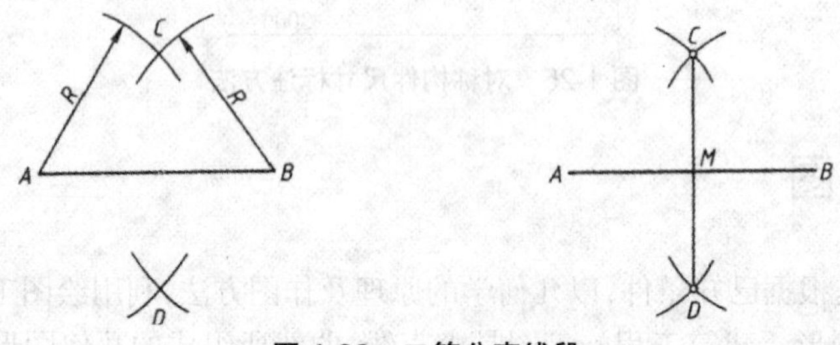

图 1-28 二等分直线段

（2）任意等分直线段（以五等分为例）。作图方法和步骤：如图 1-29 所示，过点 *A* 作任意直线 *AC*，在 *AC* 上从 *A* 点起截取相等的五等份，得五个点。连接 *B*5，分别过 4、3、2、1 各点作 *B*5 的平行线交 *AB* 于 4′、3′、2′、1′ 各点，即为所求等分点。

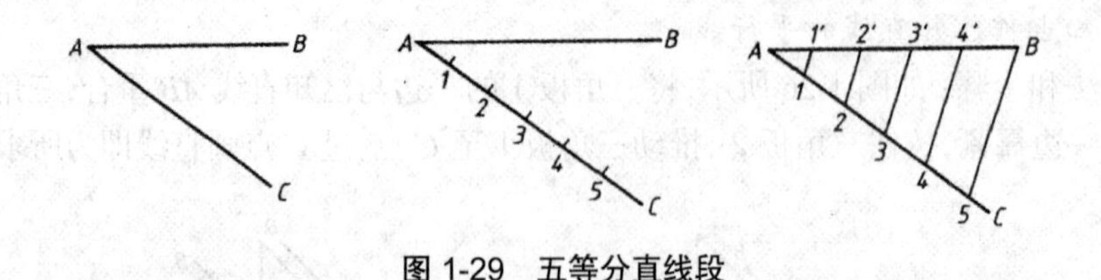

图 1-29 五等分直线段

1.3.2 斜度的画法

斜度又称坡度，是指一直线或平面对水平位置的倾斜程度，其大小是指倾斜的直线或平面与水平线或水平面的垂直距离与水平距离的比值，以 $i=A\%$ 或 1∶*B* 形式表示。

作图方法和步骤：如图 1-30 所示，在水平线上截取五等份，过点 5 作 *AB* 的垂直线，在垂直线上截取一等份得点 C,连接 AC,即为所求斜度的倾斜线。

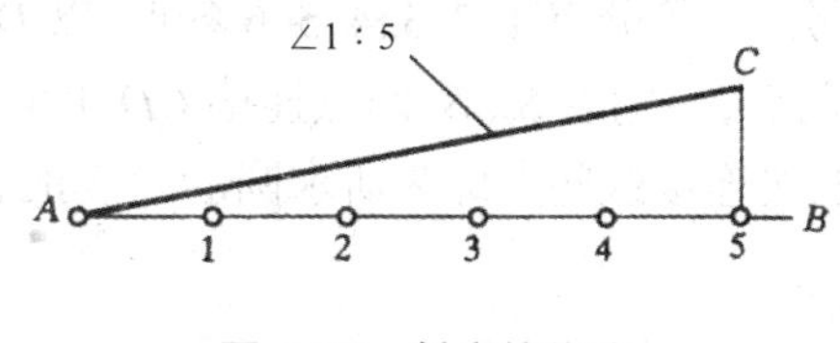

图 1-30　斜度的作法

1.3.3　圆内接正多边形

1. 作已知圆的内接正三边形、正六边形

作图方法和步骤:如图 1-31 所示,过圆心作直径 CD,以 D 为圆心,DO 为半径画弧交圆周于 A、B 两点,连接 A、B、C 三点,即为圆的内接正三边形;再以 C 为圆心,CO 为半径画弧交圆周于 E、F 两点,连接 A、E、C、F、B、D 六点,即为圆的内接正六边形。

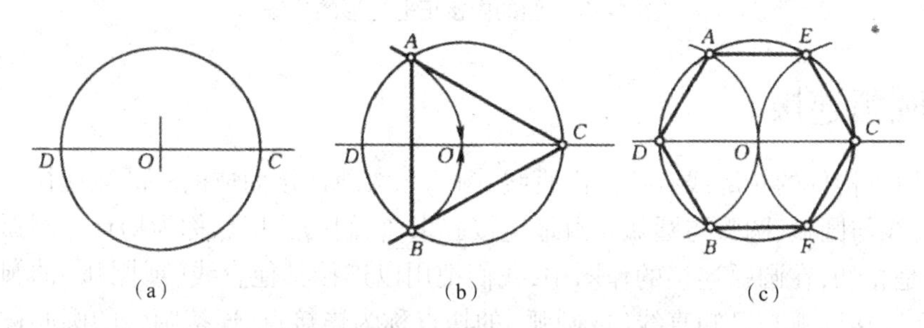

图 1-31　圆的内接正三边形和正六边形的作法

2. 作已知圆的内接正五边形

作图方法和步骤:如图 1-32 所示,过圆心 O 作相互垂直的两条直径 AB、CD,作半径 OA 的垂直平分线,得中点 M,以 M 为圆心,CM 为半径画弧,交 OB 于 N,CN 即为内接正五边形的边长。从 C 点开始,以 CN 的长度分圆周为五等份,得 1、2、3、4、5 点,即为所求圆的内接正五边形。

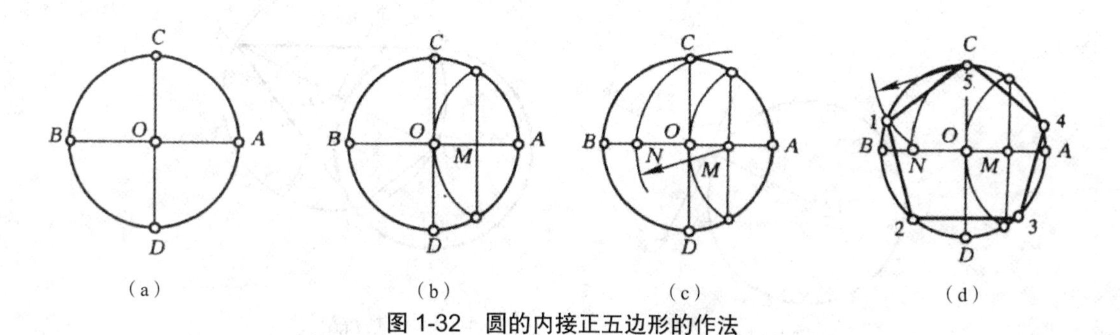

图 1-32　圆的内接正五边形的作法

3. 作已知圆的内接任意正多边形

作图方法和步骤:如图 1-33 所示, 以内接正七边形为例,画出已知圆的两条相互垂直的直径 AB、CD;将 CD 七等分,得等分点 1、2、3、4、5、6 各点;以 D 为圆心,CD 为半径画弧交直径 AB 的延长线于 S_1、S_2 两点;分别以 S_1、S_2 两点连接 CD 上的偶数点,并延长与圆周相交得六个交点,从 C 点开始,顺次连接这些点即为所求圆的内接正七边形。

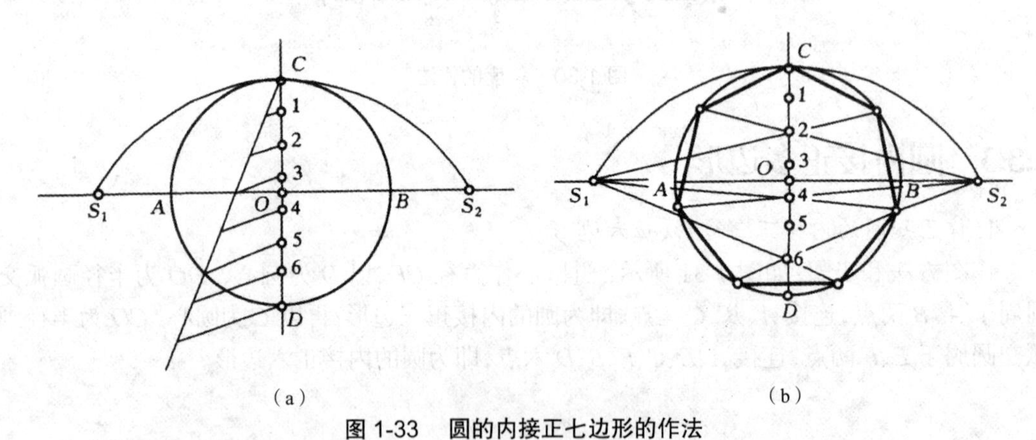

图 1-33 圆的内接正七边形的作法

1.3.4 圆弧连接

建筑物或构件的轮廓线有些是由直线、圆弧光滑地连接而成的。圆弧连接就是把直线与直线、直线与圆弧、圆弧与圆弧光滑地连接起来,它们的连接点称为切点。圆弧连接作图的原理就是相切,在圆弧连接的作图中,我们把用以连接其他直线(或圆弧)的圆弧称为连接圆弧,把连接圆弧与已知直线(或圆弧)的切点称为连接点,连接圆弧的圆心称为连接中心。圆弧连接的形式很多,其关键是根据已知条件准确地求出连接中心和连接点。下面介绍几种常用的圆弧连接方法。

1. 过圆外一已知点作圆的切线

作图方法和步骤:如图 1-34 所示, 连接 OA,作 OA 的中点 O_1;以 0_1 为圆心, $O0_1$ 为半径作圆,与圆 0 交于 B、C 两点,连接 AB 和 AC,AB 和 AC 都是过点 A 与圆 O 相切的切线。

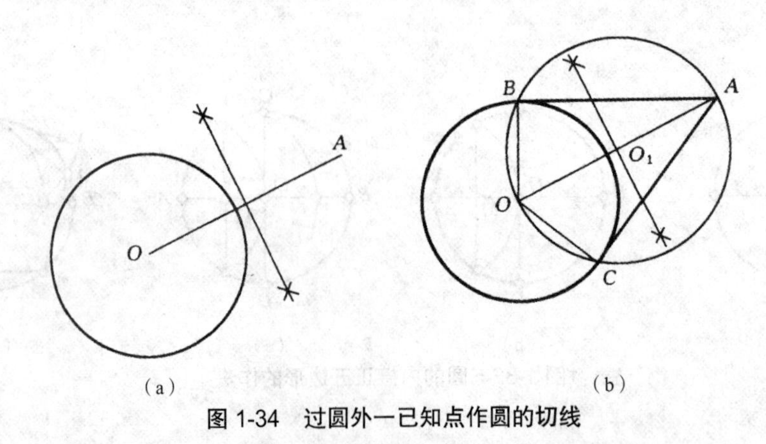

图 1-34 过圆外一已知点作圆的切线

2. 相交两直线间的连接

两相交直线 AB、BC 间的夹角分别为锐角、直角、钝角，用已知半径为 R 的圆弧连接此两直线。

作图方法和步骤：如图 1-35 所示，作分别与 AB、BC 距离为 R 的平行线，两平行线交于点 O，O 点即为连接弧的圆心；自 O 点分别向 AB、BC 作垂直线，垂足于 D 与 E 即为连接点；以 O 点为圆心，R 为半径，从点 E 到点 D 作弧，即为所求两相交直线间的连接圆弧。

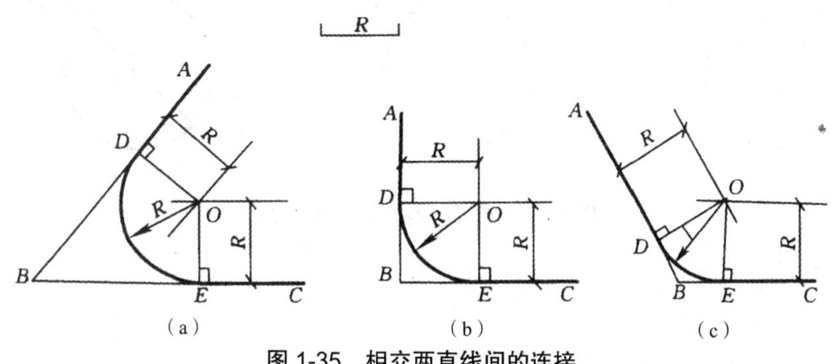

图 1-35 相交两直线间的连接

3. 圆弧与两已知圆弧连接

（1）作圆弧与两已知圆弧外连接。作图方法和步骤：如图 1-36 所示，分别以 O_1、O_2 为圆心，$R+R_1$ 及 $R+R_2$ 为半径作弧，两弧相交于 O 点，O 点即为连接弧的圆心；连接 OO_1、OO_2 与两圆的圆周分别交于 M、N 两点，M、N 两点即为连接点；以 O 为圆心，R 为半径，自 N 至 M 作弧，即为所求连接弧。

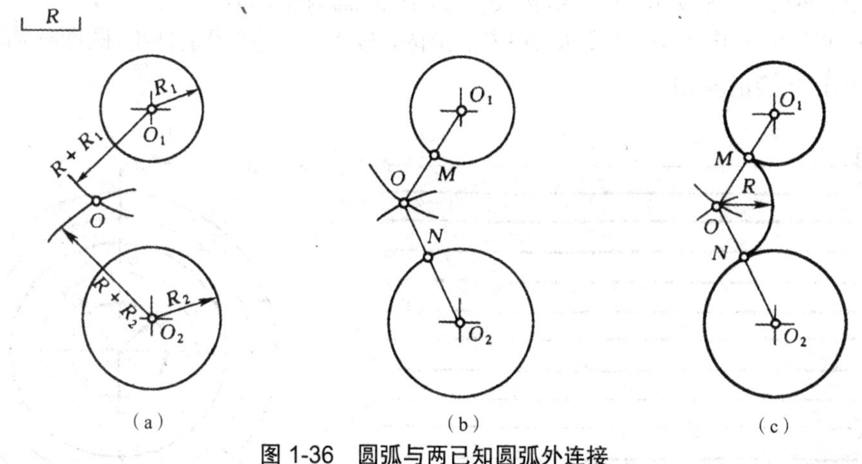

图 1-36 圆弧与两已知圆弧外连接

（2）作圆弧与两已知圆弧内连接。作图方法和步骤：如图 1-37 所示，分别以 O_1、O_2 为圆心，$R-R_1$ 及 $R-R_2$ 为半径画弧，两弧相交于 O 点，O 点即为连接弧的圆心；连接 OO_1、OO_2 并延长与两圆周分别交于 M、N 两点，M、N 即为连接点；以 O 为圆心，R 为半径，自 N 至 M 作弧，即为所求连接弧。

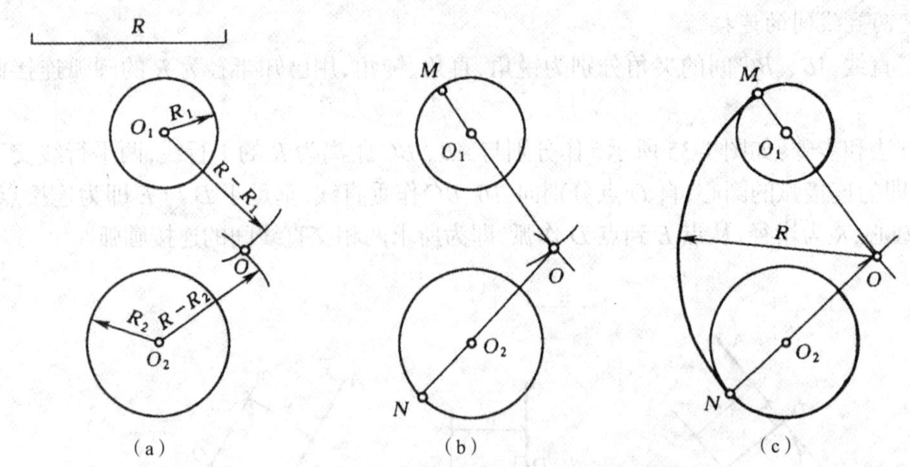

图 1-37　圆弧与两已知圆弧内连接

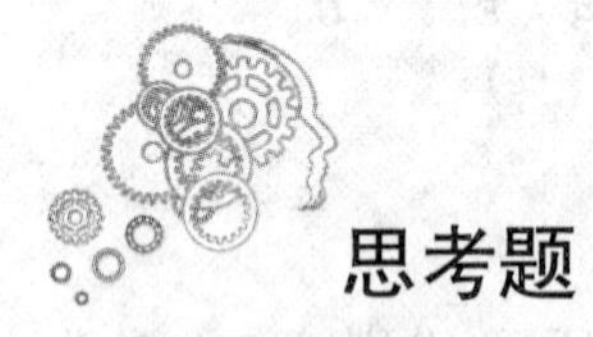

思考题

1. 常用的制图仪器和工具有哪些？试述它们的用途和使用方法。

2. 图纸幅面的规格有哪几种，它们的边长之间有何关系？

3. 线型规格有哪些，各有何用途？试述图线画法要求。

4. 图样的尺寸由哪几部分组成，标注尺寸时应注意哪些内容？

5. 线型练习，见图 1-38。（要求：A3 横式图幅，按 1∶1 比例铅笔抄绘，图面整洁清楚，图线粗细分明，交接正确。）

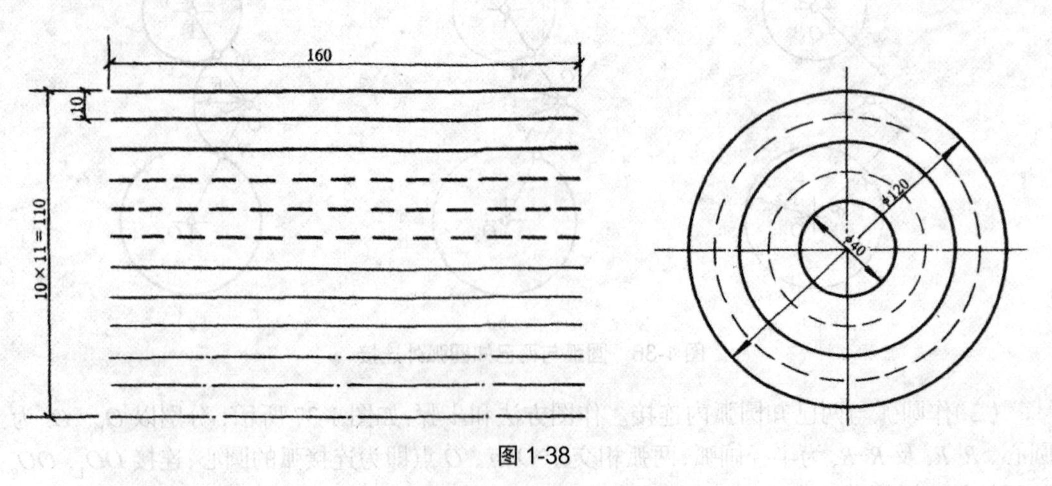

图 1-38

6. 指出图 1-39 中的图线类型及线宽，并认识图中常见图例。

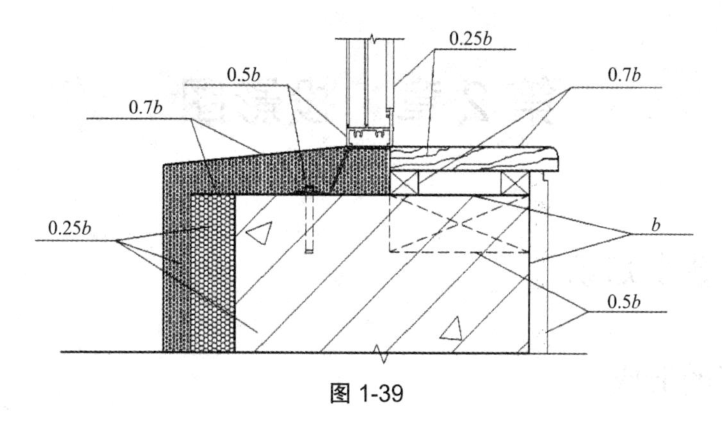

图 1-39

7. 用 1∶20 的比例作一直径为 800 mm 的圆,并标注尺寸。

8. 补全图 1-40 中的尺寸(按 1∶20 的比例量取)。

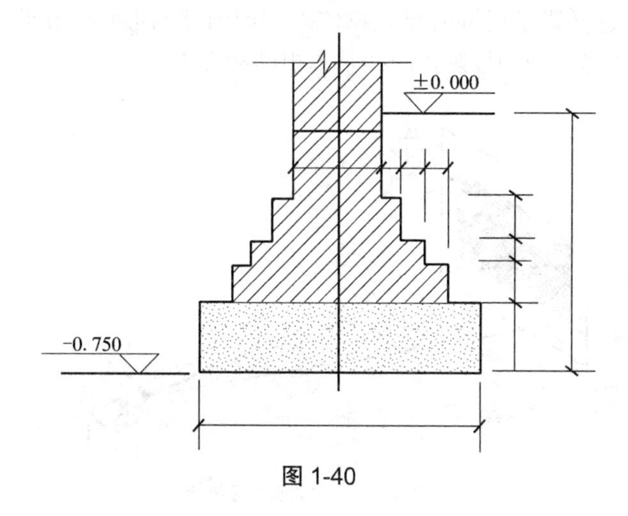

图 1-40

9. 几何作图练习。

(1)将长度为 70 mm 的线段 *AB* 五等分。

(2)作出斜度为 1∶6 的斜线。

(3)作出直径为 40 mm 的圆内接正五边形和正六边形。

10. 用已知圆弧连接两圆弧时,内切连接和外切连接的作图方法有何不同?

第 2 章　投影图

2.1　投影基本知识

2.1.1　投影的形成

在日常生活中人们经常碰见这样的现象:物体在光线照射下,在地面或墙面等处产生影子,如图 2-1 所示。假设光线能穿透物体,则物体的内外各部分的棱线都能在影子里反映出来,如图 2-2 所示。这样影子可同时反映物体外部或内部的形状。在此基础上经过科学的总结、抽象,产生了投影原理和投影作图的基本规则和方法。

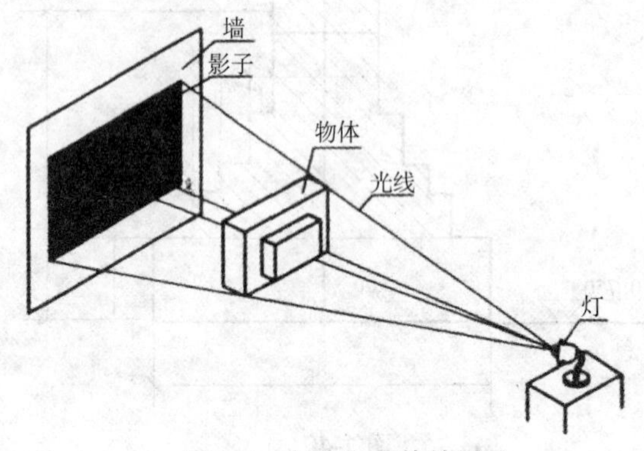

图 2-1　灯光和物体的影子

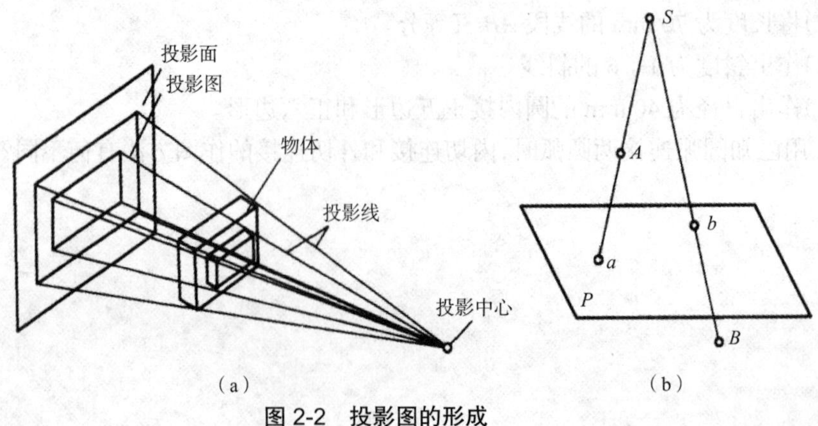

（a）　（b）

图 2-2　投影图的形成

我们把照射物体的光源称为投影中心;形成投影的光线称为投影线;承受影子的面称为投影面。在制图中,我们只考虑物体的形状和大小,而不考虑其性质,这样的物体称为形体,因此投影就是指由投影中心发射投影线照射形体，在投影面上得到的影子。例如过投影中心 S 和空间点 A，作投影线 SA 并延长，与投影面 P 相交于点 a，则点 a 称为空间点 A 在投影面 P 上的投影，如图 2-2(b)所示。同样点 b 可以称空间点 B 在投影面 P 上的投影。

2.1.2　投影的分类

用投影表示形体的方法称为投影法。投影法一般分为中心投影法和平行投影法两类。

1. 中心投影法

所有的投影线均交于一点的投影，如图 2-3(a)所示。投影中心、物体、投影面三者之间的相对距离对投影的大小有影响，其大小与原形体不相等，不能正确地度量出形体的尺寸大小。中心投影法多用于绘制建筑透视图。

2. 平行投影法

所有的投影线均相互平行的投影。平行投影法按投影线与投影面的相互位置关系可分为正投影和斜投影两类。

(1)正投影

所有平行的投影线均垂直于投影面的投影，如图 2-3(b)所示。用正投影法绘制的图样称为正投影图，简称正投影或视图。正投影图虽然直观性差些，但投影图大小与物体和投影面之间的距离无关，能反映形体的真实形状和大小，度量性好，作图方便，在工程上得到了广泛的应用，建筑工程图多数采用正投影法绘制。本教材除特别说明外，均指正投影。

(2)斜投影

所有平行的投影线均倾斜于投影面的投影，如图 2-3(c)所示。这种投影方法一般用于绘制轴测图。

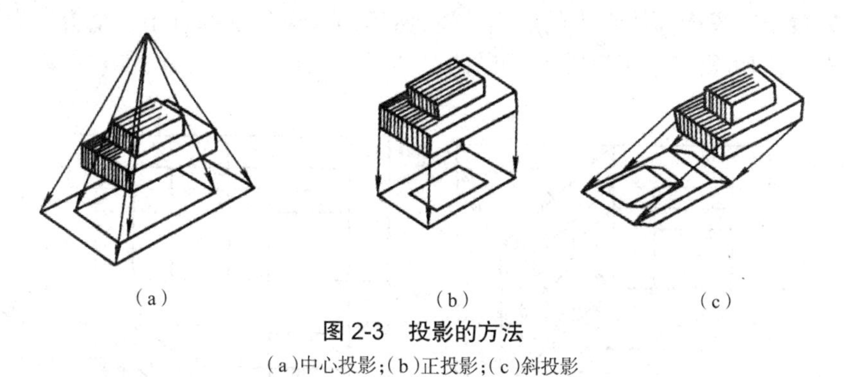

图 2-3　投影的方法

(a)中心投影；(b)正投影；(c)斜投影

2.1.3　三投影面体系的建立

单一正投影不能完全确定物体的形状和大小，如图 2-4 所示的三个形体各不相同，但它们一个方向的正投影图是完全相同的，因此形体必须具有两个或两个以上的方向的投影才能将形体的形状和大小反映清楚。一般来说，用三个相互垂直的平面做投影面，用形体在这三个投影面上的三个投影，才能较完整地表达形体的空间几何形状。这三个相互垂直的投影面，称为三投影面体系。其中水平方向的投影面称为水平投影面，用字母“H”表示，也称 H 面；与水平投影面垂直相交的正立方向的投影面称为正立投影面，用字母“V”表示，也

称 V 面；与水平投影面及正立投影面同时垂直相交的投影面称为侧立投影面，用字母“W”表示，也称 W 面。这三个投影面两两垂直相交形成三个投影轴：OX, OY, OZ。三轴的交点 O 称为原点，如图 2-5 所示。

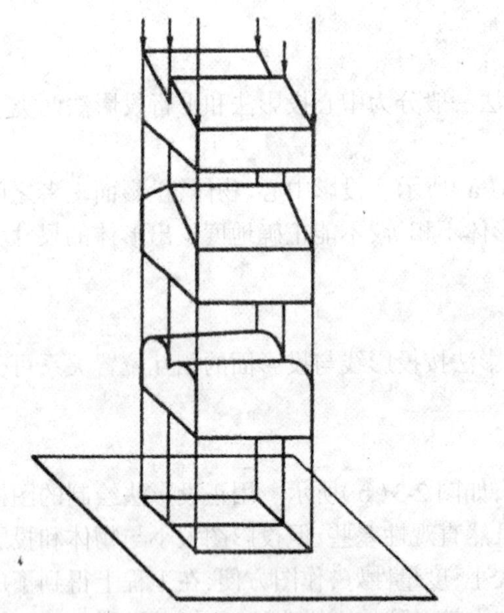

图 2-4 物体的一个正投影不能确定其空间的形状

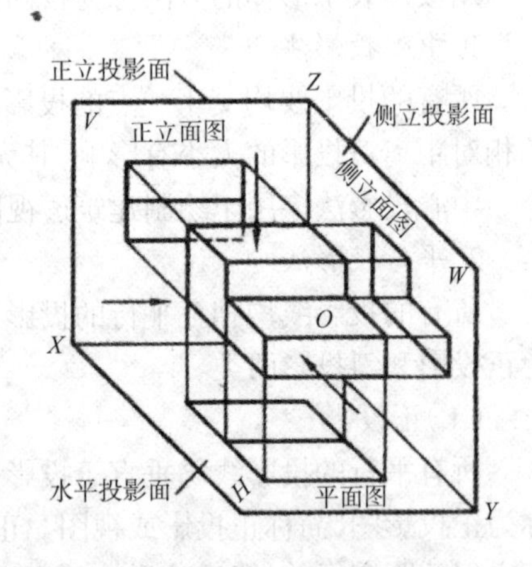

图 2-5 形体的三面正投影图的形成

2.1.4 三面投影图的形成

将形体置于三投影面体系中的适当位置，然后用三组分别垂直于三个投影面的平行投影线进行投影，即可得三个正投影图，如图 2-5 所示。

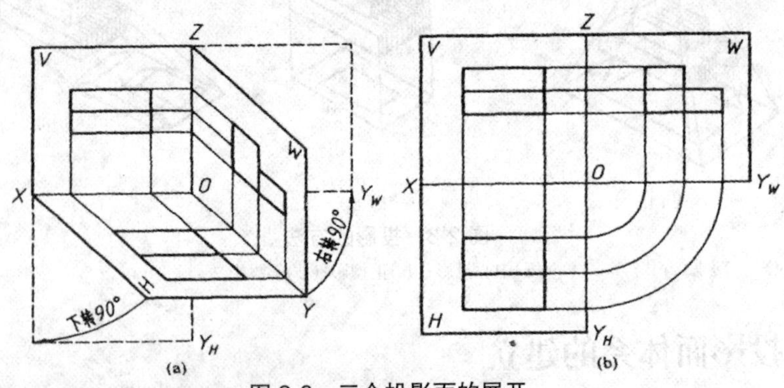

图 2-6 三个投影面的展开

由于三个投影面是互相垂直的，因此三个投影图也就不在同一平面上。为了把三个投影图画在同一平面上，就必须将三个互相垂直的投影面连同三个投影图展开。如图 2-6 所示，V 面保持不动，将 H 面绕 OX 轴向下旋转 90°，W 面绕 OZ 轴向右旋转 90°，使它们和 V 面处在同一平面上。这时 OY 轴分为两条，一条为 OY_H 轴，一条为 OY_W 轴。投影面旋转后得到的投影图就是形体的三面正投影图，也称三视图。V 面投影即为主视图，H 面投影即为俯视图，W 面投影即为左视图。

2.1.5　三面投影图的投影规律

三面投影图具有下列投影规律，如图 2-7 所示。正立面图能反映形体的正立面形状，形体的高度和长度及其上下、左右的位置关系；平面图能反映形体的水平面形状，形体的长度和宽度及其左右、前后的位置关系；侧立面图能反映形体的侧立面形状，形体的高度和宽度及其上下、前后的位置关系。三个投影图之间的关系可归纳为“长对正、高平齐、宽相等”的三等关系，即平面图与正立面图长对正（等长）；正立面图与侧立面图高平齐（等高）；平面图与侧立面图宽相等（等宽）。

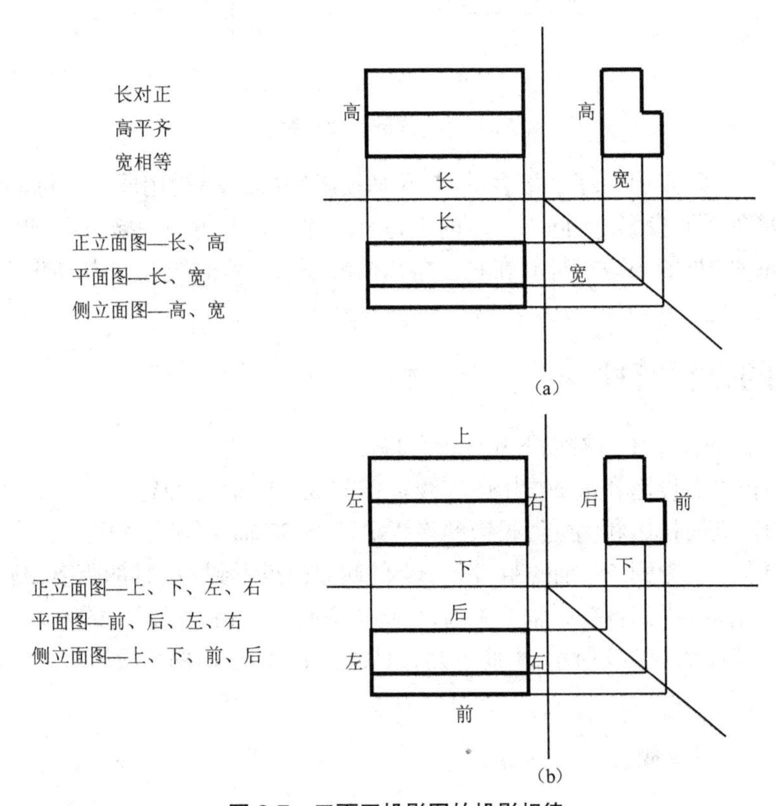

图 2-7　三面正投影图的投影规律

2.2　点的投影

所有建筑物及构、配件都可看成是由若干形体组成，而形体又是由面、线和点组成，点是形体最基本的组成元素，因此学习投影作图先从点的投影开始。

2.2.1　点的三面投影

点只有空间位置，无大小。点的投影仍然是点。求点的投影，实际上是该点向投影面所作垂线与投影面的交点。如图 2-8 所示，将空间点 A 置于三投影面体系中，过 A 点分别向三

投影面 H、V、W 作垂线，在 H 面上得水平投影 a；在 V 面上得正立面投影 a'；在 W 面上得侧立面投影 a''。

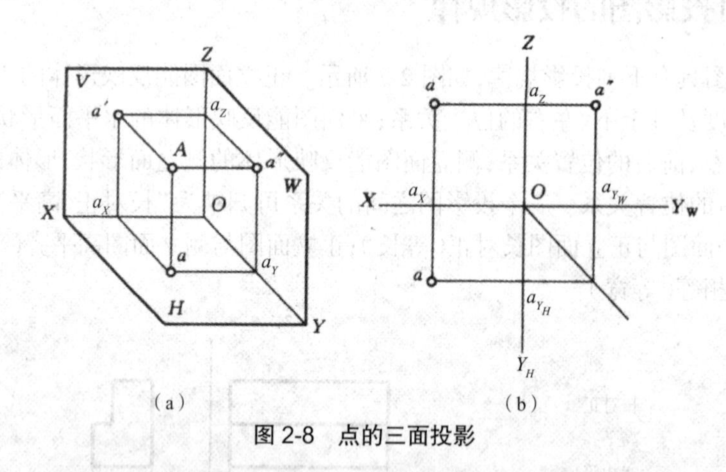

图 2-8 点的三面投影

在投影中，空间点用大写字母表示，其水平投影（H 面投影）用同一字母的小写字母表示，正立面投影（V 面投影）用同一字母的小写字母并在右上角加一撇表示，侧立面投影（W 面投影）用同一字母的小写字母并在右上角加两撇表示。后面线、面、体的投影都按此规定标注。

2.2.2 点的投影特性

点在三投影面体系中具有如下几点投影特性。

（1）点的正立面投影和水平投影的连线垂直于 OX 轴，$a' \perp OX$。

（2）点的正立面投影和侧立面投影的连线垂直于 OZ 轴，$a'a'' \perp OZ$。

（3）点的水平投影到 OX 轴的距离等于点的侧立面投影到 OZ 轴的距离，$aa_X = a''a_Z$。

（4）点的三面投影到各投影轴的距离，反映了空间点到相应投影面的距离。

点的投影特性如图 2-9 所示，由此可知，只要已知点的任何两个投影就可以求出第三面投影。

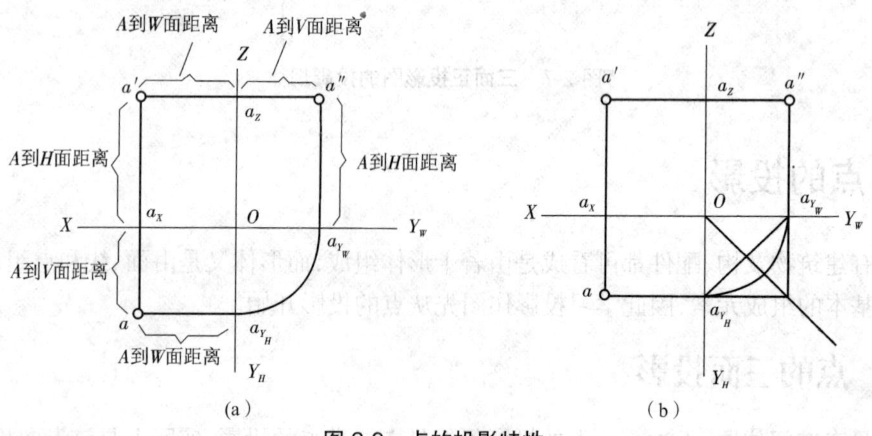

图 2-9 点的投影特性

例 2-1　已知点 A 的两个投影 a、a'，求其第三面投影。

解　作图过程如图 2-10 所示。三种方法均可使用，按图中箭头所指的步骤完成。

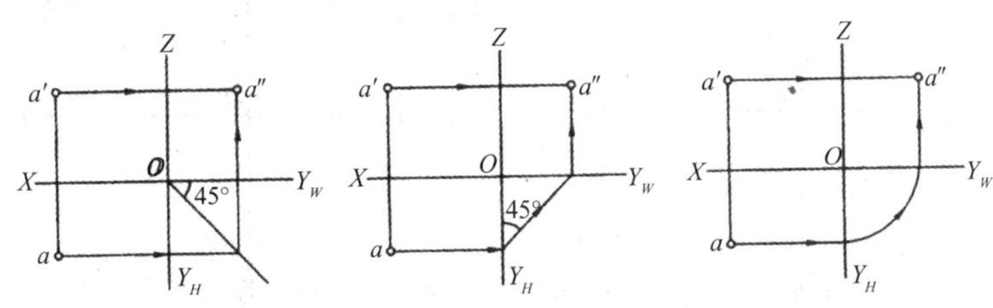

图 2-10　已知点的两投影作第三面投影

2.2.3　点的坐标

在三投影面体系中，空间点及其投影的位置，可以用坐标来确定。我们把三投影面体系看作空间直角坐标系，投影轴 OX、OY、OZ 相当于坐标系中 X、Y、Z 轴；投影面 H、V、W 相当于三个坐标面；投影轴原点相当于坐标系原点。如图 2-11 所示，空间一点到三投影面的距离，就是该点的三个坐标（用小写字母 x、y、z 表示），即：

空间点 A 到 W 面的距离为 x 坐标，即 $Aa'' = x$ 坐标；

空间点 A 到 V 面的距离为 y 坐标，即 $Aa' = y$ 坐标；

空间点 A 到 H 面的距离为 z 坐标，即 $Aa = z$ 坐标。

空间点 A 及其投影位置可用坐标方法表示，如点 A 的空间位置是 $A(x, y, z)$；点 A 的 H 面投影是 $a(x, y, 0)$；点 A 的 V 面投影是 $a'(x, 0, z)$；点 A 的 W 面投影是 $a''(0, y, z)$。应用坐标能较容易地求出点的投影。

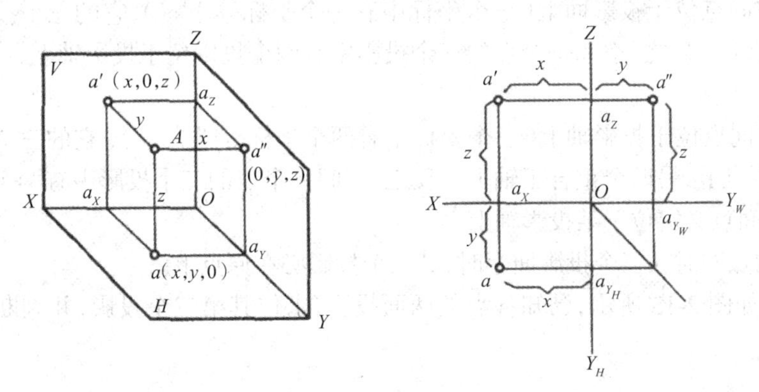

图 2-11　点的坐标

例 2-2　已知点 A 的坐标为 x=20，y=15，z=10，即 A(20，15，10)，求作点 A 的三面投影图。

解　作图步骤如图 2-12 所示。

①画出坐标轴；

②在 OX 轴上量取 Oa_X=20，在 OY_H 轴上量取 Oa_{YH}=15，在 OZ 轴上量取 Oa_Z=10；

③过三个坐标点分别作 OX、OY、OZ 轴的垂线，得交点 a 和 a''；

④求 a''。

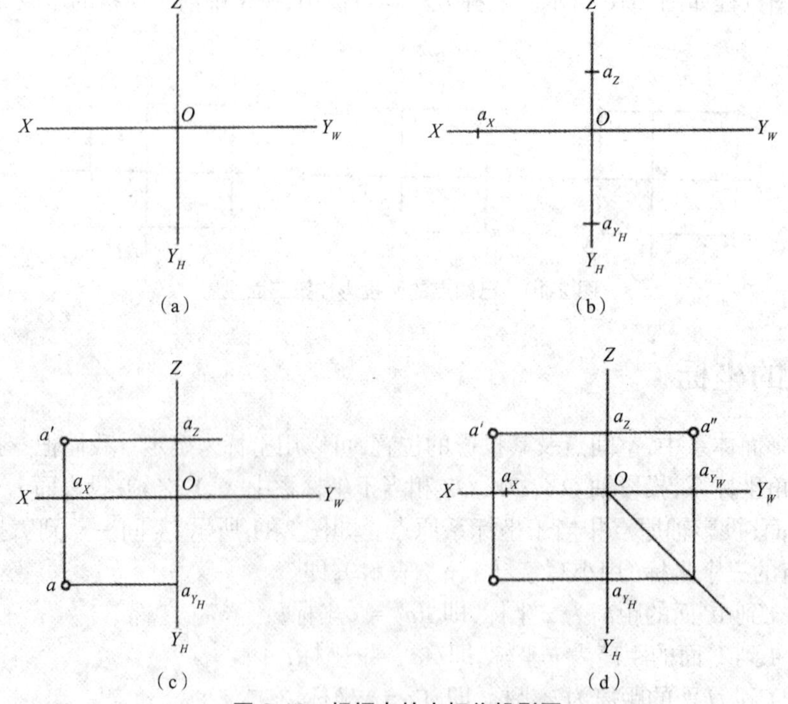

图 2-12 根据点的坐标作投影图

2.2.4 特殊点的投影

(1)如空间点位于投影面上(三个坐标中有一个坐标等于零),它的三个投影中必有两个位于投影轴上。反之,空间一个点的三个投影中有两个投影位于投影轴上,该空间点必定位于某投影面上。

(2)如空间点位于投影轴上(三个坐标中有两个坐标等于为零),它的三个投影中必有一个投影在原点上,另两个重合于轴上。反之,空间一个点的三个投影中有两个投影位于投影轴上,该空间点必定位于某投影轴上。

(3)空间点同时在三个投影面上时,其三个投影必在原点上。

例 2-3 如图 2-13 所示,已知各点的两面投影,求作其第三个投影,并判断点对投影面的相对位置。

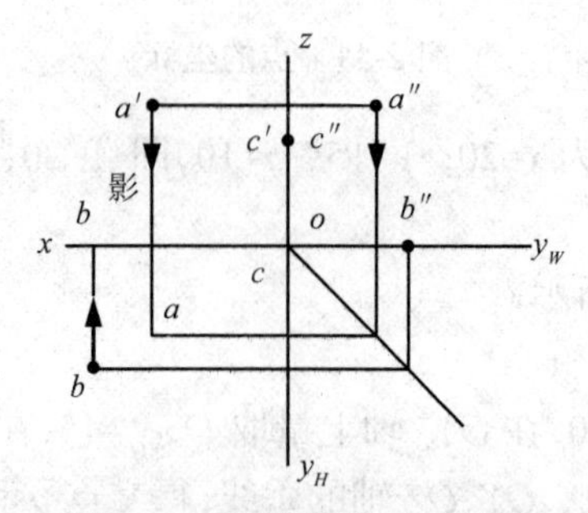

图 2-13 求点的第三个投影

解　按图 2-13 中箭头所指的步骤完成投影图。

判断点的相对位置：

点 A 的三个坐标值均不为 0，A 为一般位置；

点 B 的 Z 坐标为 0，故点 B 为 H 面上的点；

点 C 的 x、y 坐标为 0，故点 C 为 OZ 轴上的点。

2.2.5　两点的相对位置

空间点有前、后、左、右、上、下六个方位，这六个方位在三面投影图上的反映如图 2-14 所示。两点的相对位置，就是比较两点的左右、前后、上下关系。

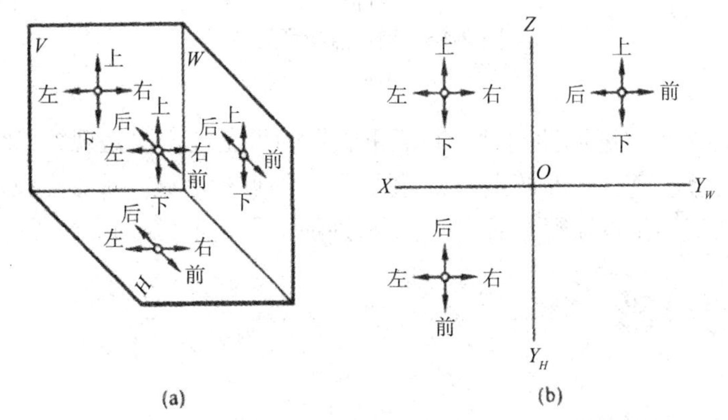

图 2-14　点的空间方位

例 2-4　试判断图 2-15 中 A、B 两点的相对位置。

从图 2-15 中可以看出 a、a' 在 b、b' 之左，即 A 点在 B 点的左方；a'、a'' 在 b'、b'' 之下，即 A 点在 B 点的下方；a、a'' 在 b、b'' 之前，即 A 点在 B 点的前方。由此判断 A 点在 B 点的左、下、前方，或 B 点在 A 点的右、上、后方。

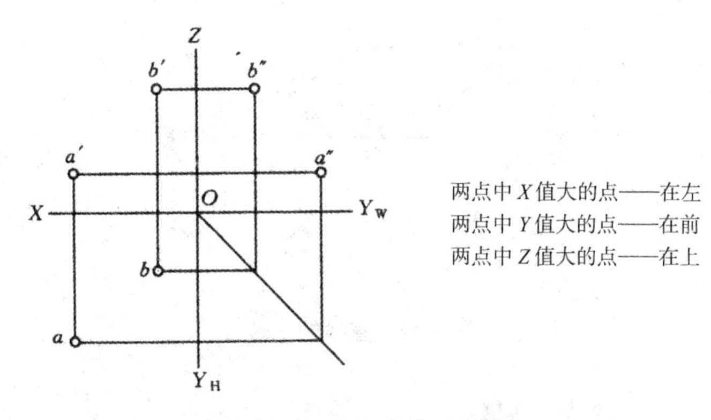

图 2-15　两点的相对位置

2.2.6　重影点及其可见性

如果两个点位于同一投影线上，则此两点在该投影面上的投影必然重合，该投影称为重影,重影的空间两点称为重影点。重影点有三种,即 H 面投影重合的点称为水平重影点;V 面投影重合的点称为正面重影点;W 面投影重合的点称为侧面重影点,如图 2-16 所示。

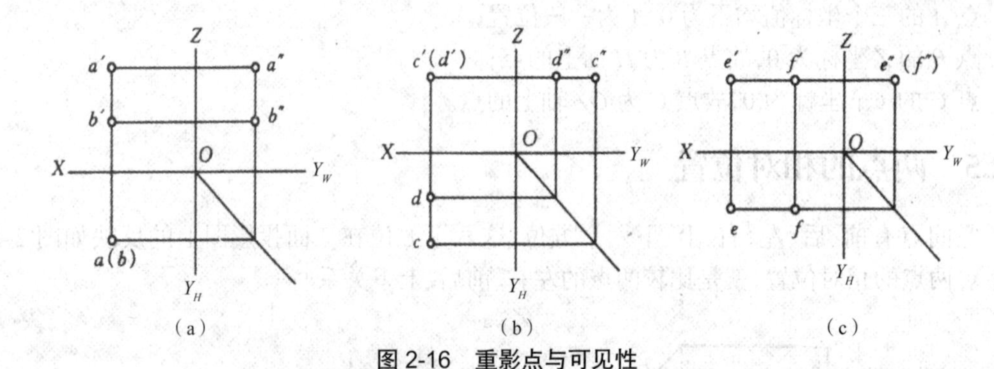

图 2-16 重影点与可见性

(a)水平重影点;(b)正面重影点;(c)侧面重影点

两点重影,必然存在可见性问题。判断重影点的可见性方法是观察,比较两点的高低、前后、左右位置关系。高、前、左的点可见,低、后、右的点不可见。重影点投影的标注方法是可见点注写在前,不可见点注写在后,并在字母外加括号表示,如图 2-16 所示。

2.3 直线的投影

2.3.1 直线投影图作法

两点决定一直线,作直线的三面正投影图可先求出该直线上任意两点的投影(通常取两端点),然后连接该两点的同名投影(在同一投影面上的投影),如图 2-17 所示。在直线的三面正投影中,若其中任意两个面投影为已知时,即可求出它的第三面投影。

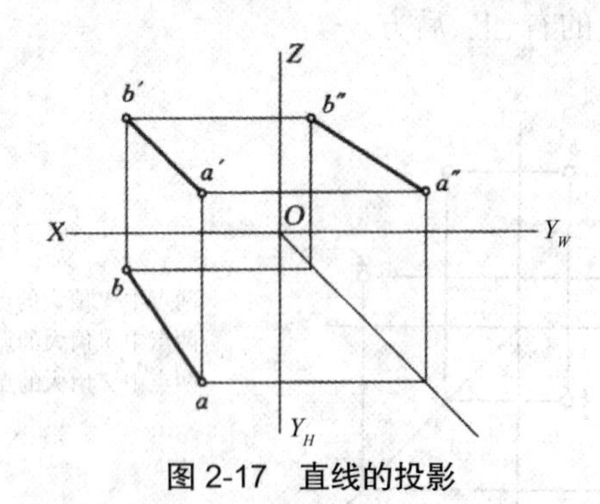

图 2-17 直线的投影

2.3.2 各种位置直线的投影

空间直线对投影面的相对位置可分为三种:一般位置直线、投影面平行线、投影面垂直线。投影面平行线和投影面垂直线又称为特殊位置的直线。

不同直线的投影特性:如图 2-18 所示,直线平行于投影面,其投影反映实长;直线垂直于投影面，其投影积聚成点；直线倾斜于投影面，其投影长度缩短。

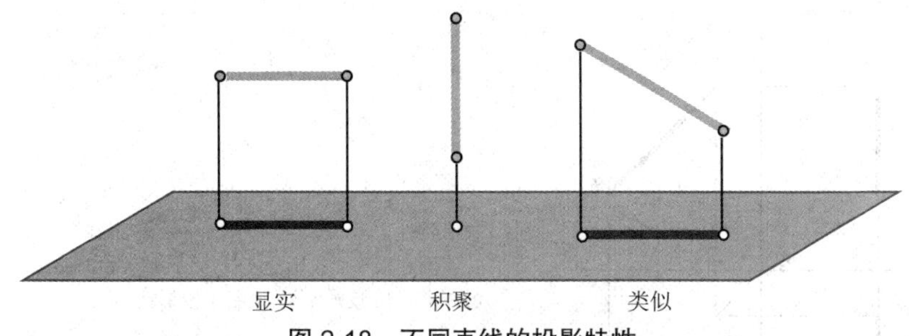

图 2-18　不同直线的投影特性

1. 一般位置直线是指倾斜于三个投影面的直线，其投影如图 2-17 所示，三个投影都倾斜于投影轴，且为缩短的线段。特点记忆：三斜线一般位置线。

2. 投影面平行线是指仅平行于一个投影面，倾斜与另两个投影面的直线。

投影面平行线可分为三种：水平线、正平线、侧平线。

（1）水平线　平行于 H 面而倾斜于 V 面和 W 面的直线，其投影图及投影特性如图 2-19 所示。

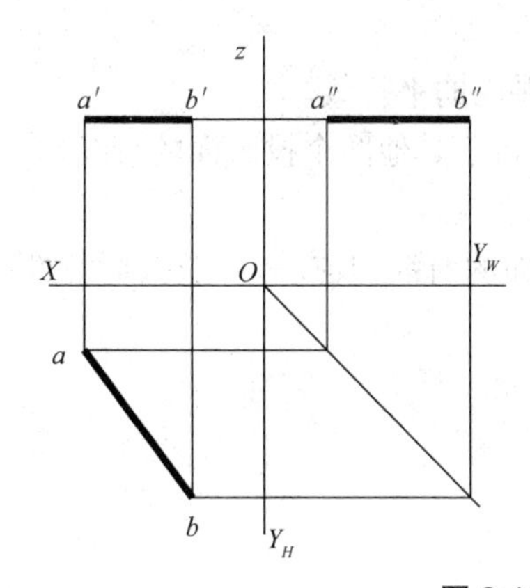

投影特性：
1. 正面和侧面投影比实长短，$a'b' /\!/ OX$、$a''b'' /\!/ OY_W$；
2. $ab=AB$ 反映实长，倾斜于投影轴。

图 2-19　水平线的投影

（2）正平线　平行于 V 面而倾斜于 H 面和 W 面的直线，其投影图及投影特性如图 2-20 所示。

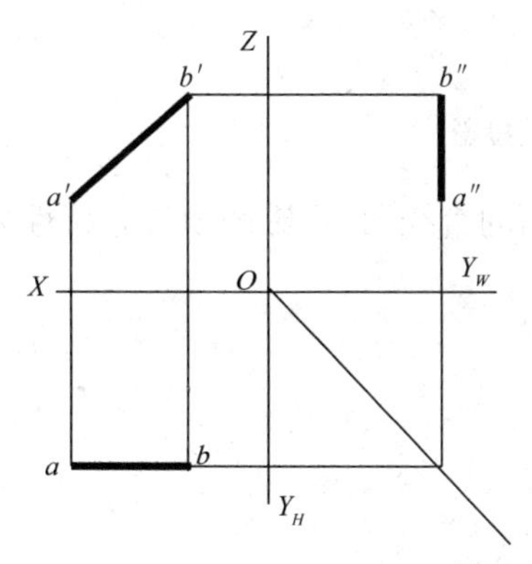

投影特性：
1. 水平和侧面投影比实长短，$ab /\!/ OX$、$a''b'' /\!/ OZ$；
2. $a'b'=AB$ 反映实长，倾斜于投影轴。

图 2-20　正平线的投影

（3）侧平线　平行于 W 面而倾斜于 H 面和 V 面的直线，其投影图及投影特性如图 2-21 所示。

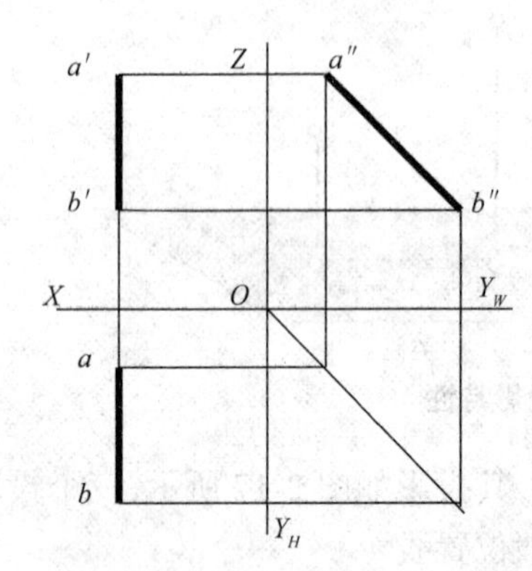

投影特性：
1. 正面和水平面投影比实长短，$a'b' /\!/ OZ$、$ab /\!/ OY_H$；
2. $a''b''=AB$ 反映实长，倾斜于投影轴。

图 2-21　侧平线的投影

投影面平行线的投影特性总结如下。

① 投影面平行线在它所平行的投影面上的投影倾斜于投影轴，但反映直线的实长。

② 其他两面投影分别平行于对应轴，且共同垂直另一投影轴，该两投影为缩短的直线段。

特点记忆：一斜两平平行线，斜线在哪面即为哪面的平行线。

3. 投影面垂直线是指垂直于一个投影面，而平行于其他两个投影面的直线。

投影面垂直线可分为三种：铅垂线、正垂线、侧垂线。

（1）铅垂线　垂直于 H 面，平行于 V 面和 W 面的直线，其投影图及投影特性如图 2-22 所示。

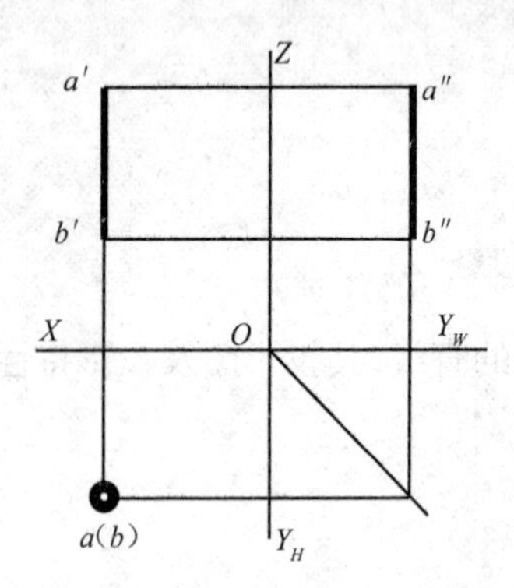

投影特性：
1. 水平投影 ab 积聚成一点；
2. $a'b' /\!/ OZ$、$a''b'' /\!/ OZ$、$a'b' \perp OX$、$a''b'' \perp OY_W$；
3. $a'b'=a''b''=AB$ 反映实长。

图 2-22　铅垂线的投影

（2）正垂线　垂直于 V 面，平行于 H 面和 W 面的直线，其投影图及投影特性如图 2-23 所示。

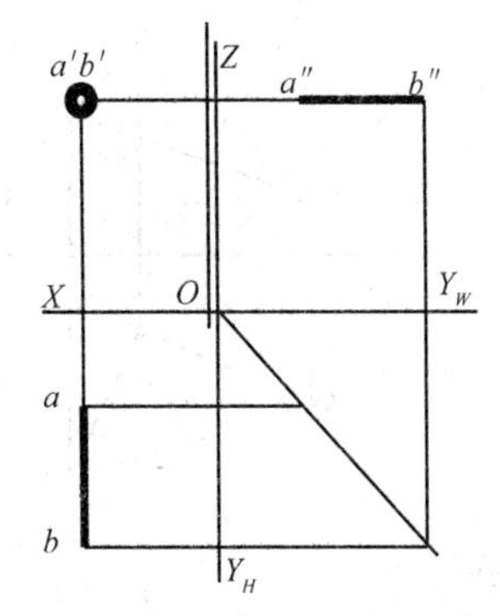

投影特性：
1. 正面投影 $a'b'$ 积聚成一点；
2. $ab // OY_H$、$a''b'' // OY_W$、$ab \perp OX$、$a''b'' \perp OZ$；
3. $ab = a''b'' = AB$ 反映实长。

图 2-23　正垂线的投影

（3）侧垂线　垂直于 W 面，平行于 H 面和 V 面的直线，其投影图及投影特性如图 2-24 所示。

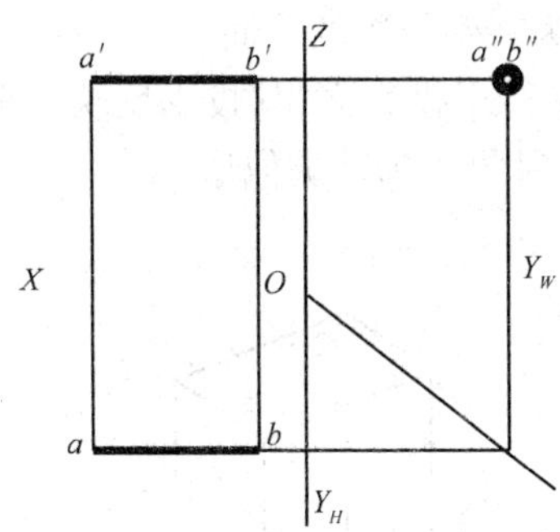

投影特性：
1. 侧面投影 $a''b''$ 积聚成一点；
2. $ab // OX$、$a'b' // OX$、$ab \perp OY_H$、$a'b' \perp OZ$；
3. $ab = a'b' = AB$ 反映实长。

图 2-24　侧垂线的投影

投影面垂直线的投影特性总结如下。

① 投影面垂直线在它所垂直的投影面上的投影积聚成一点。

② 其他两面投影反映实长，并分别垂直于对应的投影轴，且共同平行于另一投影轴。

特点记忆：一点两线垂直线，点在哪面即为哪面的垂直线。

2.4　平面的投影

2.4.1　平面投影图作法

平面一般是由若干轮廓线围成的，而轮廓线可以由其上的若干点来确定，所以求作平面的投影，实质上就是求作点和线的投影。如图 2-25（a）为空间一个三角形 ABC 的直观图，如果求出它的三个顶点 A、B 和 C 的投影，如图 2-25（b）所示，再分别将各同名投影连接起来，就得到三角形 ABC 的投影图，如图 2-25（c）所示。

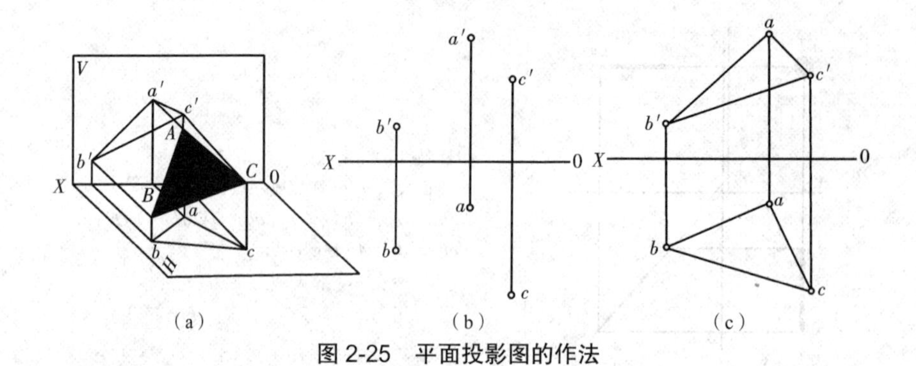

图 2-25　平面投影图的作法

2.4.2　各种位置平面的投影

平面相对于投影面来说,有三种不同位置:一般位置平面、投影面的平行面和投影面的垂直面。投影面的平行面和投影面的垂直面又称为特殊位置的平面。

不同平面的投影特性:如图 2-26 所示,平面平行于投影面,其投影反映实形;平面垂直于投影面,其投影积聚成直线;平面倾斜于投影面,其投影为其类似形。

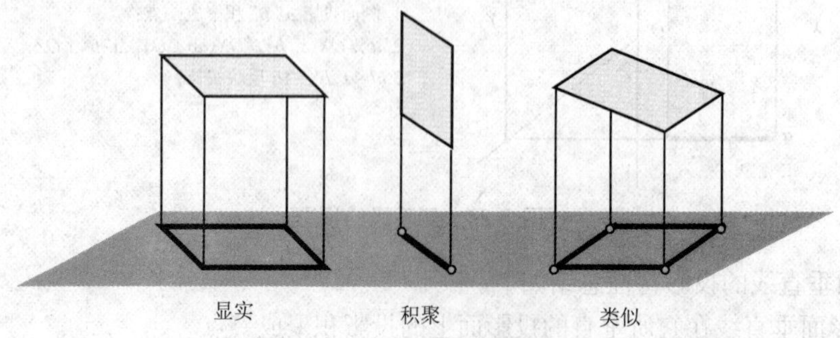

图 2-26　不同平面的投影特性

1. 一般位置平面是指倾斜于三个投影面的平面,称为一般位置平面。其投影特点是平面在三个投影面上的投影既没有积聚性,也不反映实形,均为缩小的类似形,如图 2-27 所示。

特点记忆:三面无线一般面,位置最分明。

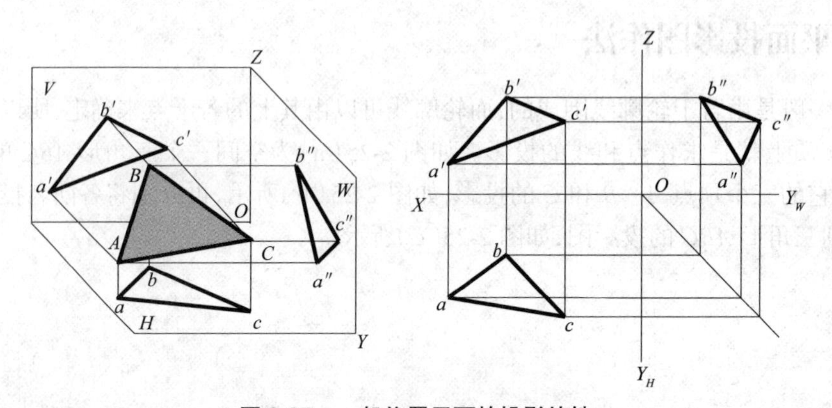

图 2-27　一般位置平面的投影特性

2. 投影面平行面是指平行于一个投影面，同时垂直于另外两个投影面的平面。投影平行面可分为三种：水平面、正平面、侧平面。

（1）水平面　平行于 H 面，垂直于 V 面和 W 面的平面，其投影图及投影特性如图 2-28 所示。

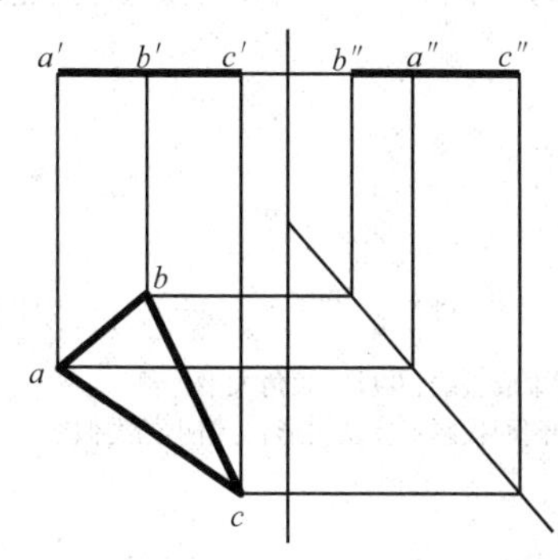

投影特性：

1. 水平投影反映实形；
2. 正面投影 $/\!/ OX$、侧面投影 $/\!/ OY_w$，分别积聚成直线。

图 2-28　水平面的投影

（2）正平面　平行于 V 面，垂直于 H 面和 W 面的平面，其投影图及投影特性如图 2-29 所示。

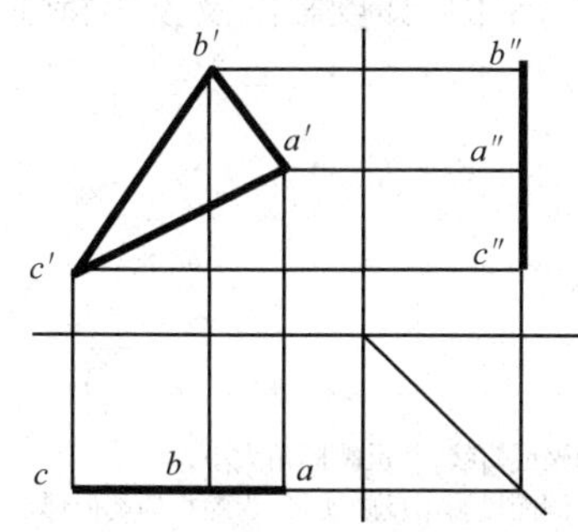

投影特性：

1. 正面投影反映实形；
2. 水平投影 $/\!/ OX$、侧面投影 $/\!/ OZ$，分别积聚成直线。

图 2-29　正平面的投影

（3）侧平面　平行于 W 面，垂直于 H 面和 V 面的平面，其投影图及投影特性如图 2-30 所示。

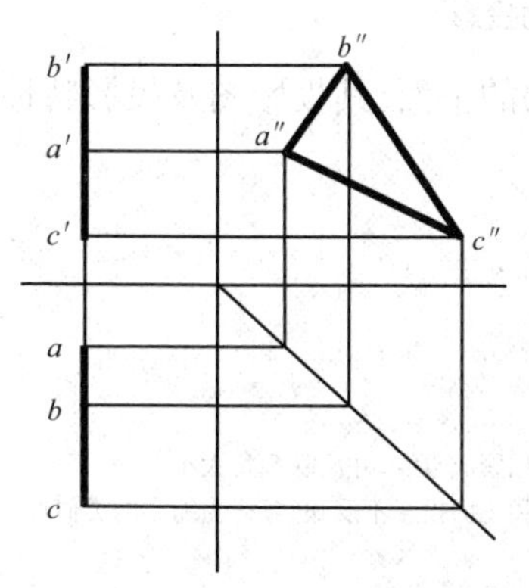

投影特性：

1. 侧面投影反映实形；
2. 水平投影 $/\!/ OY_H$、正面投影 $/\!/ OZ$，分别积聚成直线。

图 2-30　侧平面的投影

投影面平行面的投影特性总结如下：

① 投影面平行面在它所平行的投影面上的投影，反映该平面的实形；

② 其他两面投影都积聚为一条直线，且分别平行于对应的投影轴。

特点记忆：一面两线平行面，直线竖或横，面在哪面即为哪面的平行面。

3. 投影面垂直面是指垂直于一个投影面，同时倾斜于另外两个投影面的平面。

投影面垂直面可分为三种：铅垂面、正垂面、侧垂面。

（1）铅垂面　垂直于 H 面，倾斜于 V 面和 W 面的平面，其投影图及投影特性如图 2-31 所示。

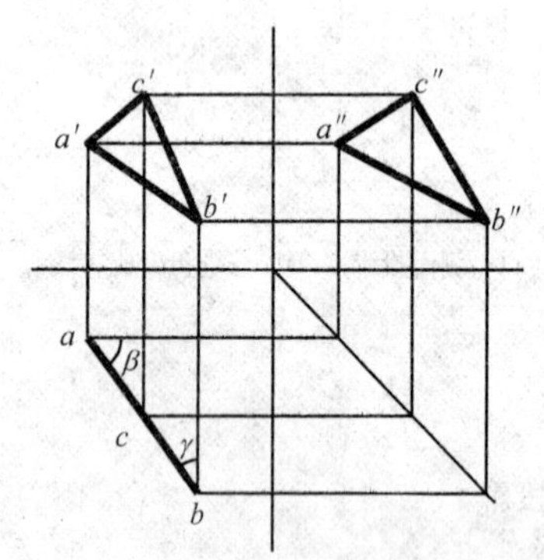

投影特性：

1. 水平投影积聚成直线，并反映倾角大小；
2. 正面投影和侧面投影不反映实形，为缩小的类似形。

图 2-31　铅垂面的投影

（2）正垂面　垂直于 V 面，倾斜于 H 面和 W 面的平面，其投影图及投影特性如图 2-32 所示。

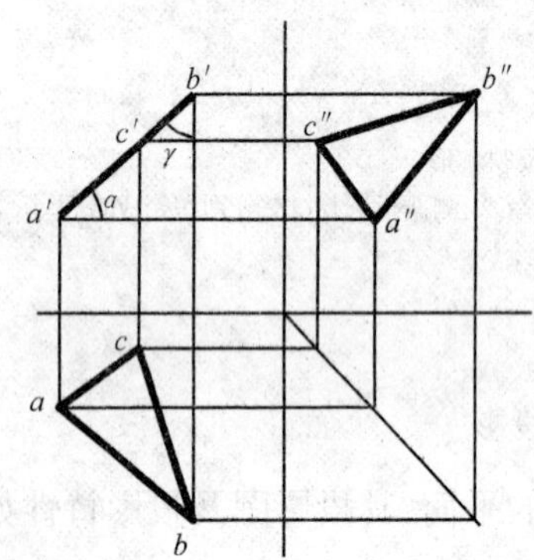

投影特性：

1. 正面投影积聚成直线，并反映倾角大小；
2. 水平投影和侧面投影不反映实形，为缩小的类似形。

图 2-32　正垂面的投影

（3）侧垂面　垂直于 W 面，倾斜于 V 面和 H 面的平面，其投影图及投影特性如图 2-33 所示。

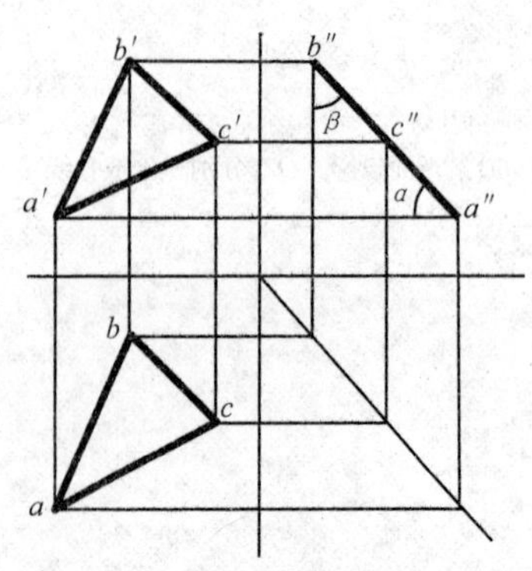

投影特性：

1. 侧面投影积聚成直线，并反映倾角大小；
2. 水平投影和正面投影不反映实形，为缩小的类似形。

图 2-33　侧垂面的投影

投影面垂直面的投影特性总结如下。

① 投影面垂直面在它所垂直的投影面上的投影,积聚为一条与投影轴倾斜的直线。

② 其他两面投影均为缩小了的类似形。

特点记忆:一线两面垂直面,斜线积聚成,线在哪面即为哪面的垂直面。

2.5 基本形体的投影

2.5.1 基本形体的分类

尽管许多建筑物形状复杂多样,但分析后发现都是由一些基本形体组合而成。基本形体又称几何体。基本几何体的分类如图 2-34 所示。几何体按其表面的几何性质,可分为两大类:平面体和曲面体,常见的如图 2-35 所示。

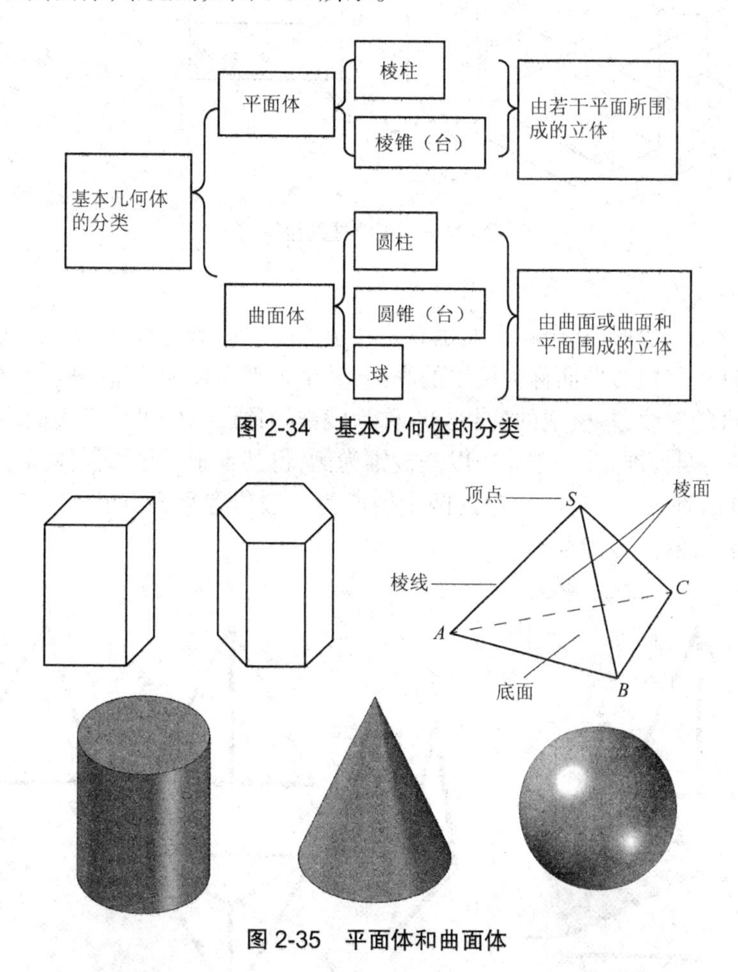

图 2-34 基本几何体的分类

图 2-35 平面体和曲面体

2.5.2 平面体的投影

1. 棱柱体的投影

有两个平面相互平行,其余各平面都是四边形,且相邻两个四边形的公共边互相平行,由这些平面所围成的平面体称为棱柱体。两个互相平行的平面称为棱柱的端面(或底面),其余各平面称为棱柱的棱面,两个棱面相交的公共边称为棱柱的棱线,棱线与端面的交点称为棱角或棱点。棱柱按其端面多边形的形状,可分别称为三棱柱、四棱柱、五棱柱……下面以一横放的三棱柱(常见的两坡屋面)为例作出其三面投影,如图 2-36 所示。从图中可知,三棱柱体在 H 面和 W 面上的投影都有反映实形的投影,作图时可先作出 H 面和 W 面投影,然后再作出 V 面投影。作图时投影轴可以省略,但注意三面投影必须符合投影规律。

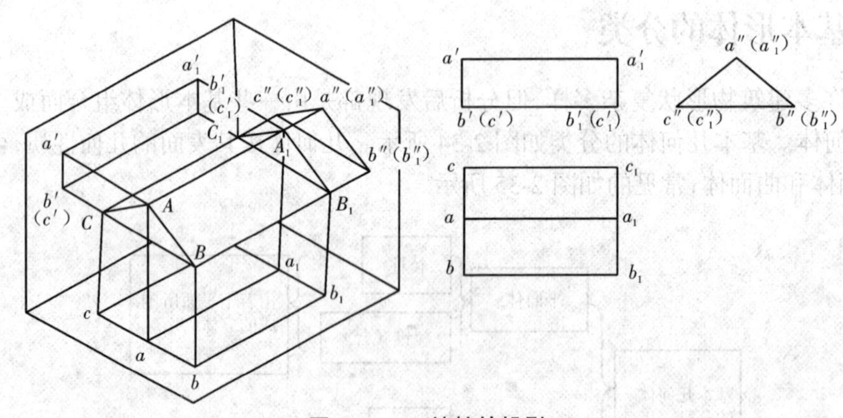

图 2-36 三棱柱的投影

2. 棱锥体的投影

有一个平面是多边形,其余各平面是有公共顶点的三边形,由这些平面所围成的平面体称为棱锥体。这个多边形平面称为棱锥的底面,其余各平面称为棱锥的棱面,相邻两棱面的公共边称为棱锥的棱线,各棱线的公共交点称为棱锥的顶点。棱锥按其底面多边形的形状,分别称为三棱锥、四棱锥、五棱锥……以三棱锥为例,将其置于三投影面体系中,底面平行于 H 面,后边的棱面垂直于 W 面,前边的两个棱面为一般位置平面,如图 2-37 所示。试分析其投影中的面和线的投影特点。

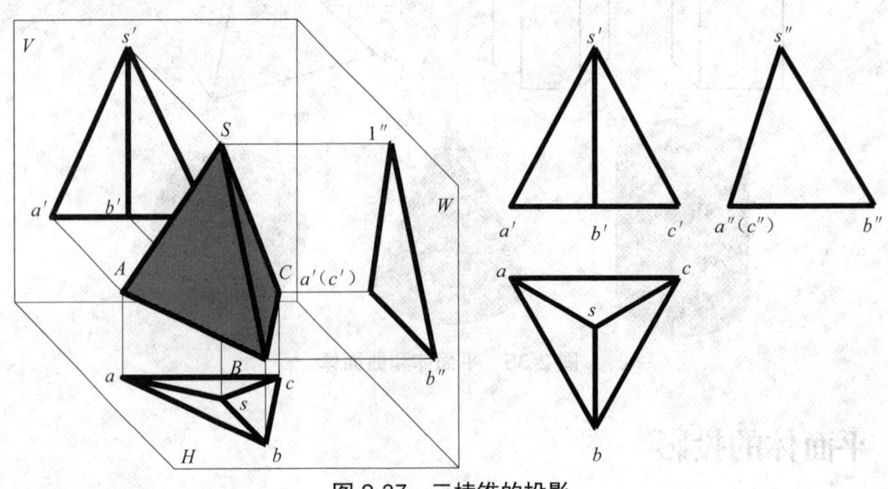

图 2-37 三棱锥的投影

2.5.3 曲面体的投影

1. 曲面体的基本知识

（1）曲线 是由点按一定规律运动而成的轨迹。曲线上各点都在同一平面的称为平面曲线，如圆、椭圆等。曲线上各点不在同一平面上的称为空间曲线，如圆柱螺旋线等。

（2）曲面 是由直线或曲线在空间按一定规律运动而成的轨迹。运动的线称为母线，母线绕一条固定的直线回转，所形成的曲面称为回转面。如圆柱曲面是一直线绕轴线平行且等距旋转而成。圆锥曲面是一直线绕与其相交的轴线等角度地旋转而成。球面是由一半圆弧线以直径为轴旋转而成，如图 2-38 所示。

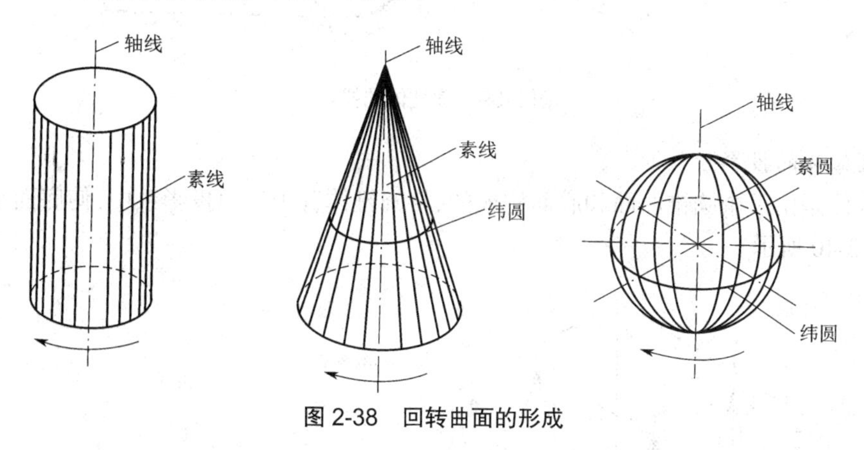

图 2-38 回转曲面的形成

（3）素线 形成回转曲面的母线在曲面上的任何位置都叫作素线，如图 2-38 所示。圆柱体的素线都是平行于轴线的直线；圆锥体的素线是汇交于圆锥顶点且与轴线的夹角为等角度的倾斜线；球体的素线是球体的半圆弧线。

（4）纬圆 回转曲面上任一点绕轴线旋转一周所形成的圆称为纬圆，如图 2-38 所示。纬圆的圆心在回转轴上，且纬圆与回转轴垂直。

（5）轮廓线 曲面体的轮廓线是指投影图中确定曲面范围的外形线。在平面体中，外形线是由某些棱线的投影形成，而曲面体由于不存在棱线，因此其投影是用轮廓线来表示的。

2. 圆柱体的投影

圆柱体是由两个互相平行且相等的平面圆（顶面和底面）和一圆柱面所围成的。将圆柱体置于三面投影系中，使顶面和底面平行于 H 面，如图 2-39 所示。

H 面投影为一圆，反映顶面和底面的实形，且两者重影，圆柱面投影积聚在此圆周上；

V 面投影为一个矩形线框，是可见的前半圆柱面和不可见的后半圆柱面投影的重合，线框的两边是圆柱体最左和最右轮廓线的投影，上、下边分别是顶面和底面的积聚；

W 面投影亦为一个矩形线框，是可见的左半圆柱面和不可见的右半圆柱面投影的重合。线框的两边是圆柱体最前和最后轮廓线的投影，上、下边分别是顶面和底面的积聚。

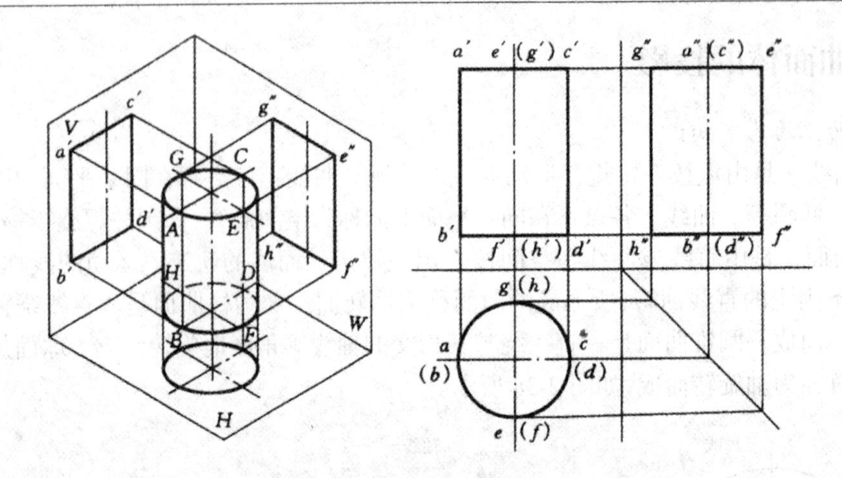

图 2-39 圆柱体的投影

3. 圆锥体的投影

圆锥体是由一个圆锥曲面和底面构成的，将圆锥体置于三面投影系中，使底面平行于 H 面，如图 2-40 所示。

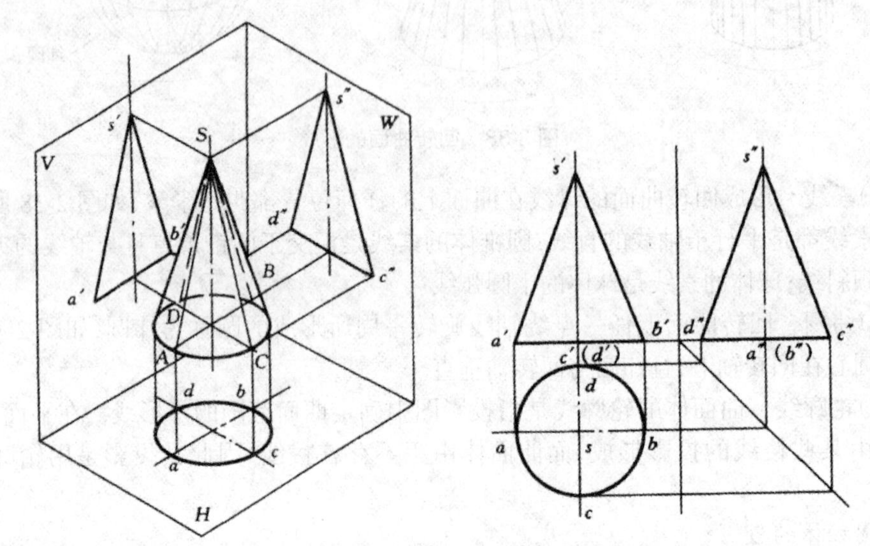

图 2-40 圆锥体的投影

H 面投影为一圆，反映圆锥底面的实形，圆锥面投影与底面投影重合且覆盖在其上面；

V 面投影是一等腰三边形线框，是可见的前半圆锥面与不可见的后半圆锥面投影的重合，线框的两斜边为圆锥体最左和最右轮廓线的投影，底边是圆锥底面的积聚；

W 面投影亦是一等腰三边形线框，是可见的左半圆锥面和不可见的右半圆锥面投影的重合，线框的两斜边是圆锥体最前和最后轮廓线的投影，底边是圆锥底面的积聚。

2.5.4 组合体的投影

1. 组合体的类型

由两个或两个以上的基本形体组合而成的形体叫作组合体。形体的组合方式主要有以下三种。

（1）叠加型：由若干个几何体堆砌或拼合而成；

（2）切割型：由一个几何体切除了某些部分而成；

（3）综合型：由叠加型和切割型混合而成。

组合体这三种类型的划分，仅是提供做投影分析时用的。事实上，某一组合体究竟属于何种类型并不是唯一的，有的组合体既可按叠加型来分析，也可以作为切割型或综合型来分析，这要看以何种类型做分析能使作图简便而定。

2. 组合体投影图的画法

作组合体的投影图时，首先要分析形体是由哪些基本形体组合而成的，它们与投影面之间的关系如何，它们之间的相对位置如何？然后根据它们的组合过程进行作图。另外还要注意组合体在三投影面体系中所放的位置。

（1）一般应使形体的复杂而且反映形体特征的面平行于 V 面；

（2）使作出的投影图虚线少，图形清晰，如图 2-41 所示。

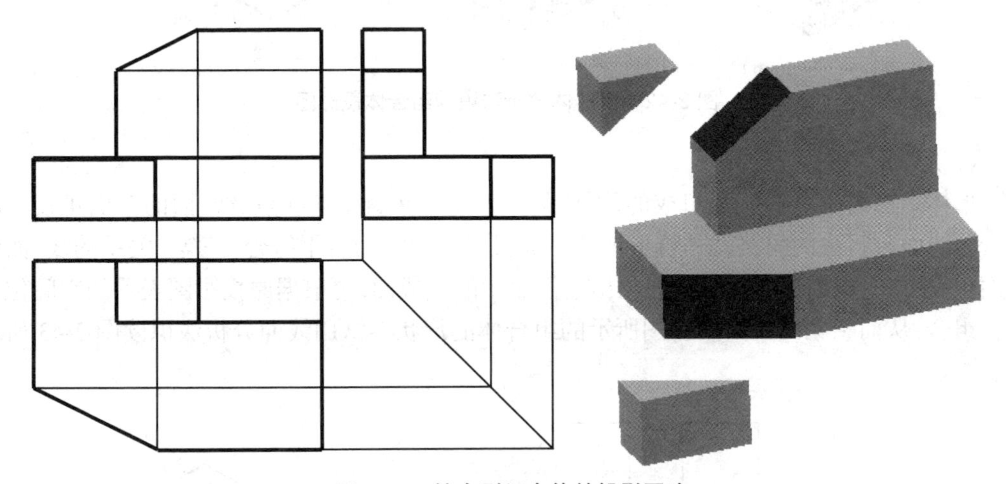

图 2-41　综合型组合体的投影画法

3. 组合体投影图的识读

识读组合体的投影图就是根据投影图想象形体的空间形状。正投影图在工程界运用最广泛，但缺乏立体感，因此学会正投影图的识读就显得十分重要并有一定难度，所以必须掌握正确的识读方法。识读组合体投影图的方法，常用形体分析法和线面分析法。

（1）形体分析法

形体分析法是以基本形体的投影特点为基础，根据组合体的构成方式和各部分的相对位置，综合想象出形体的完整形状。

如图 2-42（a）所示的三面投影图，由图可以确定该形体是由一四棱柱被切去某些部分后形成的。从 W 面投影可知，在四棱柱的前上方切去了一个小四棱柱（图 2-42（c））。从 H 面投影又可知，在被切去形体的左前方又切去了一个小四棱柱，从而可以想象出投影图所示的形体形状，如图 2-42（d）所示。

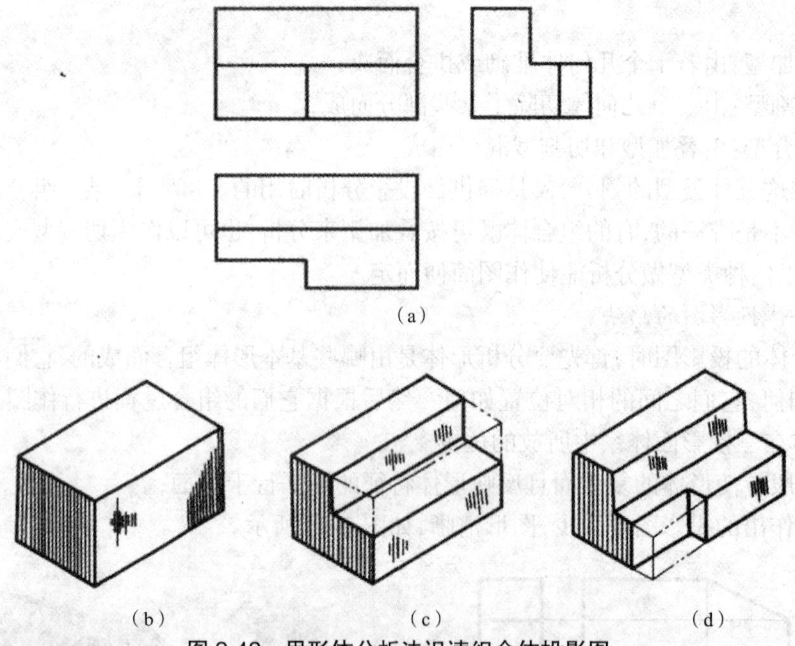

(a)

(b) (c) (d)

图 2-42 用形体分析法识读组合体投影图

(2)线面分析法

形体是由若干点、线、面组成的，形体的三面正投影就是这些点、线、面的三面正投影的组合。线面分析法的思路就是将形体的三面投影图分解为若干符合“三等”关系的线、面的三面正投影图，根据这些投影图想象出它们表示的线或面，再根据原投影图表示的空间位置进行组合，从而想象出三面投影图所示的组合体的形状。试用线面分析法识读图 2-43 所示投影图。

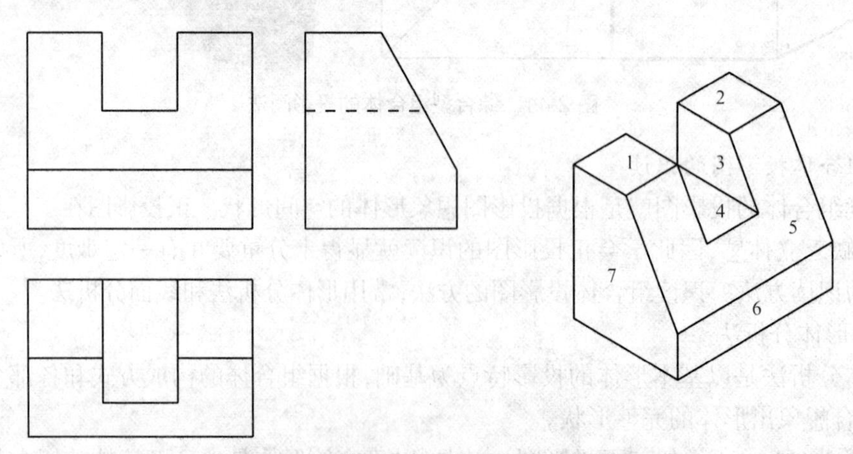

图 2-43 用线面分析法识读组合体投影图

思考题

1. 投影法分哪几类，正投影法有哪些特性？
2. 简述三视图分别反映的形体尺度和方位情况。
3. 点的正投影规律是什么？
4. 简述各种位置直线的投影特性并画出其投影图。
5. 简述各种位置平面的投影特性并画出其投影图。
6. 补画图 2-44 中点的第三面投影，并判断第 2 题中各点的空间位置。

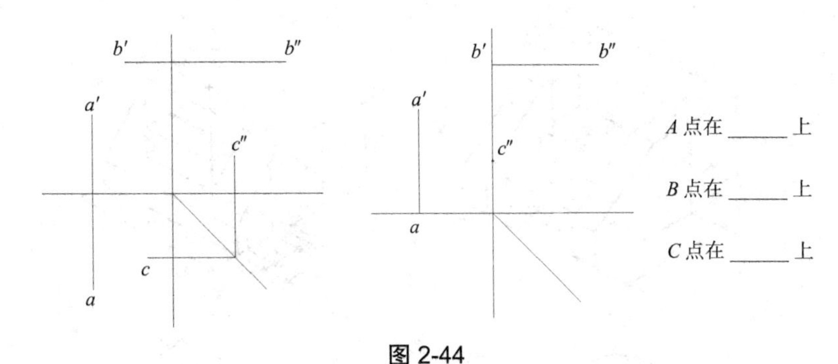

图 2-44

7. 已知空间直线 AB 的端点坐标为 A(30，10，20)，B(15，20，5)，求作该直线的三面投影。(单位：mm)

8. 补画图 2-45 中直线的第三面投影，并说明各直线与投影面的相对位置。

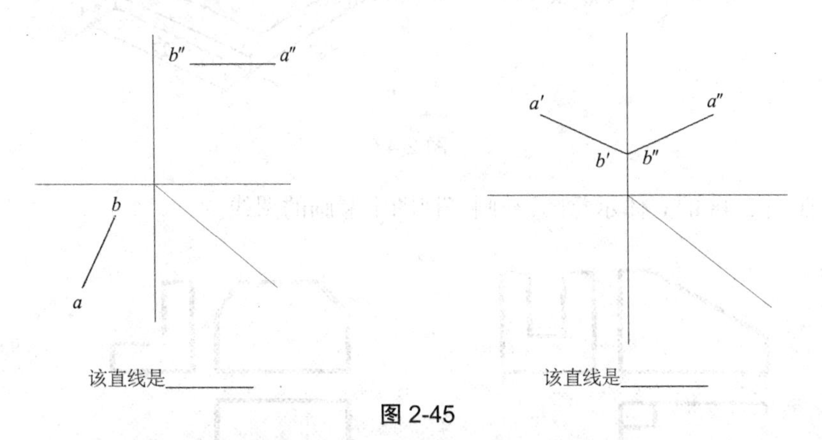

图 2-45

9. 补画图 2-46 中平面的第三面投影，并说明各平面与投影面的相对位置。

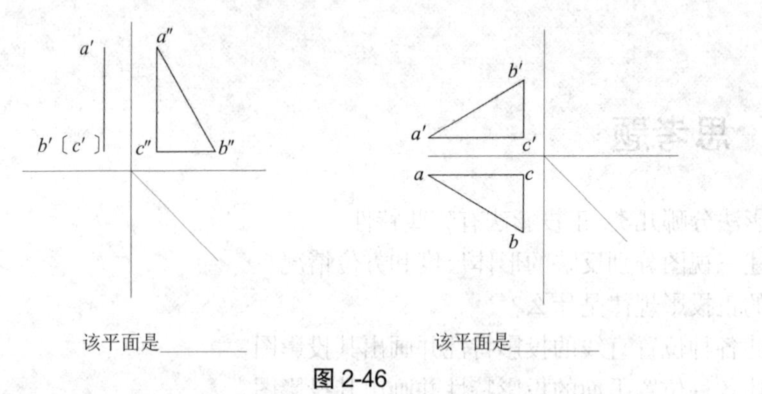

该平面是________ 该平面是________

图 2-46

10. 根据图 2-47 所给的立体示意图和尺寸，采用 1∶1 比例绘制形体的三面正投影图。

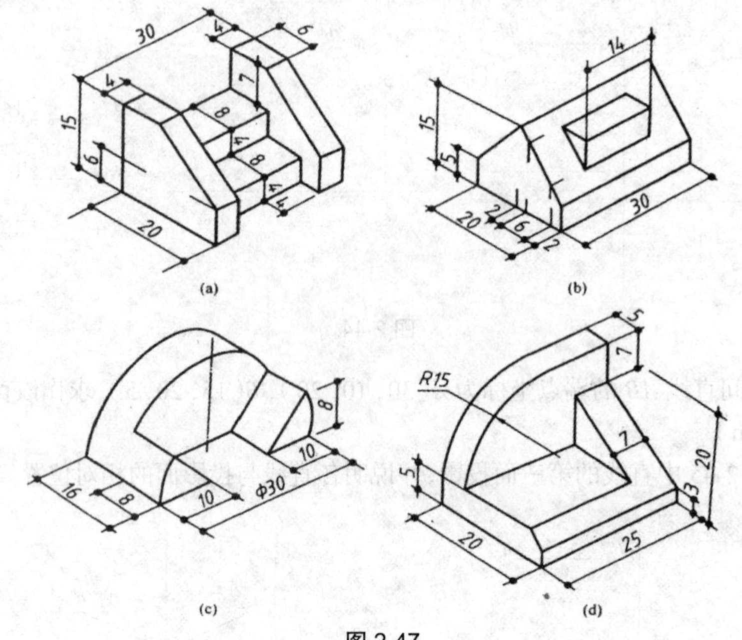

图 2-47

11. 参照图 2-48 的立体示意图，补画三视图中漏画的图线。

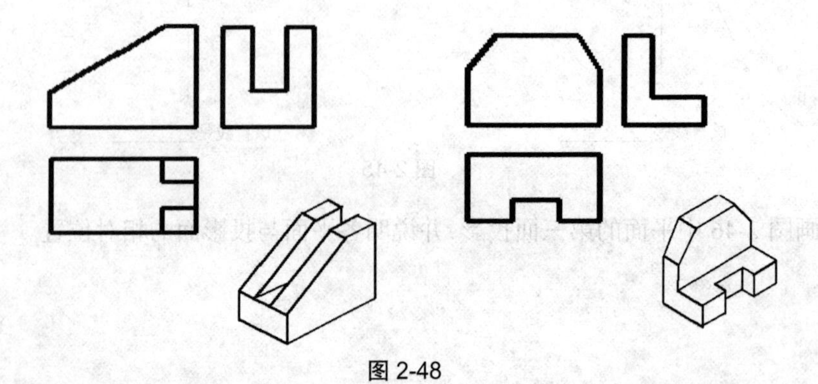

图 2-48

12. 根据形体的主视图和俯视图，补画图 2-49 中的形体的左视图。

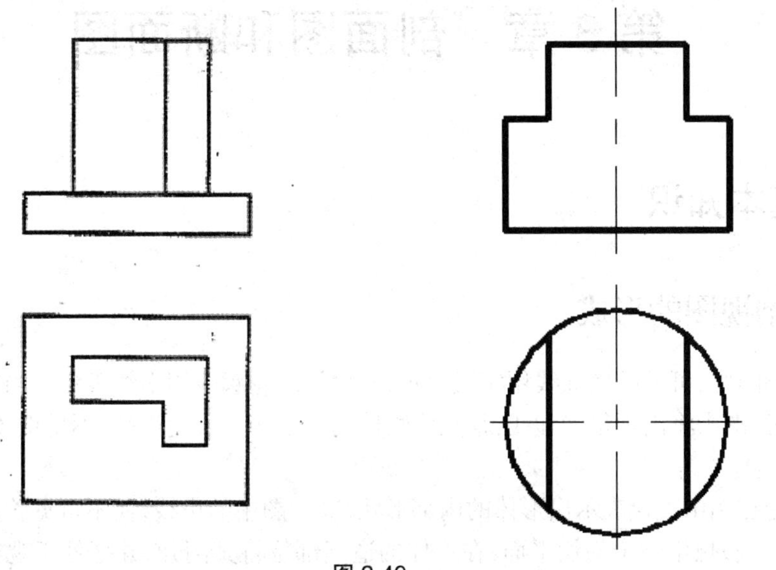

图 2-49

第3章　剖面图和断面图

3.1　基本知识

3.1.1　剖视图的形成

正投影图中，可见的轮廓线用实线表示，不可见的轮廓线用虚线表示。当物体内部构造比较复杂时，图中将出现很多虚线，很难将物体的内部构造表达清楚，不易识读，同时也不利于尺寸的标注。

为了能在图中直接表示出形体的内部形状，减少图中的虚线，使不可见轮廓线变成可见轮廓线，我们假想用一个剖切平面，在形体的适当部位将其剖开，并把处于观察者与剖切平面之间的那一部分移去，作出剩下部分的投影图，这种剖切后对形体作出的投影图称为剖面图。例如，图 3-1 所示的钢筋混凝土双柱杯形基础的投影图，由于这个基础有安装柱子用的杯口，它的正立面和侧立面投影图中都有虚线，图面不清晰。因此，我们假想用一个通过基础前后对称平面的剖切平面 P，将基础剖开，如图 3-2（a）所示，把剖切平面 P 连同它前面的半个基础移去，将剩下的后半个基础向正立投影面作投影，所得到的投影图称为基础的剖面图，如图 3-2（b）所示。

将图 3-1 所示的基础正立面投影图与图 3-2（b）所示的剖面图进行比较，就可以看出在剖面图中，基础内部的形状、大小和构造表示得更加清晰。

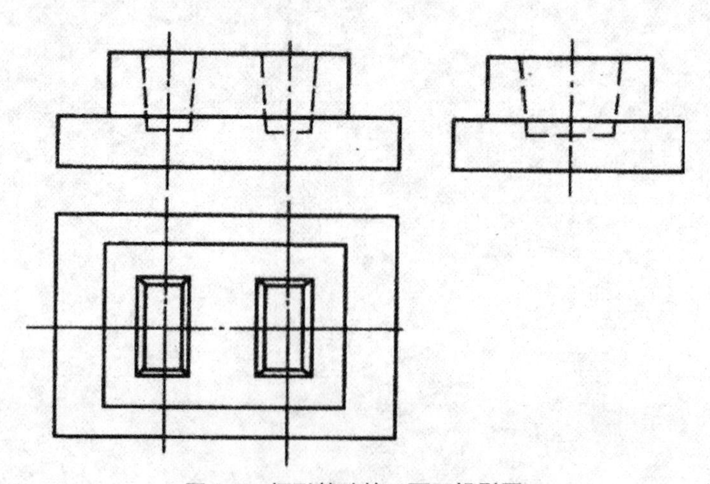

图 3-1　杯形基础的三面正投影图

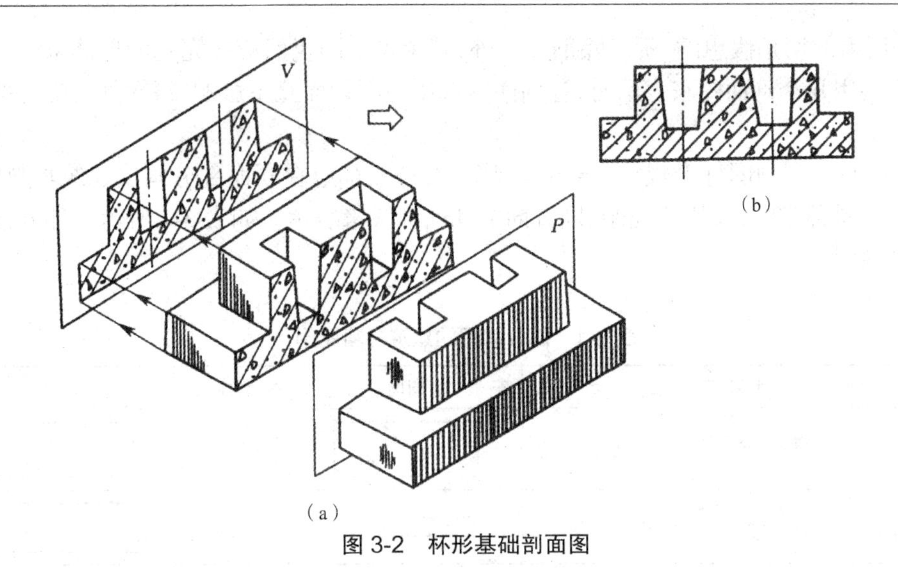

图 3-2　杯形基础剖面图

3.1.2　剖视图的分类和画法

1. 剖视图的分类

采用剖视的方法作投影图时，若画出剩下部分的全部投影所得到的图形称为剖面图；若剖开后只画出剖切平面与形体相交部分（即截面或断面）的投影所得到的图形称为断面图（或截面图）。图 3-3 所示为台阶的剖面图和断面图。

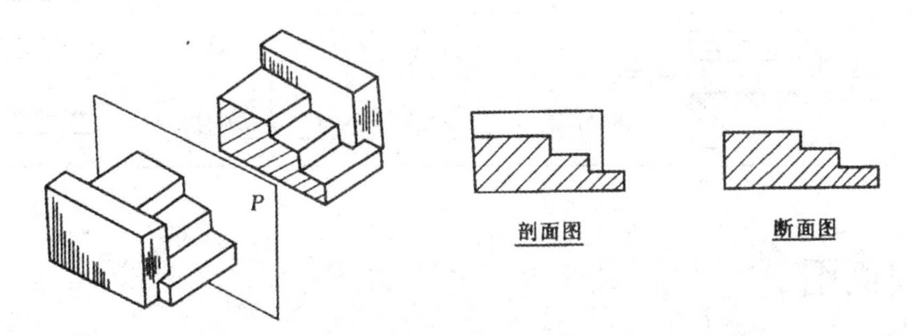

图 3-3 台阶的剖面图和断面图

2. 画剖视图的注意事项

（1）在画剖面图（或断面图）时，剖切平面 P 的位置，应根据形体的形状和所作剖面图（或断面图）的要求来选定，这种剖切平面一般应是投影面平行面，以使断面的投影反映实形。

（2）为使画出来的剖面图（或断面图）能充分显示形体内部的状况，一般都使剖切平面通过形体上的孔、洞、槽的对称轴线。

（3）形体被剖切后所形成的断面轮廓线，用粗实线画出；未剖到的可见部分轮廓线，用粗实线画出。

（4）剖面图中已表达清楚的形体内部形状，在其他视图中投影为虚线时，一般不必画出，但对没有表达清楚的内部形状，仍应该画出必要的虚线。

（5）因为剖切是假想的，所以除剖面图外，其余投影图仍然应按完整的形体来画。若一个形体需要用几个剖面图来表示时，各剖面图选用的剖切面互不影响，每次剖切都是按完整形体进行的。

（6）按照国家制图标准规定，绘制剖视图时，一般都应在断面部分画出建筑材料图例。当不注明材料种类时，可用等间距、同方向的45°细线来表示。如表3-1所示为部分常用的建筑材料图例。

表3-1 部分常用的建筑材料图例

名称	图例	名称	图例	名称	图例
自然土壤		钢筋混凝土		混凝土	
夯实土壤		空心砖		石膏板	
砂、灰土		耐火砖		多孔材料	
砂砾石、碎砖、三合土		饰面砖		毛石	
天然石材		木材		金属	
胶合板		纤维材料		玻璃	
普通砖		粉刷材料		防水材料	

3.2 剖面图

3.2.1 剖面图的标注

剖面图本身不能反映剖切平面的位置，在其他投影图上必须标注出剖切位置、剖视方向和剖切符号的编号。

1. 剖切位置

剖面的剖切位置由剖切位置线来表示，剖切位置线就是剖切平面的积聚投影，用断开的两段粗实线表示，长度一般为6~10 mm，剖切位置线不宜与图面上的图形轮廓线相交，如图3-4所示。

2. 剖视方向（投射方向）

在剖切位置线两端的同侧各画一段与它垂直的短粗实线，该线称为剖视方向线。剖视方向线的长度宜为4~6 mm，如图3-4所示。

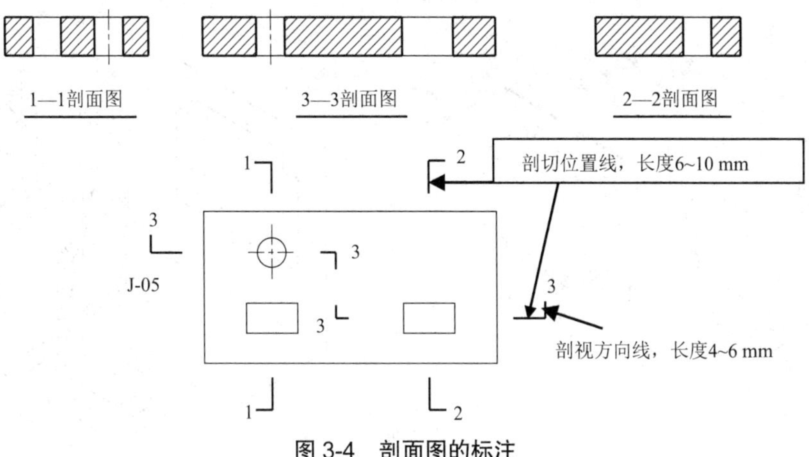

图 3-4 剖面图的标注

3. 剖切符号的编号

剖切符号的编号，通常采用阿拉伯数字，并以水平方向注写在剖视方向线的端部。若需要转折的剖切线，应在转角的外侧加注与该符号相同的编号，如图 3-4 所示。

4. 剖面图与被剖切图样不在同一张图纸内

如果剖面图与被剖切图样不在同一张图纸内时，应在剖切线下标注所在图纸的图号。如图 3-4 中的 3—3 剖切位置线下标注“J-05”，即表示 3—3 剖面图绘在“建筑施工图”编号为 5 的图纸上。其中，J 是建筑施工图的代号。

5. 对于习惯使用的剖切位置，剖面图可不标注剖切符号

剖面图一般都要标注剖切符号，但对于习惯使用的剖切位置（如建筑平面图，其剖切位置通过门窗洞时），可以不在图上做任何标注。

6. 剖面图的图名

在剖面图的下方或一侧，应写上该剖面图的图名，即所对应的剖面符号的编号，如“1—1”剖面图、“2—2”剖面图等，并在图名下方画一等长的粗实线，如图 3-4 所示。

3.2.2 剖面图的种类及应用

根据剖切平面数量和剖切方式不同，剖面图常用的类型有全剖面图、半剖面图、局部剖面图、阶梯剖面图和分层剖面图。

1. 全剖面图

用一个假想的剖切平面将形体完全剖开后所得的剖面图称为全剖面图。全剖面图适用于外形简单、内部复杂的形体，如图 3-5 所示。

2. 半剖面图

对于具有对称平面形体，以对称中心线（细点画线）为界，一半画成形体的外形图，另一半画成剖面图，即用一个图同时表示形体的外形和内部构造，这种剖面图称为半剖面图。半剖面图适用于形体的内、外形状均需要表达，同时形体的形状对称或基本对称的情况。如图 3-6 所示。

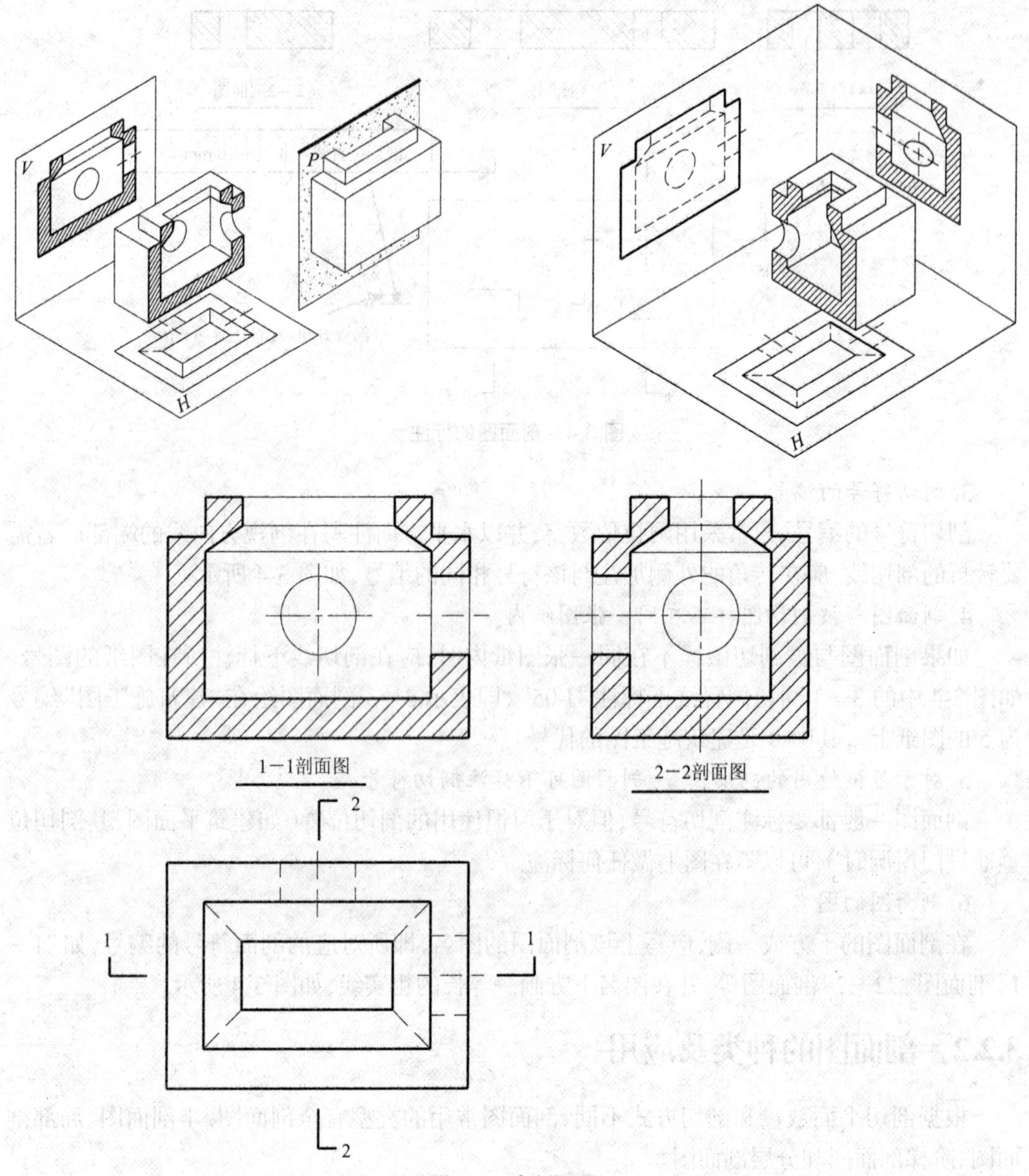

图 3-5 全剖面图

画图时必须注意以下几点。

(1)在半剖视图中,半个外形视图和半个剖视图的分界线应画成点画线;

(2)在半个外形视图中,虚线省略不画;

(3)半剖视图的标注方法与全剖视图相同;

(4)半个剖面图应画在水平轴线的下侧或垂直轴线的右侧;

(5)当剖切平面通过形体的对称平面,且半剖面图位于基本视图的位置时,可以不标注剖面剖切符号,如图 3-6 所示的正立面图和左侧立面图;

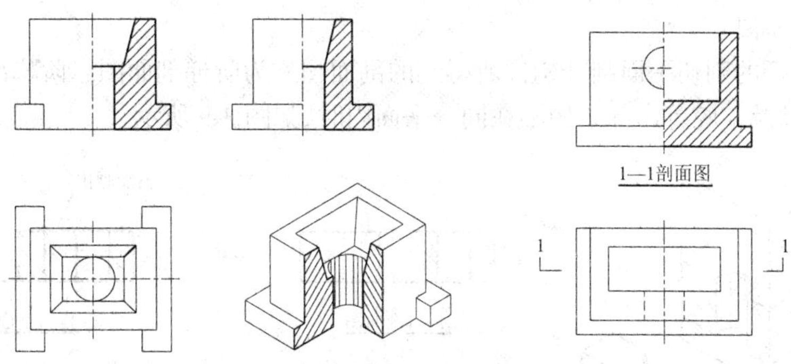

图 3-6　半剖面图(对称可以不标注)

(6)当剖切平面不通过形体的对称平面时,必须标注剖切位置线和投射方向线。如图 3-7 所示中的 1—1 剖面图,在正立面图中标注了剖切住置线和投射方向线,在平面图中标注了视图名称。

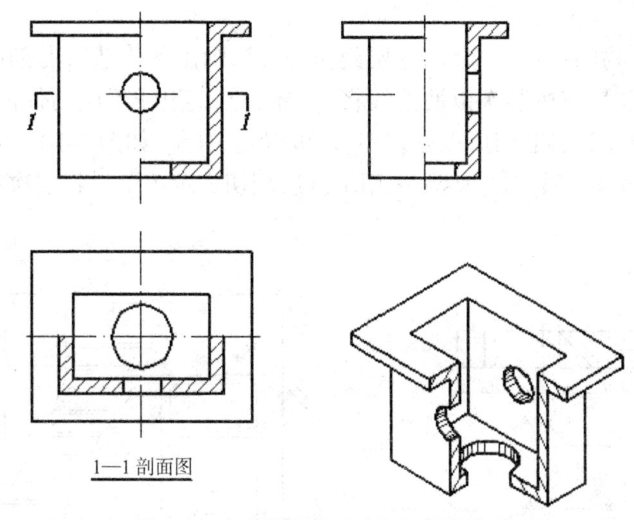

图 3-7　半剖面图(不对称必须标注)

3. 局部剖面图

用剖切平面局部地剖开形体所得的剖面图。对于外形比较复杂,且不对称的形体,当只有一小部分结构需要用剖面图表达时,可采用局部剖面图,如图 3-8 所示。

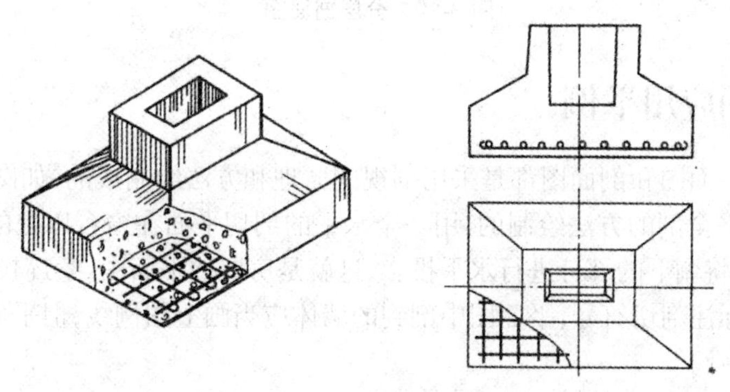

图 3-8　局部剖面图

4. 阶梯剖面图

用几个平行的剖切平面剖开构件所得到的剖面图称为阶梯剖面图。阶梯剖面图适用于构件上的孔、槽及空腔等内部结构不在同一平面内时，如图 3-9 所示。

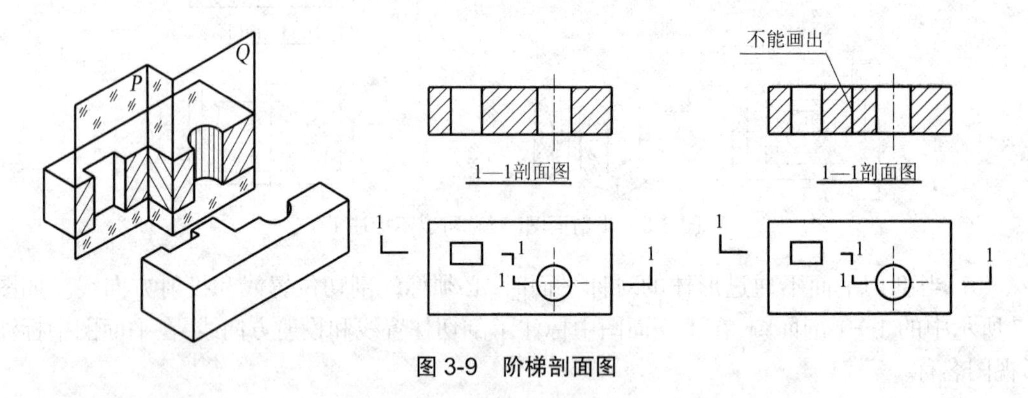

图 3-9 阶梯剖面图

5. 分层剖面图

为了表示建筑物的构造层次，用分层剖切的方法画出各构造层的剖面图称为分层剖面图。画分层剖面图时，应按层次以波浪线将各层隔开，波浪线不应与任何图线重合，也不能超出形体轮廓。局部分层剖切可以是多层，也可以是一层。如图 3-10 所示为板条抹灰隔墙分层材料和注法，该图以波浪线为界，采用了分层剖切表示出了材料层次和构造。

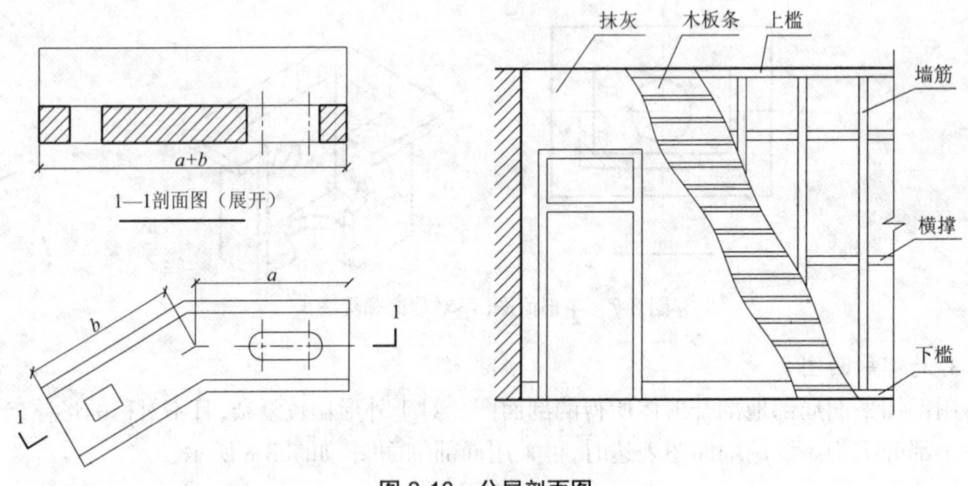

图 3-10 分层剖面图

3.2.3 剖面图应用举例

房屋的建筑平面图和剖面图都是采用剖视的原理和方法绘制成的，如图 3-11 所示。建筑平面图是用水平全剖的方法绘制的，用一个水平的剖切平面在窗台以上的部位将房屋全部剖开，移去上部将剩下的部分进行水平投影，这就是房屋的平面图。习惯上房屋平面图不用在正立面图中标注剖切符号，平面图中剖到的墙体应当画上图例线，但平面图采用的比例一般较小，故常不画。

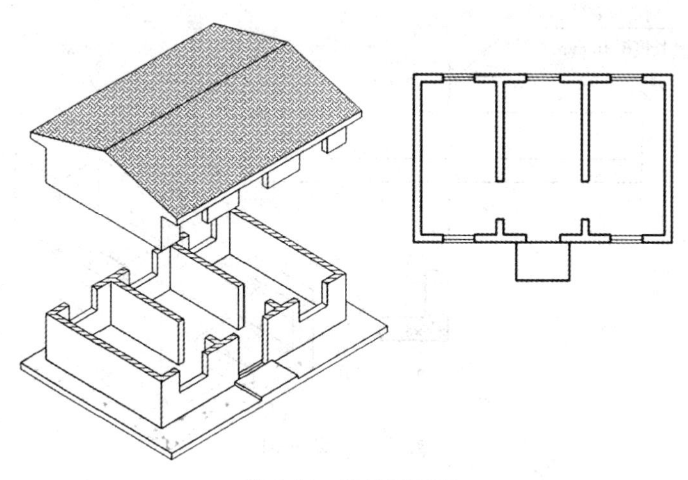

图 3-11　建筑平面图

假想用一个垂直剖切平面把房屋剖开,将观察者与剖切平面之间的部分房屋移开,把留下的部分对与剖切平面平行的投影面作正投影,所得到的正投影图称为建筑剖面图,如图 3-12 所示。

图 3-12　建筑剖面图

3.3　断面图

3.3.1　断面图的适用范围及画法

1. 当只须表示形体某部分的断面形状时,常采用断面图。断面图上应画上建筑材料图例。

2. 断面的剖切符号只画剖切位置线,编号用阿拉伯数字写在该断面的剖视方向的同一侧。

3. 断面名称注写在相应图样的下方,可省略“断面”二字,如图 3-13 所示。

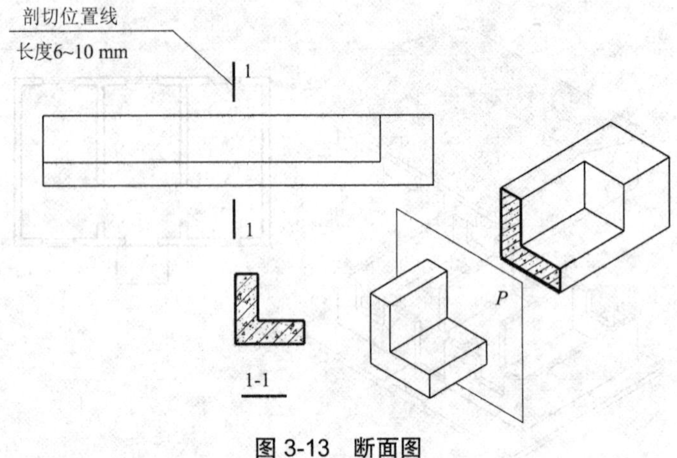

图 3-13 断面图

3.3.2 断面图的种类

断面图根据布置位置的不同可分为移出断面图、中断断面图和重合断面图，如图 3-14 所示。

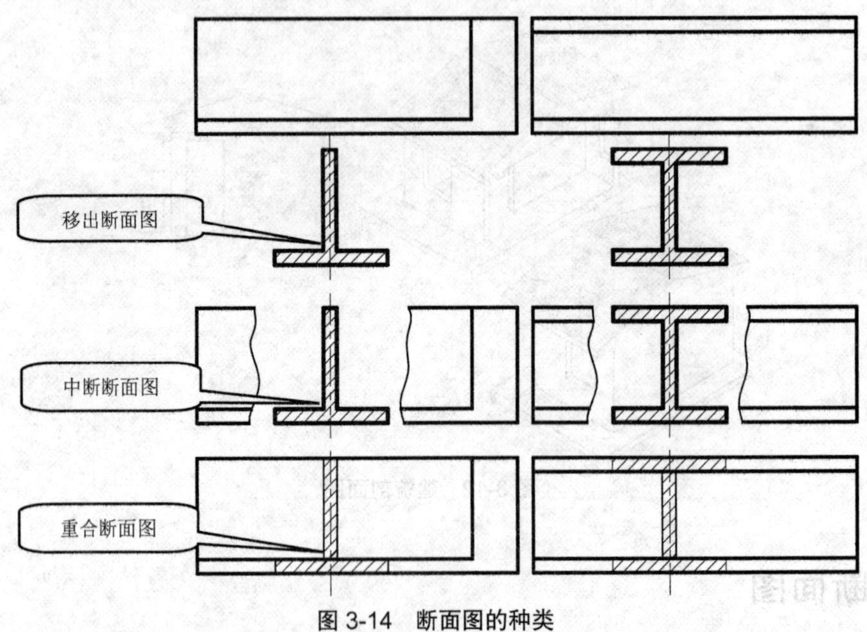

图 3-14 断面图的种类

1. 移出断面图

画在投影图形以外的断面图称为移出断面。当移出断面布置在剖切位置的延长线上，断面又对称时，可不标注，如图 3-15（a）所示，工字形钢断面的画法用细点画线代替剖切位置。若断面形状不对称时，则应画出剖切位置线和编号，写出断面名称，如图 3-15（b）所示槽钢断面的画法。

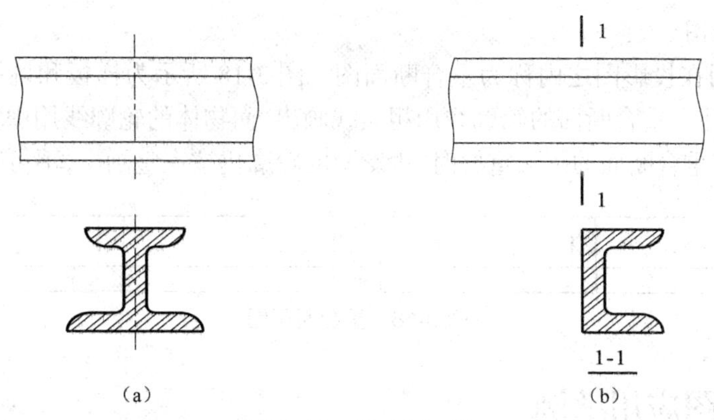

图 3-15　移出断面图

对一些变断面的构件，常采用一系列的断面图，以表示不同的断面形状。断面编号应按顺序连续编排，若断面配置在其他适当位置时，均应标注，如图 3-16 所示的 1—1、2—2 断面表示变断面钢筋混凝土柱在不同高度的横断面形状。

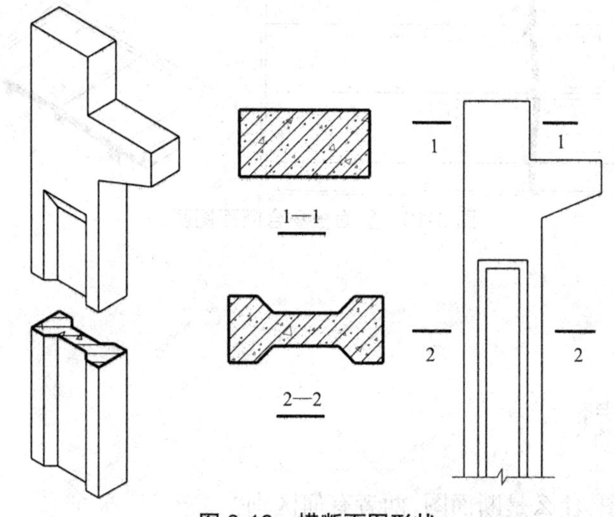

图 3-16　横断面图形状

2. 中断断面图

当断面图画在杆件投影图的中断处称为中断断面图，可不标注，多用于长度较长且均匀变化的杆件。画中断断面图时，原长度可以缩短，构件断开处画波浪线，但尺寸应标注构件总长尺寸，如图 3-17 中的 1 500 mm 和 2 000 mm 均是构件的总长度。中断断面是移出断面的特殊情况。

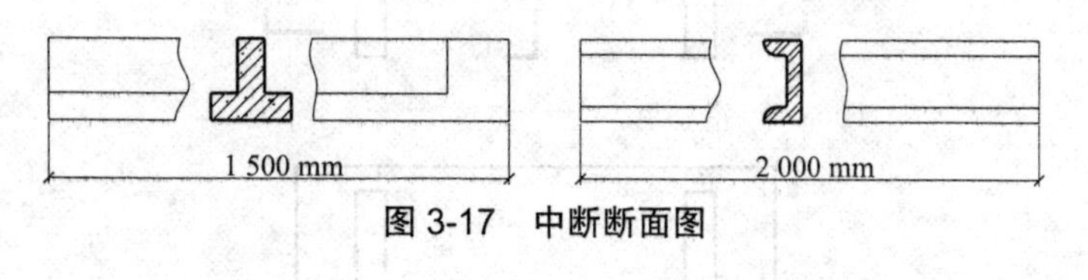

图 3-17　中断断面图

3. 重合断面图

将断面图画在投影图之内称为重合断面图。图 3-18 所示为梯板和挑梁的重合断面图的画法，可不标注。重合断面的轮廓线用粗实线画出，而物体的轮廓线用中实线画出。当原投影图轮廓线与重合断面的图形重叠时，投影图的轮廓仍按完整画出，不可间断。

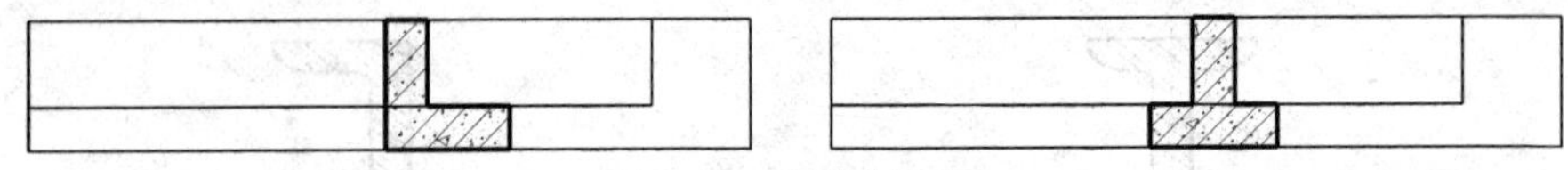

图 3-18 重合断面图

3.3.3 断面图应用举例

在结构施工图中，常将梁板式结构的楼板或屋面板断面图画在结构布置图上，按习惯不加任何标注。图 3-19 所示为屋面板重合断面图画法，它表示梁板式结构横断面的形状。因其断面尺寸较小，可以涂黑。

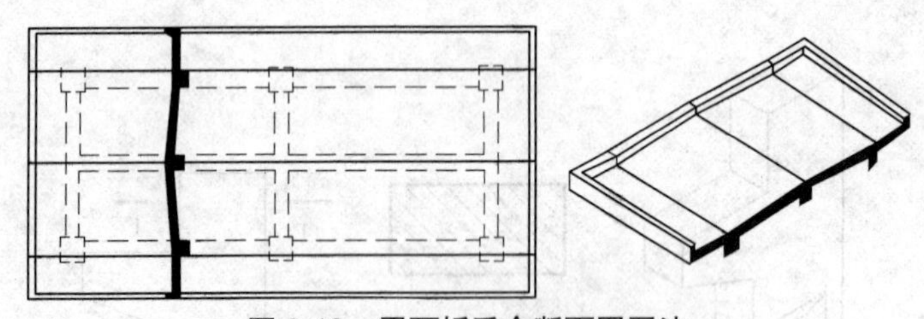

图 3-19 屋面板重合断面图画法

思考题

1. 什么是剖面图，什么是断面图，两者有何区别？
2. 常用剖面图有几种，各适用于什么情况？
3. 常用的断面图有几种？
4. 按图 3-20(a)及图 3-20(b)中的剖切符号分别画出剖面图。

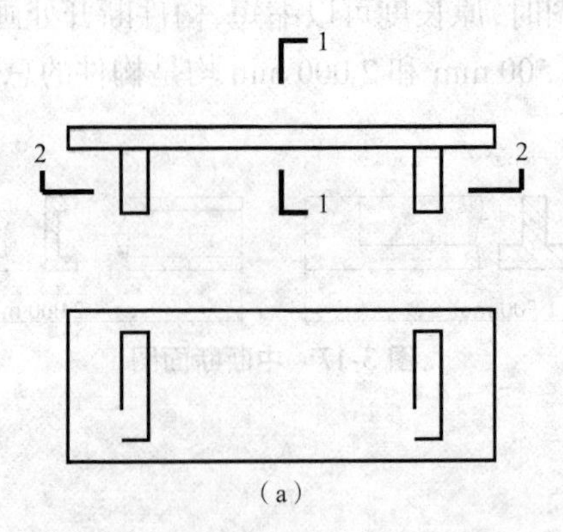

(a)

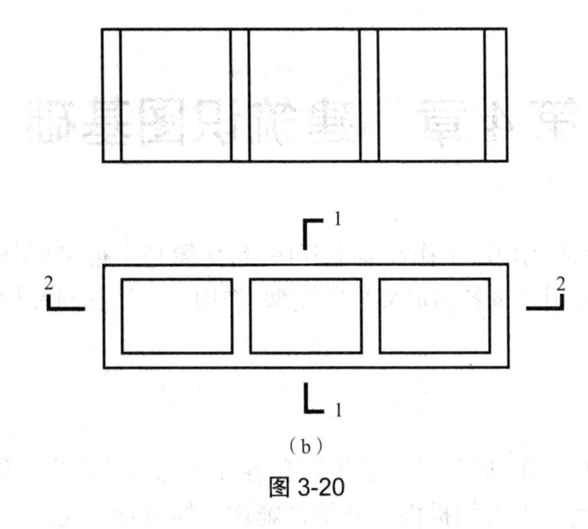

（b）

图 3-20

5. 画出图 3-21 中梁的 1—1、2—2 断面图。

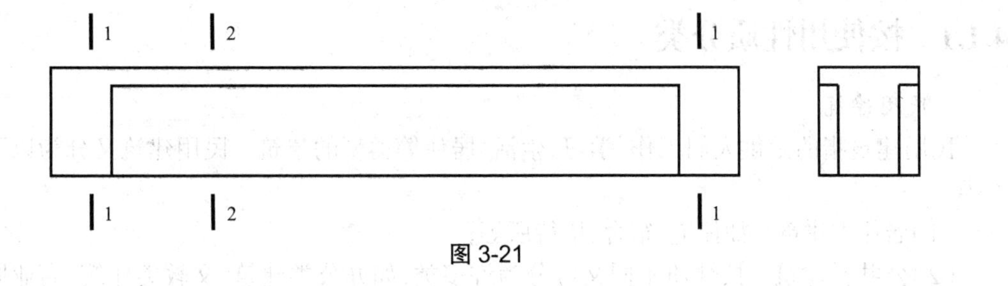

图 3-21

第 4 章　建筑识图基础

人们从事生产、生活、学习、工作都离不开房屋，房屋是由很多部分组成的，民用建筑构造所研究的就是一般民用建筑各组成部分的类型、作用、要求、材料和构造方法。

4.1　建筑分类

供人们生活、学习、工作、居住及从事生产和各种文化活动的房屋称为建筑物。其他如水塔、蓄水池、烟囱等间接为人们提供服务的设施称为构筑物。建筑物的分类方法有多种，常见的分类方法有以下六种。

4.1.1　按使用性质分类

1. 民用建筑

民用建筑指的是供人们工作、学习、生活、居住等类型的建筑。民用建筑又分为以下两大类。

(1)居住类建筑　如住宅、宿舍、招待所等；

(2)公共类建筑　按性质不同又可分为许多类，如办公类建筑、文教类建筑、商业服务类建筑、体育建筑、交通建筑、医疗福利建筑、邮电建筑、园林建筑、旅馆类建筑、纪念类建筑、市政公用设施类建筑及综合性建筑等。

2. 工业建筑

工业建筑指的是各类生产房屋和为生产服务的附属房屋，如单层工业厂房、多层工业厂房等。

3. 农业建筑

农业建筑指各类供农牧业生产使用的房屋，如种子库房、拖拉机站、塑料薄膜大棚、温室等。

4.1.2　按承重结构的材料分类

1. 土木结构

土木结构房屋是指建造材料主要有竹子、木材、夯土、稻草、干草、土坯砖和瓦建成的房屋。中国古代的房屋主要是土木结构的建筑，当时由于生产技术水平低下，人们没有办法生产出大量的水泥、钢筋来满足人们的房屋需求，而土木结构所需要的材料在全国各地均可轻易得到，这也是土木结构广泛被人们所接受的原因。直到上个世纪 90 年代末期，土木结构在中国的广大农村地区仍然广泛的分布着，例如白族村寨土木结构的住房如图 4-1 所示。

图 4-1　白族村寨土木结构的住房

2. 砖木结构

砖木结构指建筑物中竖向承重结构的墙、柱等采用砖或砌块砌筑，楼板、屋架等用木结构。一般砖木结构是平层（1~3 层）。这种结构的房屋在我国中小城市中非常普遍。它的空间分隔较方便、自重轻，并且施工工艺简单，材料也比较单一。但它的耐用年限短、占地多、建筑面积小，不利于解决城市人多地少的矛盾，砖木结构如图 4-2 所示。

图 4-2　砖木结构

3. 砖混结构

建筑物的墙、柱为砖砌，楼板、楼梯、屋顶为钢筋混凝土制作，这种结构的房屋称为砖－钢筋混凝土结构建筑，简称砖混结构建筑。一般多用于多层建筑中，砖混结构如图 4-3 所示。

图 4-3　砖混结构

4. 钢筋混凝土结构

主要承重构件梁、板、柱等采用钢筋混凝土制作的建筑称为钢筋混凝土结构建筑。这种结构类型多用于大型公共建筑、多层和高层建筑中。目前在中国,钢筋混凝土为应用最多的一种结构形式,占总数的绝大多数,同时中国也是世界上使用钢筋混凝土结构最多的地区。现浇钢筋混凝土框架结构及框剪结构建筑如图 4-4 所示。

图 4-4 现浇钢筋混凝土框架结构及框剪结构建筑

5. 钢结构

主要承重构件梁、柱、屋架等采用钢材(型钢)制作的建筑称为钢结构建筑。钢结构力学性能好,便于制作和安装,自重轻,工业化施工程度高。钢结构主要用于大型公共建筑和工业建筑,在经济发达国家轻钢结构的住宅已很常见。轻钢结构建筑骨架如图 4-5 所示。

图 4-5 轻钢结构建筑骨架

4.1.3 按建筑结构的承重方式分类

1. 承重墙结构

以墙体作为建筑物的主要承重构件，承受梁、楼板及屋盖传来的全部荷载称为承重墙结构。砖木结构、砖混结构均属于这一类，参见图 4-3。

2. 框架结构

主要承重体系由横梁和柱组成，但横梁与柱为刚接（钢筋混凝土结构中通常通过端部钢筋焊接后浇灌混凝土，使其形成整体），从而构成了一个整体刚架（或称框架）。一般多层工业厂房或大型高层民用建筑多属于框架结构。墙不承受荷载，只起围护作用，如图 4-5 和图 4-6 所示。

图 4-6　框架结构建筑

3. 排架结构

排架结构由屋架（或屋面梁）、柱和基础组成，屋架与柱的顶端为铰接（通常为螺栓连接），与基础刚接（柱的下端嵌固于基础内）。排架结构是目前单层厂房结构的基本结构形式，其跨度可超过 30 m，高度可达 20~30 m 或更高，吊车吨位可达 150 t 或更大。排架结构传力明确，构造简单，施工亦较方便。

4. 空间结构

用空间结构（如网架、悬索、薄壳、膜结构）承受荷载的建筑称为空间结构承重式建筑，如图 4-7 所示。

5. 其他

由于城市发展需要建设一些高层、超高层建筑，上述结构形式不足以抵抗水平荷载（风荷载、地震荷载）的作用，因而又发展了剪力墙结构、框架－剪力墙结构、筒体机构。以上结构如图 4-4、图 4-8、图 4-9 所示。

图 4-7　空间结构承重式建筑

(a)曲面网架的大型展示空间;(b)膜结构的空间研究大楼;(c)悬索结构屋面覆盖的世博会展厅

图 4-8　框剪结构建筑

图 4-9　筒体结构建筑

4.1.4　按建筑层数分类

1. 低层建筑

低层建筑主要指 1~3 层建筑。

2. 多层建筑

多层建筑主要指 4~6 层建筑。

3. 中高层建筑

中高层建筑主要指 7~9 层建筑。

4. 高层建筑

高层建筑指 10 层和 10 层以上的居住建筑与建筑高度超过 24 m 的公共建筑及综合建筑。

5. 超高层建筑

超高层建筑指高度超过 100 m 的公共建筑。

4.1.5　按建筑规模和数量分类

1. 大量性建筑

大量性建筑指建筑规模不大,但修建数量多的建筑。如住宅、中小学、医院、中小型工厂等。

2. 大型性建筑

大型性建筑指建筑规模大,建造数量较少的建筑。如大型体育馆、大型影剧院、航空站、火车站等。

4.1.6　按耐久年限分类

以建筑主体结构确定的耐久年限分四级,即建筑物耐久年限等级如表 4-1 所示。

表 4-1　建筑物耐久年限等级

建筑等级	耐久年限	适用建筑类型
一	100 年以上	重要的建筑和高层建筑
二	50~100 年	一般性建筑
三	25~50 年	次要建筑
四	15 年以下	临时性建筑

4.2　民用建筑的构造组成

要想读懂建筑工程图,首先应该了解建筑的构造组成,一般的民用建筑由基础、墙或柱、楼地面、楼梯、屋顶、门和窗等主要部分组成。

4.2.1 房屋的主要组成部分

1. 基础

基础是建筑物最下面埋在土下的部分，是地下的承重构件。基础承受着建筑物的全部荷载，并将荷载传给它下面的土层——地基。

2. 墙或柱

墙或柱是建筑物的承重构件，承受着建筑物由屋顶和楼板传来的荷载，并把这些荷载传给基础；外墙还可以作为围护构件，抵御自然界各种因素（雨水、风雪、寒暑）对室内的影响；内墙主要起分隔空间的作用。当用柱作为建筑物的承重构件时，填充在柱间的墙仅起围护作用。

3. 楼地面

楼地面包括楼板、地面两部分。楼板承受家具、设备和人体荷载及本身的自重，并把这些荷载传给墙或柱；同时对墙体起着水平支撑的作用；地面直接承受各种使用荷载，它在楼层把荷载传给楼板，在首层把荷载传给它下面的土层——地基。

4. 楼梯

楼梯是楼房建筑中联系上下各层的垂直交通设施。供人们平时上下和紧急疏散时使用。

5. 屋顶

屋顶也称屋盖，它的主要作用是防御自然界的风、雨、雪、太阳辐射热和冬季低温等自然因素，承受风荷载、雪荷载和施工检修及自重等荷载，并将荷载传给墙或柱。

6. 门和窗

门主要用作内外交通联系和分隔房间；窗主要起采光、通风、眺望等作用。在某些有特殊要求的房间，门、窗具有保温、隔声、防火的功能。

4.2.2 房屋的次要组成部分

一般建筑物除了上述主要组成部分之外，还有一些为人们使用和建筑物本身所必须的构件、配件，如台阶、勒脚、散水、雨篷、阳台、通风道、垃圾道、烟囱等。民用建筑的构造组成如图 4-10 所示。

4.3 建筑标准化与模数协调

4.3.1 建筑标准化

建筑标准化一般包括以下两项内容：一是建筑设计方面的有关条例，如建筑法规、建筑设计规范、建筑标准、定额与技术经济指标等；二是建筑的标准设计，即根据上述各项设计标准，设计通用的构件、配件，如单元和房屋。

1. 标准构件与标准配件

标准构件是房屋的受力构件，如楼板、梁、楼梯等；标准配件是房屋的非受力构件，如门窗、装修做法等。标准构件与标准配件一般由国家或地方设计部门进行编制，供设计人员使用，同时也为加工生产单位提供依据。标准构件一般用“G”来代表；标准配件一般用“J”来代表。

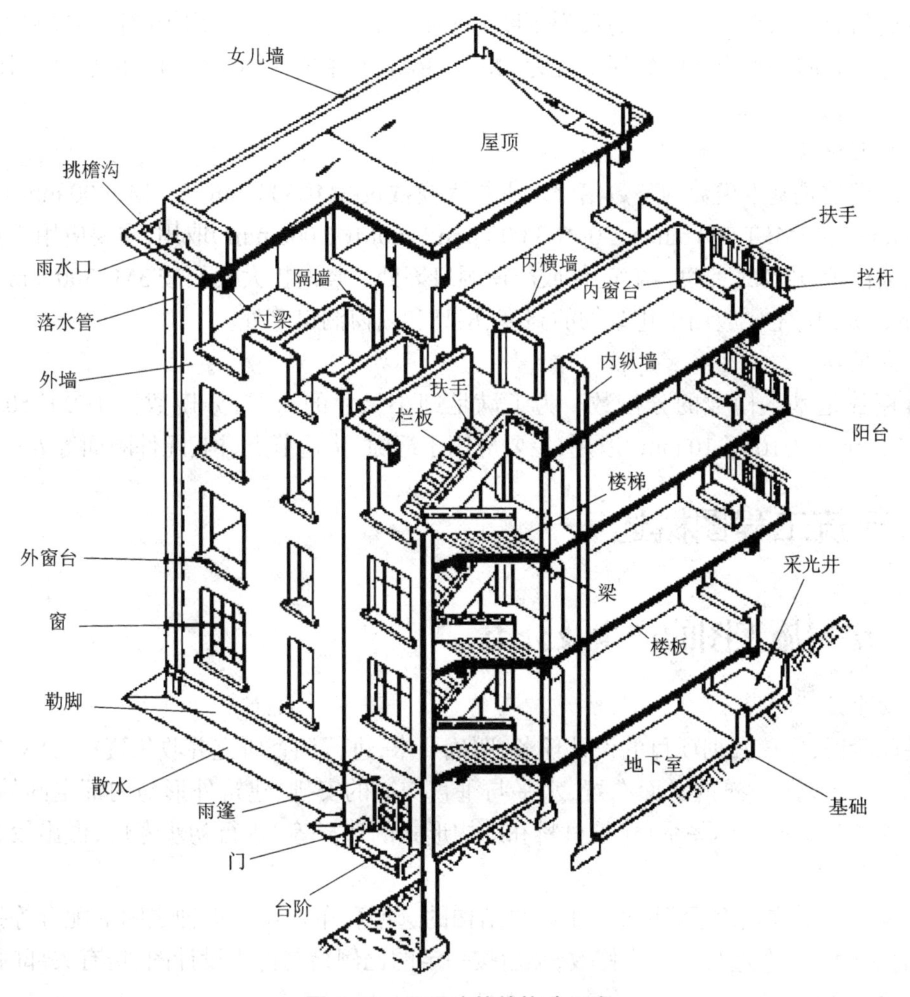

图 4-10　民用建筑的构造组成

2. 标准设计

标准设计包括整个房屋的设计和单元的设计两部分。由国家或地方编制房屋或单元的设计图，供建设单位选用。整个房屋的设计图，经地基验算后即可据以建造房屋。单元标准设计一般指平面图的一个组成部分，应用时一般进行拼接，形成一个完整的建筑组合体。标准设计在大量性建造的房屋中应用比较普遍，如住宅，中、小学等。

4.3.2　建筑模数协调

为了使建筑制品、建筑构、配件及其组合实现工业化大规模生产，使不同材料、不同形式和不同制造方法的建筑构、配件、组合件符合模数并具有较大的通用性和互换性，以加快设计速度，提高施工质量和效率，建筑物及其各部分的尺寸必须统一协调。建筑模数协调统一标准包括以下几方面的内容。

1. 基本模数

基本模数是建筑模数协调统一标准的基本尺寸单位,基本模数的数值为 100 mm,用 M 表示,即 1M=100 mm。整个建筑物和建筑物的一部分及建筑组合件的模数化尺寸,应是基本模数的倍数。水平基本模数的数列幅度为 1M 至 20M,它主要应用于门窗洞口和构、配件断面尺寸。竖向基本模数的数列幅度为 1M 至 36M,它主要应用于建筑物的层高、门窗洞口和构、配件断面尺寸。

2. 扩大模数

扩大模数是基本模数的整数倍。水平扩大模数按 3M(300 mm)、6M(600 mm)、12M(1 200 mm)、15M(1 500 mm)、30M(3 000 mm)、60M(6 000 mm)取用,主要应用于建筑物的开间或柱距、进深或跨度、构、配件或门窗洞口等处。竖向扩大模数按 3M(300 mm)、6M(600 mm)取用,主要应用于建筑物的高度、层高和门窗洞口等处。

3. 分模数

分模数是基本模数的分倍数。为了满足细小尺寸的需要,分模数按 1/2M(50 mm)、1/5M(20 mm)、1/10M(10 mm)取用,主要应用于缝隙、构造节点、构、配件断面等处。

4.4 建筑工程图概述

4.4.1 房屋施工图的产生及分类

1. 初步设计阶段

在此阶段,应该根据项目的设计任务,明确要求,进行调查研究并收集资料,并对建筑中存在的主要问题(建筑的平面布置、水平与垂直交通的安排、建筑外形与内部空间的处理、建筑与周边环境的整体关系、建筑材料和结构形式的选择等)进行初步考虑,做出较为合理的设计方案。

在设计方案确定之后,再进一步解决结构的选型和布置及各工种之间的配合等技术问题,从而对设计方案进行进一步修改,然后按一定的比例绘制初步设计图,送有关部门审批。

2. 施工图设计阶段

施工图设计主要是依据报批获准的初步设计图,按照施工的要求予以具体化。施工图为施工安装、编制工程预算、工程竣工后验收等工作提供完整的依据。

3. 房屋施工图的分类

根据施工图的内容或作用不同,一套完整的施工图可分为三类,即建筑施工图(简称建施)、结构施工图(简称结施)、设备施工图(简称设施)。

(1)建筑施工图反映房屋的内外形状、大小、布局、建筑节点构造和所用材料情况。建筑施工图主要包括施工总说明、建筑总平面图、建筑平面图、建筑立面图、建筑剖面图和建筑详图。

(2)结构施工图反映了房屋承重构件的布置,构件的形状、大小、材料及其构造等情况。结构施工图主要包括设计说明书、基础图、结构布置平面图(基础平面图、楼层结构平面图、屋面结构平面图等)和构件详图(基础、梁、板、柱、楼梯、屋面等结构详图)等内容。

(3)设备施工图包括给水排水、采暖通风、电气照明等设备的平面布置图、系统图和施工详图及其说明书等内容。

4.4.2 房屋施工图的编排顺序

房屋建筑施工图种类繁多,为了便于看图,易于查找,一般的编排按以下的顺序进行。

1. 图纸目录

列出本套图纸有几类,各类图纸有几张,每张图纸的编号、图名和图幅大小。如果选用标准设计图,则应注明标准设计图所在的标准设计图集名称、图号和页次。

2. 设计总说明

设计总说明包括该工程项目的设计依据、设计规模和建筑面积;该项目的相对标高和绝对标高的对应关系;建筑用料和施工要求说明;采用新技术、新材料或有特殊要求的做法说明等。

3. 建筑施工图

4. 结构施工图

5. 设备施工图

4.5 建筑构件、配件标准图集简介

4.5.1 概述

房屋建筑中,为了加快设计和施工的进度,提高质量、降低成本,设计部门把各种常见的、多用的建筑物,以及各类房屋建筑中各专业所需要的构件、配件,按统一模数设计成几种不同的标准规格,统一绘制出成套的施工图,经有关部门审查批准后,供不同的工程设计和施工直接选用,这种图叫作建筑标准设计图,简称标准图。把它们分类、编号装订成册,就叫作通用建筑标准设计图集,简称标准图集。在建筑施工图中,有许多构、配件和构造做法常采用标准图。看图时需要查阅有关的标准图集。

标准图有两种:一种是整幢建筑物的标准设计(定型设计),如住宅,中、小学教学楼,单层工业厂房体系等;另一种是目前大量使用的建筑构件标准图和建筑配件标准图。

4.5.2 建筑标准设计图集的内容

1. 构、配件标准图集

建筑构、配件标准图集是房屋建筑各专业图纸的补充内容。它不仅适用于某一项工程,也适用于大量建造的不同性质的工程,其使用范围比较广泛。

建筑配件标准图是指与建筑设计有关的建筑配件详图和标准做法,如门、窗、厕所、水池、栏杆、扶手、烟道等详图,以及屋面、顶棚、楼地面、墙面、粉刷、散水等做法。

构件标准图是指与结构设计有关的构件的结构详图。如屋架(各种不同跨度的钢筋混凝土屋架、钢筋混凝土和钢材的组合屋架)、梁(屋面梁、悬挑梁、吊车梁、门窗过梁等)和板(预应力空心板、槽形板等)及其他物体(楼梯、阳台、沟盖板等)。

2. 成套建筑标准设计图集

不论是城市还是农村，住宅，中、小学教学楼，商店，办公楼，旅社，厂房等都是大量建造的建筑物。对不同种类的建筑物，在实践中不断总结经验的基础上，根据建筑的功能要求和有关设计规范规定，设计出能适用一个或几个专业甚至一个专业体系的成套标准设计图，对于建筑生产的工业化有重要意义。

3. 标准图的种类

标准图按使用范围一般可分为以下三类。

(1)经国家标准设计主管部门批准的建筑标准设计图集，可在全国范围内使用；

(2)经省、市、自治区批准的建筑标准设计图集，可在相应地区范围内使用；

(3)由各设计单位编制设计的图集，只能在本单位内部使用。

全国通用建筑标准设计图集包括建筑(代号 J)、结构(代号 G)、给排水(代号 S)、采暖通风(代号 T)、电气(代号 D)、动力(代号 R)，共六个专业。标准图集示例如图 4-11 所示。

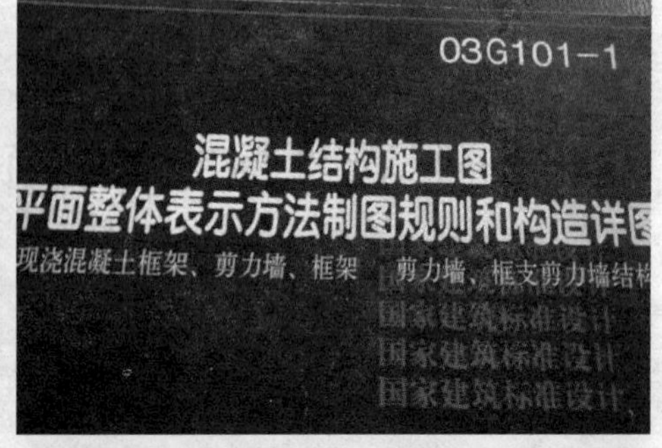

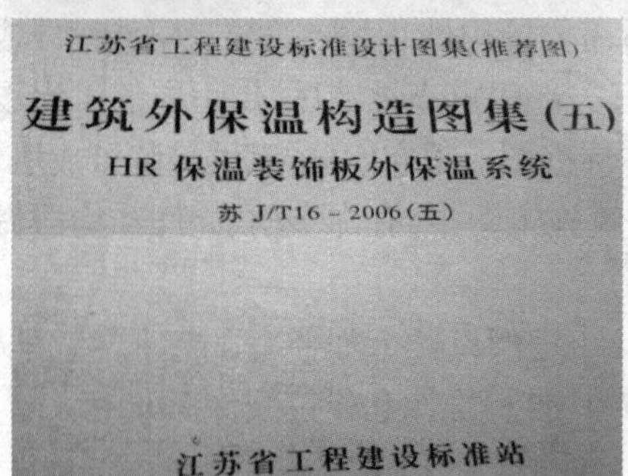

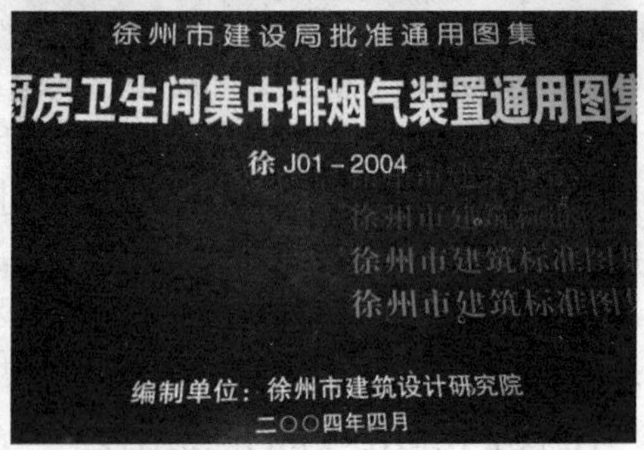

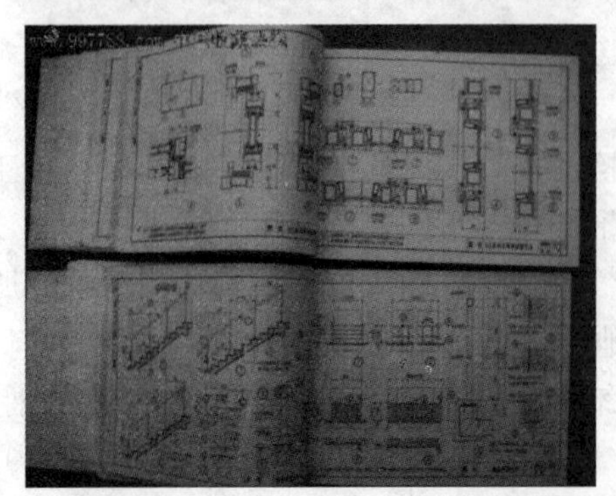

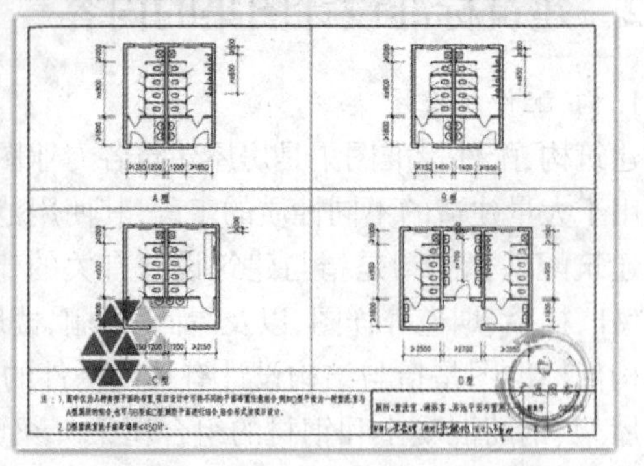

图 4-11　标准图集示例

4.5.3　查阅方法

1. 查看施工图中有哪些配件、构件引用标准图，并根据施工图中说明的标准图集的代号和编号，找到所选用的图集。

2. 阅读图集的总说明，了解编制图集的设计依据、适用条件及范围、施工要求和注意事项等。

3. 根据施工图中的索引符号，即可找到所需要的详图。

思考题

1. 建筑按使用性质分为哪几类，其中民用建筑分为哪两大类？

2. 民用建筑的基本组成包括哪些部分，各部分的作用是什么？

3. 建筑按耐久年限分为几级，各适用于哪些建筑？

4. 采用建筑统一模数制有何意义，我国国标规定的基本模数是多少，扩大模数和分模数有哪些？

5. 试述建筑工程图的分类及建筑施工图和结构施工图的主要区别。

6. 试述建筑构、配件标准图集的主要内容，应如何查阅？

第 5 章　建筑施工说明及建筑总平面图的识读

5.1　基本知识

5.1.1　总平面图的形成与用途

建筑总平面图是拟建建筑所在基地一定范围内的水平投影图，是用来表明建筑工程总体布局，新建和原有建筑的位置、标高、室外附属设施，以及工程地区及周围的地形、地貌等情况的图纸。它可作为建筑定位、施工放线和总平面布置的依据。

5.1.2　总平面图的基本内容

1. 比例

建筑总平面图一般所表示的范围比较大，故常采用较小的比例，常用的比例有 1∶500、1∶1 000、1∶2 000 等。

2. 线型与图例

新建房屋的轮廓线用粗实线（b），原有房屋轮廓、道路等用细实线（$0.35b$），计划建房用中虚线（$0.5b$）表示。

由于比例很小，总平面图上的内容一般都是用标准图例绘制，总平面图常用的图例如表 5-1 所示。

表 5-1　总平面图常用的图例

图 例	名 称	图 列	名 称
	新设计的建筑物 右上角以点数表示层数		围墙 表示砖、混凝土及金属材料围墙
	原有的建筑物		围墙 表示镀锌铁丝网、篱笆等围墙
	计划扩建的建筑物或预留地	154.20	室内地坪标高

表 5-1(续)

图　例	名　称	图　列	名　称
	要拆除的建筑物	143.00	室外整平标高
	地下建筑物或构建物		原有的道路

3. 注写名称与层数

总平面图上的建筑物、构筑物应注写名称与层数。当图样比例小或图面无足够位置注写名称时,可用编号列表标注,并在图形内右上角用小黑圆点或数字注写层数。

4. 尺寸与标高标注

总平面图上应标注新建建筑物的总长和总宽、标注新建建筑物与原有建筑物或道路的间距等。

建筑物各部分的高度主要是用标高来表示。建筑物图样上标高的符号用细实线来画。短的横线为须注高度的界线,长的横线之上或之下注写标高数字,小三角形为一等腰直角三角形,三角形高度约为 3 mm。标高符号的尖端,应指至被注的高度,尖端可向上,也可向下。总平面图上的标高符号,用涂黑的三角形表示,画法同建筑物图上的标高符号。标高的标注如图 5-1 所示。

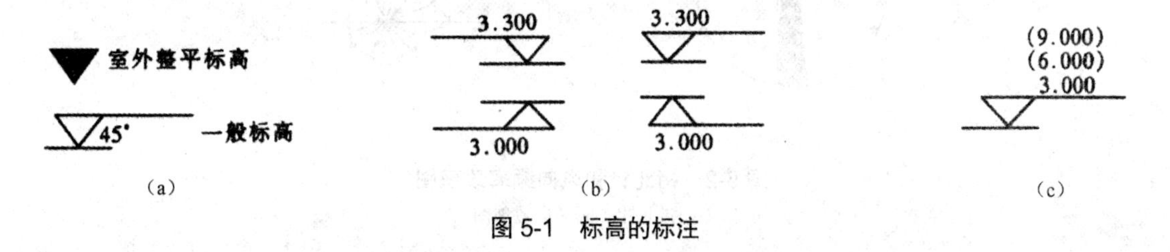

图 5-1　标高的标注

标高数字以 m 为单位,注写到小数点以后第三位,在总平面图中可以注写到小数点后第二位。零点标高注成 ±0.000;负数标高数字前必须加注“-”号;正数标高数字前不写“+”号。

标高按基准面的选定情况可分为绝对标高和相对标高。我国把青岛附近黄海的平均海平面定为绝对标高的零点,其他各地标高都以它作为基准。如果施工图的标高全用绝对标高,不但数字繁琐,且各部位高差不易直接得出。因此常把底层室内地面作为基准面,以此引出的标高为相对标高。一般除总平面图外,都采用相对标高。

总平面图上应注明新建房屋底层室内地面和室外地坪的绝对标高。如果标注相对标高,则要注明其换算关系。

5. 地形

当地形复杂时,要在总平面图上绘出等高线,表明地形的高低起伏变化。

6. 坐标网络

当总平面图表示的范围较大时,应绘出测量坐标网或建筑坐标。

测量坐标:在地形图上绘制的方格网叫测量网,与地形图采用同一比例尺,以 100 mm × 100 mm 或 50 mm × 50 mm 为一方格,竖轴为 x,横轴为 y,一般建筑物定位应注明两个墙角的坐标,如果建筑物的方位为正南北向,就可只注明一个角的坐标。测量坐标代号用"X""Y"表示,例如 X1000、Y500。

建筑坐标:建筑坐标就是将建设地区的某一点定为"O",水平方向为 B 轴,垂直方向为 A 轴,进行分格。用建筑物墙角距"O"点的距离确定其位置。建筑坐标代号用"A""B"表示,例如 A270、B120。

7. 指北针和风向频率玫瑰图

在总平面图和底层建筑平面图上均应画上指北针,以便判断房屋的朝向。指北针用细实线绘制,圆圈直径宜为 24 mm,指北针尾端的宽度宜为 3 mm,如图 5-2(a)所示。

风向频率玫瑰图是总平面图上用来表示当地每年风向频率的标志。在风玫瑰图中粗实线围成的折线图表示全年的风向频率,离中心最远的风向表示常年中该风向的刮风频率即天数最多称为当地的常年主导风向。用虚线绘制成的折线图表示当地夏季六、七、八月的风向频率,如图 5-2(b)所示。由于风向玫瑰图同时也表明了建筑物的朝向,所以如果总平面图上绘制了风向玫瑰图,则不必再绘制指北针。

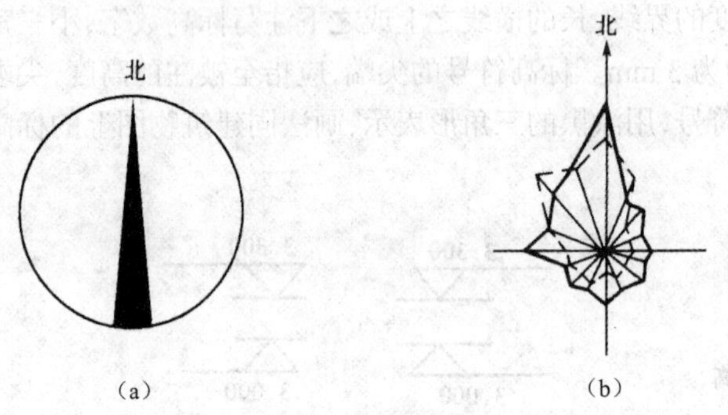

图 5-2 指北针和风向频率玫瑰图

(a)指北针;(b)风向玫瑰图

5.2 建筑施工说明及建筑总平面图示例

5.2.1 建筑施工说明(首页图)

首页图是建筑施工图的第一页,它的内容一般包括图纸目录、设计(施工)总说明、建筑总平面图、材料做法表、门窗表等。首页图示例如图 5-3 所示。

二、建筑施工图

设 计 说 明

1. 本工程为某学院学生公寓，层数为四层，平面形成为一字形、内廊式，建筑面积为 1996.6m^2
2. 总平面布置：本工程位于学院学生生活区内，建筑坐北朝南，行列式布置。本期工程为四幢，编号为 7～10 号。
3. 本工程为四层混合结构，抗震设防烈度为 8 度，抗震柱设防以结施图为准。
4. 本工程均采用非粘土烧结普通砖。
5. 新建学生公寓底层室内地坪±0.000，相当于绝对标高 486.00。
6. 图中尺寸除标高以米为单位外，其余均以毫米为单位。
7. 本工程卫生器具及涂料由建设单位自定。
8. 本工程施工时，建筑、结构、水、暖、电各工种必须密切配合，准确预留孔洞，禁止事后开凿，影响质量。
9. 散水、地面、楼面、屋面的工程做法详建施图。
10. 图中未尽事宜，由设计、施工、建设单位协商解决。

门　窗　表

统一编号	图集编号	洞口尺寸	数量	材料	部　位	备　注
M-1	3M$_1$58	1800×2400	1	木	入口	参照定做　镶木板
M-2	3M$_1$58	1500×2400	1	木	入口	镶木板
M-3	3M$_1$18	1000×2400	67	木	房间、厕所	镶木板
M-4	3M07	750×2100	63	木	阳台卫生间	镶木板
M-5		1500×2700	63	木	阳台	镶木板
C-1		1800×1200	3	塑钢	楼梯间	现场定做
C-2		1800×1800	4	塑钢	厕所	现场定做
C-3		450×600	63	塑钢	阳台卫生间	现场定做
C-4		1500×1800	7	塑钢	走廊	现场定做
C-5		2100×2100	1	塑钢	管理间	现场定做
C-6		2340×1900	63	塑钢	阳台	现场定做

工　程　做　法

名　称	工　程　做　法	部　位
台阶	1. 20 厚 1∶2.5 水泥砂浆抹面压实赶光 2. 素水泥浆结合层一道 3. 60 厚 C15 混凝土台阶面向外坡 1% 4. 150 厚碎石夯实灌 M2.5 混合砂浆 5. 素土夯实	出入口
外墙 1	1. 刷外墙涂料 2. 6 厚 1∶2.5 水泥砂浆找平 3. 12 厚 1∶3 水泥砂浆打底扫光	所有外墙
外墙 2	1. 刷外墙涂料 2. 基层用 EC 聚合物砂浆修补平整	阳台栏板
踢脚	1. 6 厚 1∶2.5 水泥砂浆压实赶光 2. 6 厚 1∶3 水泥砂浆打底扫毛	
内墙 1	1. 刮内墙仿瓷涂料 2. 6 厚 1∶0.3∶0.5 水泥石灰膏砂浆抹面压实赶光 3. 12 厚 1∶1∶6 水泥石灰膏砂浆打底扫毛	房间 走廊 楼梯
内墙 2	1. 白水泥擦缝 2. 贴 5 厚釉面砖（在釉面砖粘贴面上随贴随刷一道混凝土界面处理剂） 3. 8 厚 1∶0.1∶2.5 水泥石灰膏砂浆结合层 4. 12 厚 1∶3 水泥砂浆打底扫毛	厕所、盥洗室、阳台、卫生间
顶棚	1. 刷涂料 2. 底板腻子刮平	
油漆 1	1. 调和漆二度（颜色建设单位自定） 2. 底油一度 3. 满刮腻子	木门 木扶手
油漆 2	1. 调和漆二度（颜色建设单位自定） 2. 刮腻子 3. 防锈漆一度	金属构件

××建筑设计事务所				工程名称	某某学院学生公寓	
所　长		校　对		设计说明、门窗表、工程做法	工程编号	
总工程师		设　计			图　别	建　施
审　核		制　图			图　号	1
项目负责人					日　期	2006.2

图 5-3　首页图示例

5.2.2 建筑总平面图的识读步骤

1. 先读图名、比例。

2. 了解新建建筑的位置、层数、朝向等。

3. 了解新建建筑的周围环境状况。

4. 了解新建建筑物首层地坪、室外设计地坪的标高等。

5. 了解原有建筑物、构筑物和计划扩建的项目等。

6. 了解当地常年主导风向。

总平面图因工程规模和性质的不同而繁简不一,在此只列出读图要点。按以上步骤识读图 5-4 和图 5-5。

5.3 绘图方法和步骤

在过去手工绘制工程图样时,为了使图样绘制的正确无误、迅速美观,除了必须正确地使用绘图工具、熟练地掌握作图方法以外,还必须按照一定的程序、正确的步骤进行工作。

5.3.1 准备工作

1. 查阅有关内容、资料,了解所要绘制图样的内容和要求。

2. 选择合适的位置,保证有充足的光线。绘图地点的光线应柔和、明亮,并使光线从图板的左前方照射下来。图板上方可略抬高一些,使其倾斜一个角度。

3. 准备好必须的绘图仪器、工具和用品,并把图板、丁字尺、三角板等擦拭干净,以保证绘图质量和图面整洁。各种绘图仪器和资料应放在绘图桌的右上方,以取用方便,不影响丁字尺的移动为准。

4. 根据所绘图样中图形的大小、复杂程度,确定绘图比例,按国家制图标准规定选用合适的图幅,裁好图纸,鉴别图纸的正反面,然后将图纸用胶带纸固定在图板的左下方。固定图纸时,图纸左边至图板边缘的距离宜为 3~5 cm,图纸下边至图板边缘的距离应略大于丁字尺宽度。

5.3.2 画底稿

用铅笔画底稿宜采用 H 或 2H 的铅笔画线,以便于修改。所画线条应轻、淡、细、准,画底稿有以下几个步骤。

1. 画出图幅、图框和标题栏。

2. 选好所画图形的比例、布置好图面、定好图形的中心线或基线。

3. 先画图形的主要轮廓线,再从大到小,由整体到细部,完成图形所有轮廓线。

4. 画出尺寸线及尺寸界线及其他符号。

5. 检查、修正底稿,擦去多余线条。

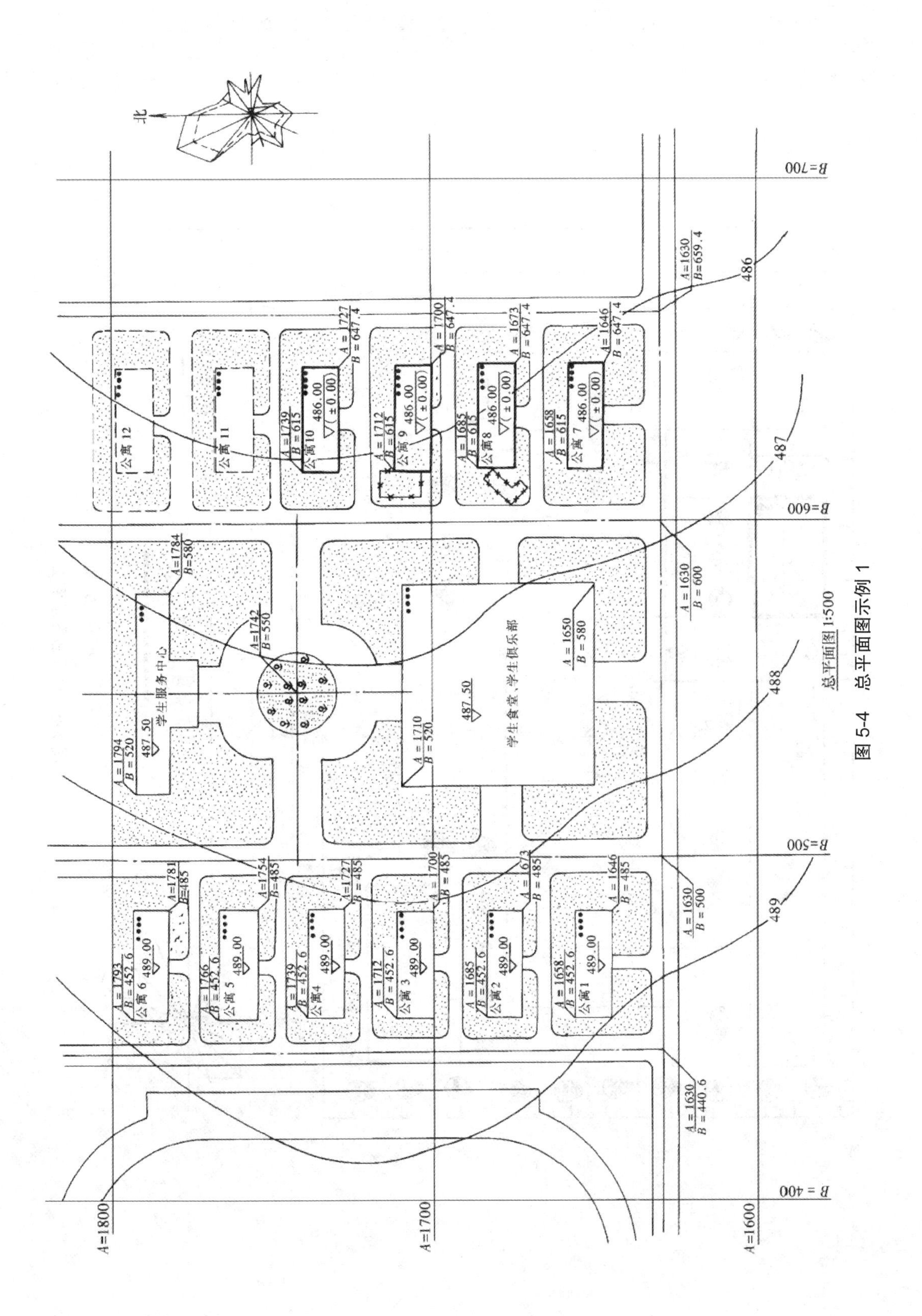
北
B=700
B=600
B=500
B=400
A=1800
A=1700
A=1600
486
487
488
489
公寓 12
公寓 11
公寓10
公寓 9
公寓8
公寓 7
486.00
▽(±0.00)
学生服务中心
487.50
学生食堂、学生俱乐部
公寓 6
公寓 5
公寓4
公寓 3
公寓2
公寓1
489.00
A=1630
B=659.4
B=440.6
总平面图 1:500

图 5-4　总平面图示例 1

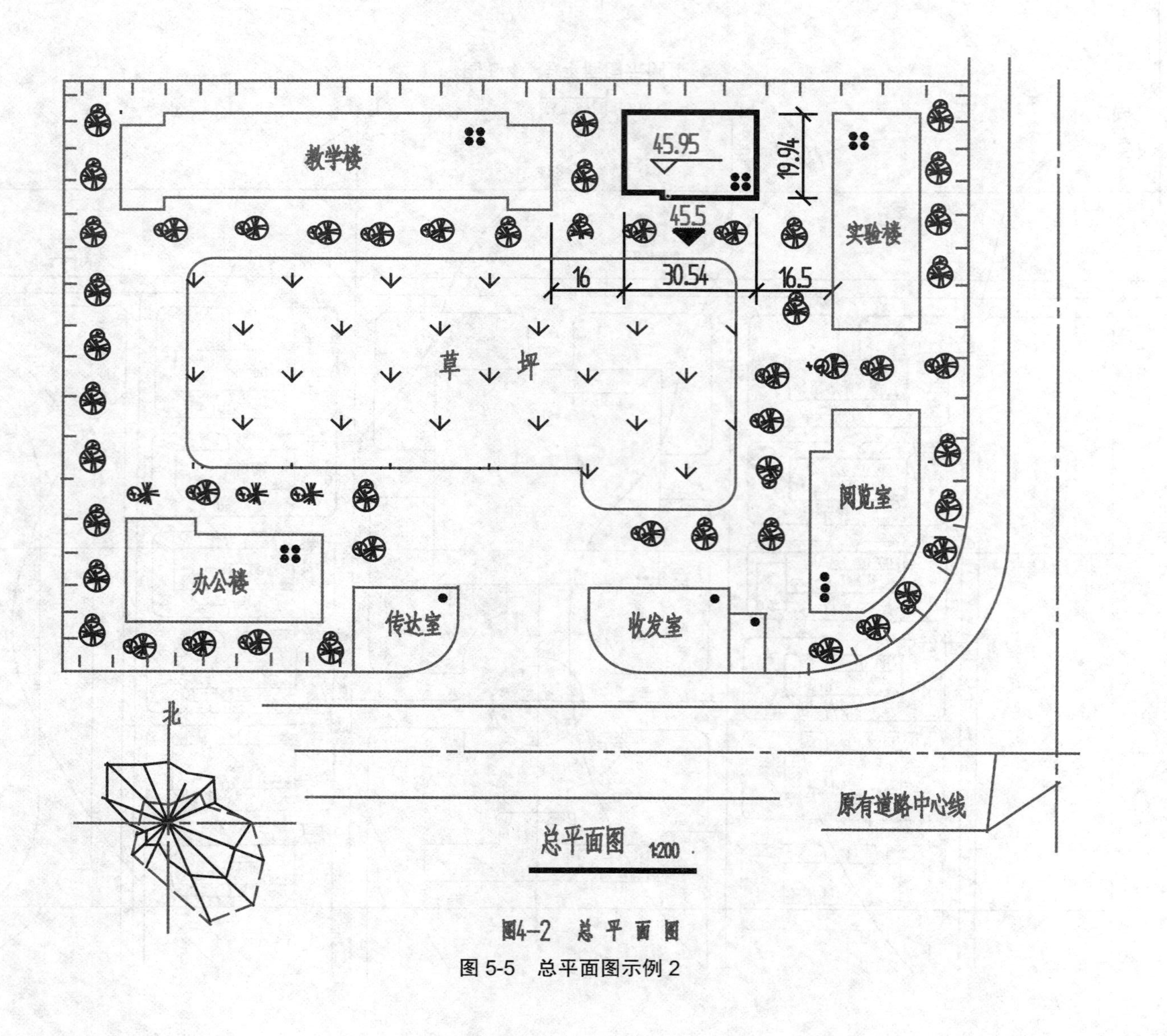
教学楼
45.95
19.94
45.5
实验楼
16
30.54
16.5
草 坪
阅览室
办公楼
传达室
收发室
北
原有道路中心线
总平面图 1:200
图4-2 总 平 面 图

图 5-5 总平面图示例 2

5.3.3　加深和描图

在检查底稿无误后,即可加深或描图。

铅笔加深时应做到线型粗细分明,符合国家标准的规定,粗线常用 HB 铅笔加深;细线常用 H 或 2H 铅笔适当用力加深;加深圆弧时,圆规的铅芯应比画直线的铅芯软一号,同一张图纸上的同类线条应粗细均匀一致,统一加深。

加深图线的一般步骤为先画细线,后画粗线;先画曲线,后画直线;直线加深时应按照水平线从上到下,竖直线由左到右的顺序依次完成;然后标注尺寸和注释;最后加深图框和标题栏。这样不仅可以加快绘图速度、提高精度,而且还可减少丁字尺与三角板和图纸之间的摩擦,保证图面清洁。

墨线加深图线或描图时应用直线笔或绘图笔,上墨的步骤与铅笔加深的步骤基本相同。每画完一条图线,要待墨水干固之后才能用丁字尺或三角板覆盖。描线时,应使底稿线处于墨线的正中。在描图过程中,图纸不得有任何移动。描完后,必须严格检查,如有错误,待墨干后用刀片垂直纸面轻轻朝一个方向刮去墨迹,再用硬橡皮擦去污点,并将刮起的纸毛压平,然后才可在上面重画。

5.3.4　图样的复制

施工现场使用的工程图样,都是由底图(描在描图纸上的图)通过晒图复制而成的,俗称蓝图。它是将底图放在晒图纸(重氮感纸)的上面,一起通过晒图机,让其密接曝光,原图透明部分可透光,图纸相应部分的重氮盐分解呈白色;原图有字或线的地方不透光,相应部分的重氮盐没有分解,接着再在氨蒸气作用下显影,成为与原图相同图像的蓝图。

思考题

1. 阅读下面的图 5-6 平面图,区别新建建筑、原有建筑、计划扩建区、拆建的建筑和围墙等图例,并把各建筑物的层数和地面标高填入表 5-2 中。

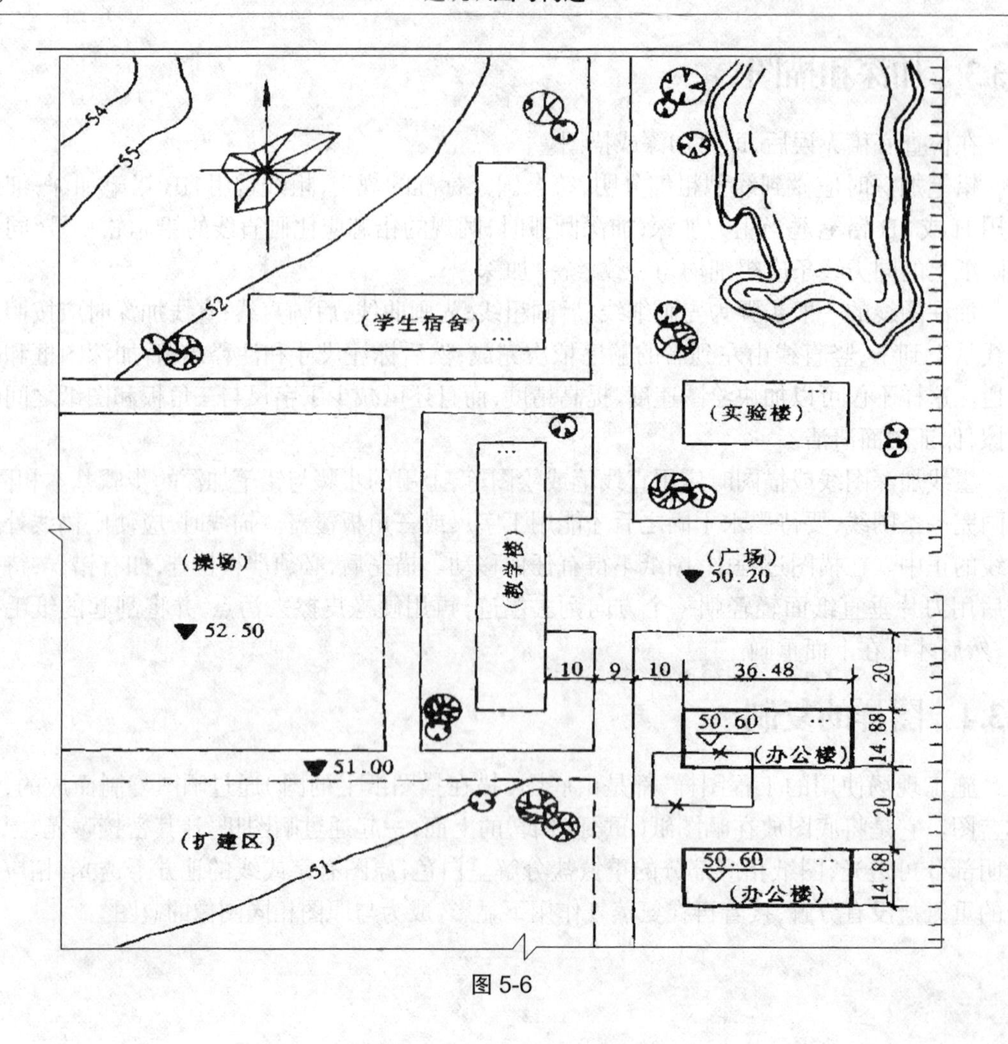

图 5-6

表 5-2　层数和地面标高

名称	层数	名称	标高 /m
教学楼		办公楼室内地面	
学生宿舍		操场	
办公楼		广场	
实验楼		道路	

2. 在总平面图上有哪些主要内容，如何确定建筑物的平面位置？

3. 标高有哪些种类，标高标注有何要求？

4. 简述指北针和风向频率玫瑰图的用途及适用范围。

5. 绘图大作业：选用 A3 图幅，用 1∶200 比例绘制图 5-5 总平面图示例；

作业要求：图面布置要合理，图线粗细分明，尺寸、标高标注正确。

第 6 章　建筑平面图的识读

6.1　基本知识

6.1.1　建筑平面图的形成与用途

建筑平面图是假想用一水平面剖切平面，沿着房屋各层门、窗洞口处将房屋切开，移去剖切平面以上部分，向下投影所作的水平剖面图，称为建筑平面图，简称平面图。建筑平面图的形成如图 6-1 所示。

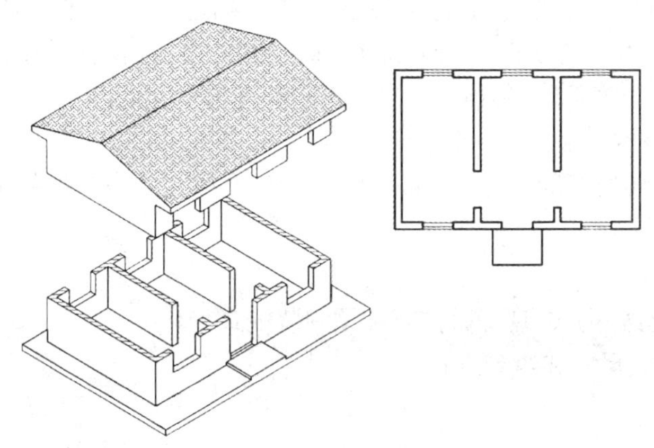

图 6-1　建筑平面图的形成

建筑平面图实质上是房屋各层的水平剖面图。一般来说，房屋有几层，就应画出几个平面图，并在图形的下方注出相应的图名、比例等。沿房屋底层窗洞口剖切所得到的平面图称为底层平面图(或首层平面图)，最上面一层的平面图称为顶层平面图，若中间各层平面布置相同，可只画一个平面图表示称为标准层平面图。此外还有屋面平面图，它是在房屋的上方，向下做屋顶外形的水平投影而得到的投影图，一般可适当缩小比例绘制。

建筑平面图既反映了房屋的大小形状、各房间的布置情况，也反映了墙、柱的位置和尺寸，以及门窗的类型和尺寸等，因此平面图是施工放线、砌墙、安装门窗、编制预算的依据，也是施工图中的重要图纸。

6.1.2　建筑平面图构造基础

1. 墙体

(1)墙的作用

墙体是建筑物的一个重要组成部分，它上承屋顶，中搁楼板，下接基础。它是组成建筑空间的竖向构件，起着承重、围护、分隔作用。在砖混结构的建筑中，砖砌墙体的质量占建筑总重的 40%~65%,墙体造价占工程总造价的 30%~40%,墙体工程量占工程总量的 40%~50%。由此可见,墙体对整个建筑的使用、造型、总重、成本影响极大,因此如何选择墙体材料和构造方法是一个很重要的问题。

(2)墙的种类

① 按结构受力情况

按墙体受力情况的不同,可分为承重墙和非承重墙。凡直接承受上部楼(屋)盖及其他构件传来荷载的墙称为承重墙;凡不承受其他构件传来荷载的墙称为非承重墙。非承重墙又分为自承重墙、隔墙、填充墙和幕墙等。自承重墙仅承受自身荷载而不承受外来荷载;隔墙主要用作分隔内部空间而不承受外力;填充墙是用作框架结构中的墙体;幕墙是悬挂于骨架外部或楼板间的轻质外墙。

② 按墙在平面中所处的位置

按墙体所处的位置不同,可分为外墙和内墙。凡位于建筑物四周的墙称为外墙,主要是用来抵大自然的侵袭(挡风阻雨、隔热御寒),以保证室内空间的舒适;内墙是位于建筑物内部的墙,主要作用是分隔室内空间,保证各空间的正常使用;凡沿建筑物长方向的墙称为纵墙,沿短方向的墙称为横墙,通常还把外横墙称为山墙;窗与窗或窗与门之间的墙称为窗间墙,窗洞下方的墙称为窗下墙;屋顶上高出屋面的墙称为女儿墙。

③ 按墙体所用材料

按墙体所用材料的不同分有砖墙、石墙、土墙、混凝土墙、砌块墙、轻质材料制作的墙体等。

④ 按施工方法

按施工方法分有叠砌式、现浇整体式和预制装配式。

(3)砖墙的材料、尺寸和组砌方式

① 砖墙材料

砖墙材料包括砖和砂浆两部分。砌墙用的砖种类很多,其中普通黏土砖是传统的砌墙材料,标准砖的规格为 53 mm × 115 mm × 240 mm。标准实心黏土砖的尺寸如图 6-2 所示。砌筑砂浆由胶结材料(如水泥、石灰、黏土等)和细骨料(如砂、石屑、矿渣等)加水搅拌而成。砌筑砂浆可分为水泥砂浆(水泥和砂)、混合砂浆(水泥、石灰、砂)、石灰砂浆(石灰和砂)和黏土砂浆等。水泥砂浆常用于砌筑基础,而用混合砂浆砌筑承重墙,石灰砂浆和黏土砂浆因其强度较低,多用于砌筑非承重墙或荷载不大的承重墙。

② 砖墙的厚度

当采用普通黏土砖时,砖墙的厚度应根据承重、保温、隔声等要求而定,多为半砖的倍数。一般可选用 115 mm(半砖墙)、240 mm(一砖墙)、365 mm(一砖半墙)、490 mm(二砖墙),个别情况下可用 178 mm(四分之三砖墙)。承重墙的厚度不小于 240 mm,如图 6-3 所示。

③ 砖墙的组砌方式

实心砖墙在砌筑时必须做到上下错缝,内外搭接,不允许出现连续的垂直通缝,且错缝的距离为 60 mm,并要求砂浆饱满,厚薄均匀。在砖墙的组砌中,把砖的长方向垂直于墙面砌筑的砖叫丁砖,把砖的长度平行于墙面砌筑的砖叫顺砖。上下皮之间的水平灰缝称为横缝,左右两块砖之间的垂直缝称为竖缝。常用的组砌方式有全顺式、两平一侧式、一顺一丁式、多顺一丁式、十字式(梅花丁式)等几种形式。砖墙的组砌方式如图 6-4 所示。

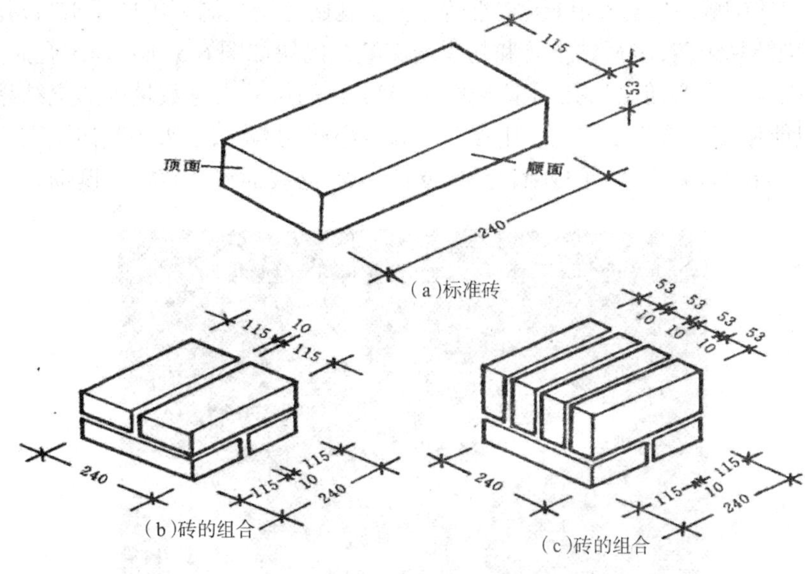

图 6-2　标准实心黏土砖的尺寸

(a)标准砖;(b)砖的组合;(c)砖的组合

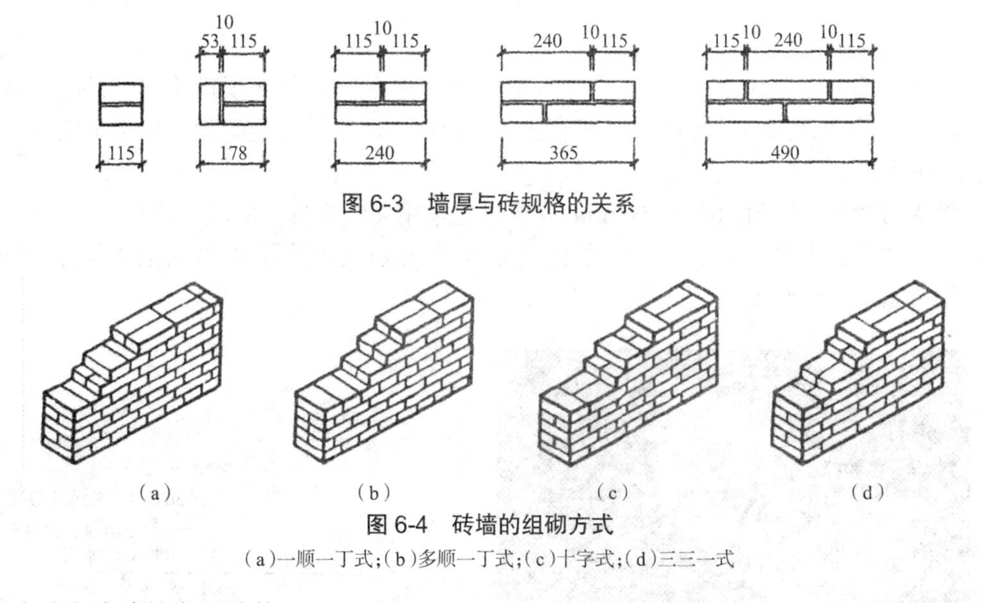

图 6-3　墙厚与砖规格的关系

图 6-4　砖墙的组砌方式

(a)一顺一丁式;(b)多顺一丁式;(c)十字式;(d)三三一式

(4)砌墙砖的发展趋势

普通黏土砖作为具有长久应用历史的建筑材料,为建筑的发展做出了不可替代的贡献,它目前仍然是我国部分地区,特别是边远、经济不发达地区主要采用的墙体材料。但由于生产黏土砖要大量占用耕地面积、破坏环境,砖的尺寸与我国现行的模数制不协调,给设计和施工也带来许多不便,且自重较大、热工性能差、施工效率低等诸多原因,普通黏土砖已经越来越不适应经济发展和建筑工业化的要求。限时禁用普通黏土砖,推广应用新型墙体材料正在成为目前建筑业的大趋势,全国的不少大、中城市目前已经禁止生产和使用普通黏土砖。

目前常用的砌墙砖还有多孔砖、空心砖等。多孔砖是指孔洞率不低于 15%,孔的直径小且数量多的烧结黏土砖,多瓦黏土砖和粉煤灰砖酸盐砌块如图 6-5 所示。多孔砖是竖孔,用于承重墙的砌筑。空心砖是指孔洞率不低于 15%,孔的尺寸大且数量少的烧结黏土砖。孔洞为横孔,只能用于砌筑非承重墙。用多孔砖和空心砖砌墙时,多采用整砖顺砌法,上、下皮搭接半砖。在墙的端头、转角、内外墙交接、壁柱等处,必要时可用普通砖镶砌。

图 6-5　多孔黏土砖和粉煤灰硅酸盐砌块

2. 散水与明沟

为保护墙基不受雨水的侵蚀,常在外墙四周将地面做成向外倾斜的坡面,称散水或护坡,或者在外墙四周做明沟,将通过水落管流下的屋面雨水等有组织地导向地下集水口,从而流入下水道。

散水的宽度一般为 600~1 000 mm,并要求比采用无组织排水的屋顶檐口宽出 200 mm。散水的坡度通常为 3%~5%。散水一般做法有混凝土散水、砖铺散水、块石散水等,混凝土散水的构造如图 6-6 所示。

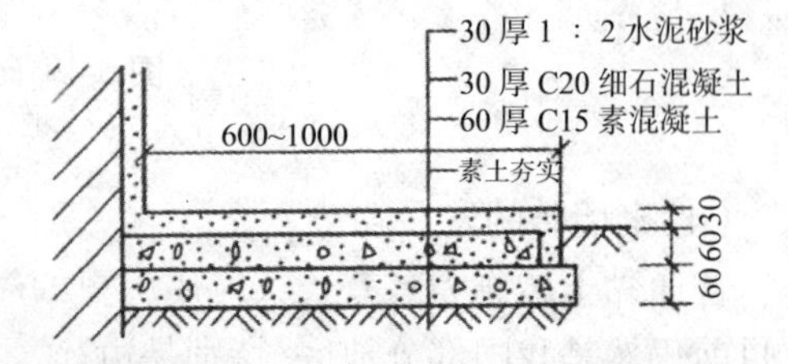

图 6-6　混凝土散水的构造

明沟又称排水沟,作用与散水相似,常用于年降雨量较大的南方地区。明沟的一般做法有砖砌明沟、石砌明沟、混凝土明沟等。明沟的宽度和深度通常不小于 200 mm。沟底纵坡一般为 1%~3%,砖砌明沟的构造如图 6-7 所示。

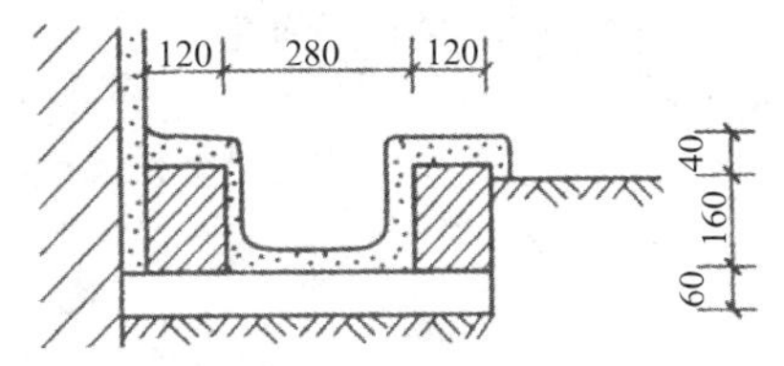

图 6-7　砖砌明沟的构造

3. 室外台阶与坡道

室外台阶与坡道是建筑物入口处连接室内、外不同标高地面的构造。一般多采用台阶，当有车辆通行或室内、外地面高差较小时，可采用坡道。台阶和坡道也可以一起使用，正面是台阶，两侧是坡道。台阶与坡道在入口处对建筑物的立面还具有一定的装饰作用室外台阶和坡道如图 6-8 所示。

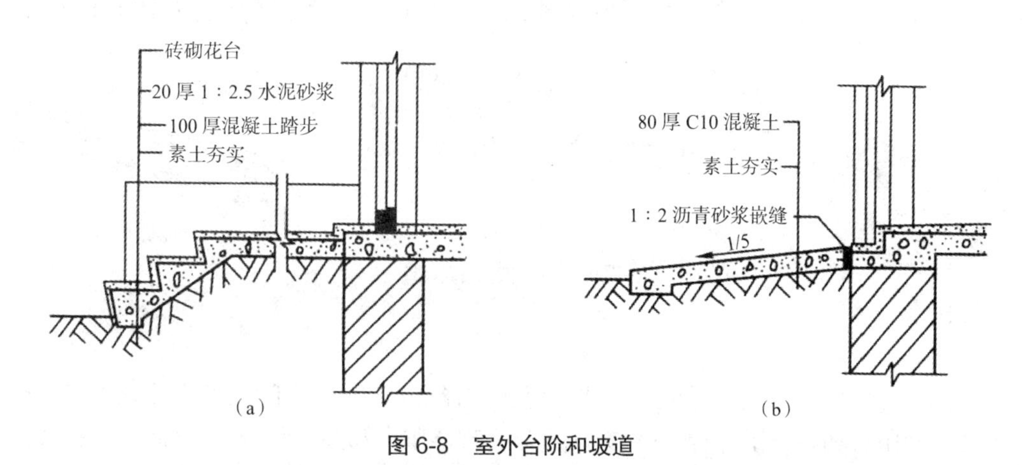

图 6-8　室外台阶和坡道

(a)台阶；(b)坡道

(1)台阶的构造

台阶由踏步和平台组成，它连接着不同高度的地面。台阶分为室外台阶和室内台阶。当室内、外地坪有高差时，要设置室外台阶；当室内楼梯间、走廊等处地面标高不同时，要设置室内台阶。台阶的坡度应比楼梯小，通常踏步的高度为 100~150 mm，宽度为 300~400 mm。

为保证人流出入的安全和方便，室外台阶和建筑入口之间应留有一定宽度的缓冲平台，平台深度一般不小于 1 000 mm，为防止雨水积聚或溢水室内，平台面宜比室内地面低 20~60 mm，并向外找坡 1%~4%，以利排水。

台阶的构造分实铺和架空两种，大多数台阶采用实铺。实铺台阶的构造与室内地面构造相似，包括基层、垫层和面层。基层是素土夯实，垫层大多采用混凝土，面层可采用地面面层的材料，如水泥砂浆、水磨石、天然石材等。

当台阶尺寸较大或北方地区土壤冻涨严重时，为保证台阶不开裂，往往选用架空台阶。架空台阶的平台板和踏步板可选用预制钢筋混凝土板或花岗岩等天然石材板，分别搁置在钢筋混凝土斜梁或砖砌的地垄墙上。台阶的构造如图 6-9 所示。

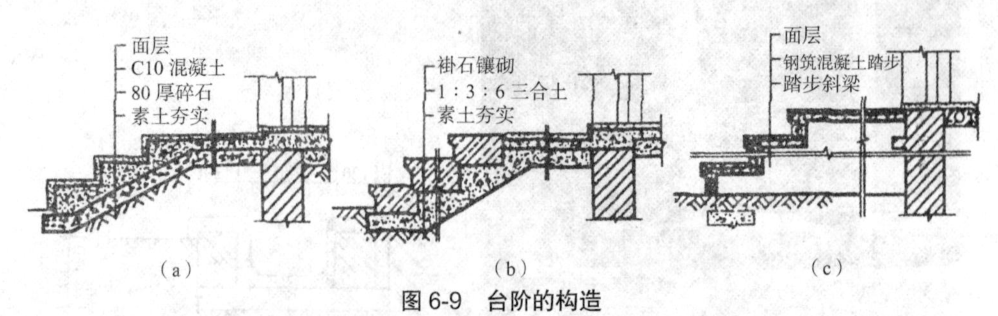

图 6-9　台阶的构造

(a)混凝土台阶;(b)石砌台阶;(c)钢筋混凝土架空台阶

(2)坡道的构造

在车辆经常出入或不适宜做台阶的部位,如电影院、剧场大门的安全疏散口,可采用坡道来进行室内与室外的联系。坡道的坡度一般在 1 :(5~10)之间,室内坡道的坡度不宜大于 1 : 8,室外坡道的坡度不宜大于 1 : 10,无障碍坡道的坡度为 1 : 12。

坡道的构造一般与地面相似,应选择表面结实和抗冻性好的材料作为坡道面层。为保证行人和车辆的安全,可将坡道面层做成锯齿形或设防滑条。坡道的构造如图 6-10 所示。

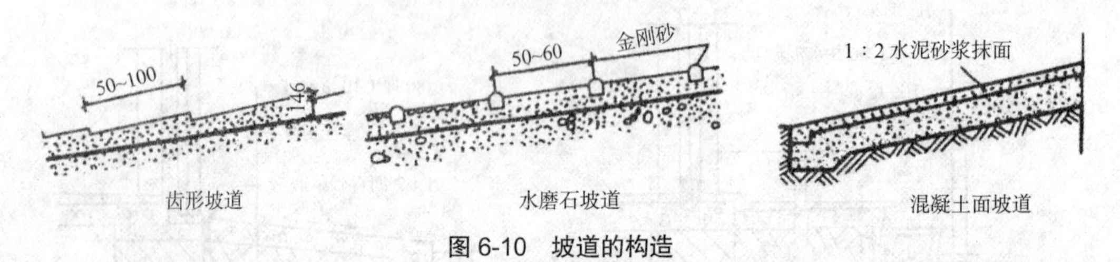

图 6-10　坡道的构造

4. 阳台

(1)阳台的种类

阳台按与外墙的位置关系可分为凸阳台、凹阳台和半凸半凹阳台;按在建筑平面的位置可分为中间阳台和转角阳台;按施工方法可分为现浇阳台和预制阳台;按立面形式有敞开式阳台和封闭式阳台;按其用途可分为生活阳台和服务阳台。阳台的类型如图 6-11 所示。

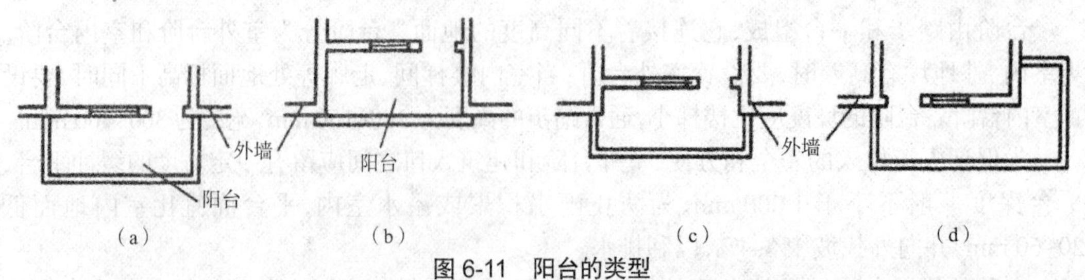

图 6-11　阳台的类型

(a)凸阳台;(b)凹阳台;(c)半凸半凹阳台;(d)转角阳台

(2)阳台的承重结构

阳台的承重结构形式主要有搁板式、挑梁式和挑板式三种。阳台承重结构的形式如图 6-12 所示。

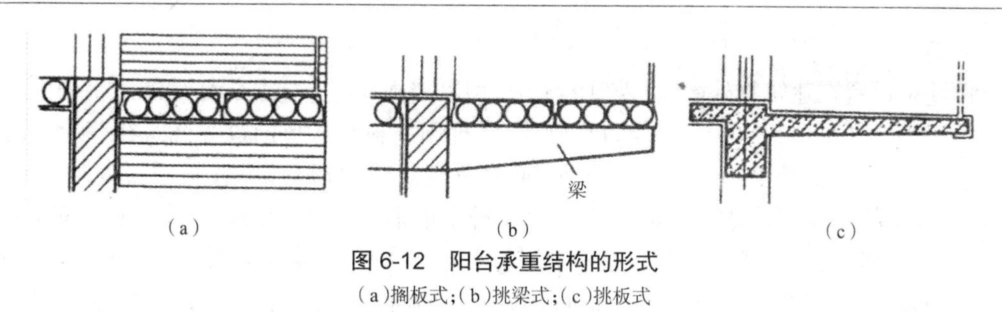

图 6-12　阳台承重结构的形式

(a)搁板式;(b)挑梁式;(c)挑板式

搁板式也称墙承式，是将阳台板直接搁置在墙上来支承，由于阳台板板型与尺寸和楼板一致，施工较方便，结构也简单，适用于凹阳台；

挑梁式是在阳台两端设置挑梁，在挑梁上搁板，这种方式构造简单，施工方便，是凸阳台中常见的结构形式；

挑板式是利用预制板或现浇板悬挑出墙面而形成阳台板，这种方式阳台板底平整，造型简单，但结构构造复杂及施工较麻烦，适用于凸阳台。

(3)阳台的细部构造

对于敞开式阳台，为防止雨水流入室内，要求阳台地面低于室内地面 20~30 mm，并在阳台一侧或两侧的栏杆下设排水孔，阳台面抹出 1% 的排水坡度，将水导向排水孔排除。排水孔内埋设排水管。管口水舌向外伸出不少于 60 mm，以防排水时溅到下层阳台上。如果屋顶雨水管靠近阳台时，阳台雨水也可排向雨水管。

阳台的栏杆、栏板是阳台的安全围护设施，既要求能够承受一定的侧压力，又要求有一定的装饰性。栏杆、栏板的形式按所用材料可分为金属栏杆、混凝土栏板和砖砌栏板，按形式又可分为空心栏杆、实心栏板和混合栏杆三种。它们的高度不宜小于 1 000 mm，高层建筑不小于 1 100 mm。栏杆、栏板与阳台板和墙，扶手与栏杆都应有可靠的连接，常见的连接方法有预埋铁件焊接、预留孔洞插接和整体现浇等。混凝土栏板及栏杆与阳台板连接如图 6-13 所示。

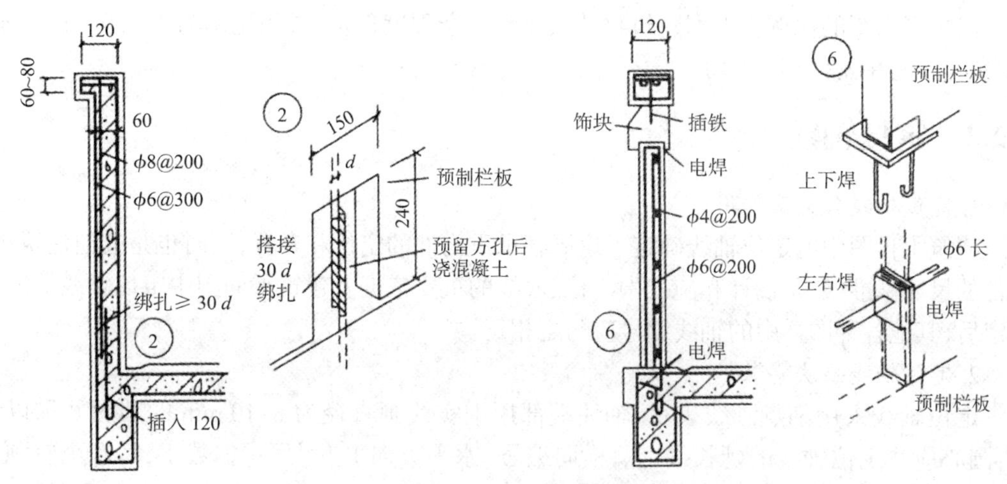

图 6-13　混凝土栏板及栏杆与阳台板连接

5. 雨篷

雨篷是设置在建筑物外墙出、入口的上方,用以挡雨并有一定装饰作用的悬挑构件。悬挑长度一般为 1 000~1 500 mm。为防止倾覆,常把雨篷板与入口门过梁浇筑在一起。由于雨篷板不承受大的荷载,可以做得较薄,通常做成变截面形式,一般板根部厚度不小于 70 mm,板端部厚度不小于 50 mm。为立面及排水的需要常在雨篷外沿作一向上的翻口。雨篷顶面应做好防水和排水处理。通常采用防水砂浆抹面,厚度一般为 20 mm,并应上翻至墙面形成泛水,其高度不小于 250 mm,同时还应沿排水方向抹出排水坡,将雨水引向泄水管。雨篷构造如图 6-14 所示。

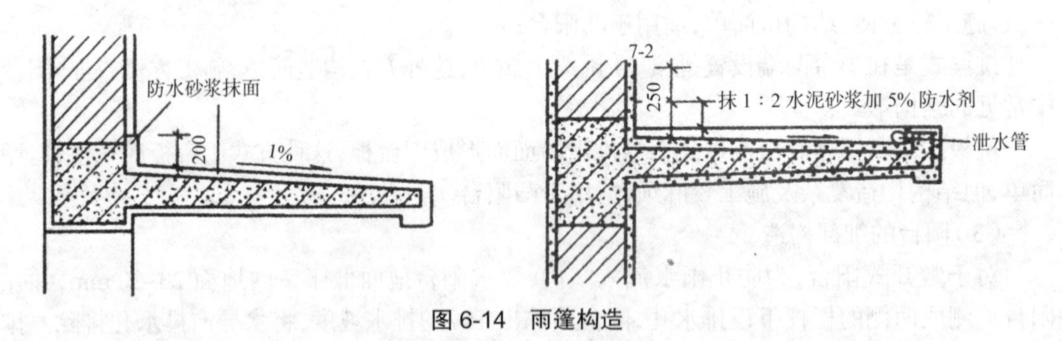

图 6-14 雨篷构造

6.2 建筑平面图的基本内容

6.2.1 平面图的图名和比例

平面图的图名按所表示的层数来命名,如底层平面图、二层平面图……顶层平面图等。对于房间数量、大小和布置都一样的中间楼层,可用一个平面图表示,称为标准层平面图或某层平面图。

建筑平面图的比例应根据建筑物的大小和复杂程度选定,常用比例为 1：50、1：100、1：200(工程中常采用 1：100)。

6.2.2 定位轴线

1. 定位轴线含义及作用

建筑工程图中的定位轴线确定了房屋各承重构件的定位和布置,同时也是其他建筑构、配件的尺寸基准线,是设计和施工中定位、放线的重要依据。建筑平面图中定位轴线的编号确定后,其他各种图样中的轴线编号应与之相符。

2. 定位轴线画法要求

定位轴线采用细点画线表示,轴线端部用细实线画直径为 8~10 mm 的圆圈并加以编号,圆心应在定位轴线的延长线上。横向编号(水平方向)应用阿拉伯数字,从左至右顺序编写,竖向编号(垂直方向)应用大写拉丁字母,从下至上顺序编写,其中 I、O、Z 不得用作轴线编号,定位轴线的编号顺序如图 6-15 所示。凡承重墙、柱、梁等主要承重构件,都要画出定位轴线并对轴线进行编号，以确定其位置。

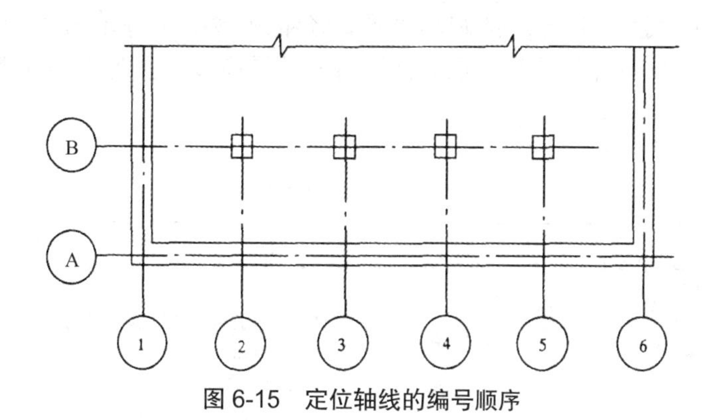

图 6-15　定位轴线的编号顺序

3. 附加定位轴线

对于非承重墙及次要的承重构件，有时用附加定位轴线表示其位置。附加定位轴线以分数形式表示，并应按下列规定编写。

（1）两根轴线间的附加轴线，应以分母表示前一轴线的编号，分子表示附加轴线的编号，编号宜用阿拉伯数字顺序编写。

（2）1 号轴线或 A 号轴线之前的附加轴线的分母应以 01 或 0A 表示。附加轴线的编号如图 6-16 所示。

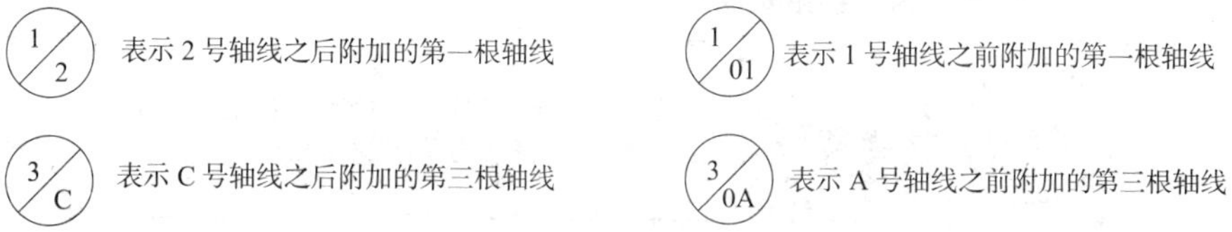

1/2　表示 2 号轴线之后附加的第一根轴线

1/01　表示 1 号轴线之前附加的第一根轴线

3/C　表示 C 号轴线之后附加的第三根轴线

3/0A　表示 A 号轴线之前附加的第三根轴线

图 6-16　附加轴线的编号

一个详图适用于几根轴线时，应同时注明各有关轴线的编号。详图的轴线编号如图 6-17 所示。

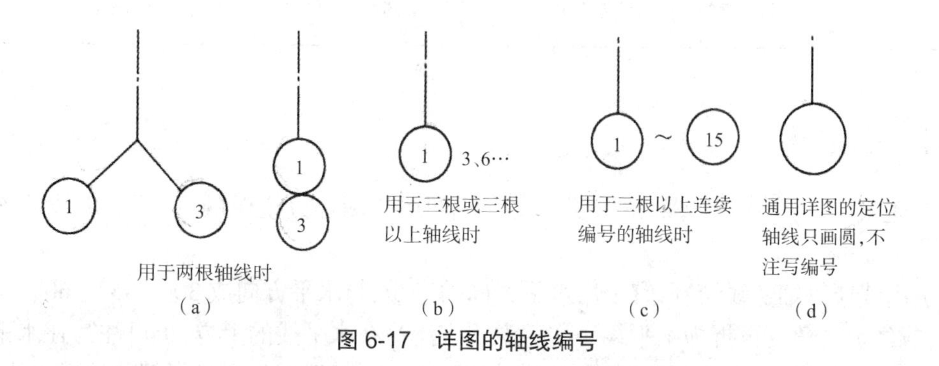

图 6-17　详图的轴线编号

6.2.3　索引符号和详图符号

建筑工程图中某一局部或构件如无法表达清楚时，通常将其用较大的比例放大画出详图。为了便于查找及对照阅读，可通过索引符号和详图符号来反映基本图与详图之间的对应关系。

索引符号是由直径为 10 mm 的圆和水平直径组成,圆及水平直径均应以细实线绘制。详图的位置和编号,应以详图符号表示。详图符号的圆应以直径为 14 mm 粗实线绘制。索引符号和详图符号见表 6-1。

表 6-1 索引符号和详图符号

	符 号	说 明
详细的索引符号	5 详图的编号；— 详图在本张图纸上；5 局部剖面详图的编号；— 剖面详图在本张图纸上	详图索引符号的圆和直径均以细实线绘制,圆的直径应为 10 mm 详图在本张图纸上 粗短线表示索引剖面详图,若在上方,表示由上向下投影
	5 详图的编号；4 详图所在的图纸编号；5 局部剖面详图的编号；4 剖面详图所在的图纸编号	详图不在本张图纸上
	J103 标准图册编号；5 标准详图编号；4 详图所在的图纸编号	标准详图
详细的符号	5 详图编号	详图符号应以粗实线绘制,直径应为 14 mm 被索引的详图在本张图纸上
	5 详图编号；2 被索引的详图所在的图纸编号	被索引的详图不在本张图纸上
	5 零件、钢筋、杆件、设备的编号	详图符号应以细实线绘制,直径为 6 mm

6.2.4 引出线

在建筑工程图中,某些部位需要用文字说明或详图加以说明的,可用引出线从该部位引出。

引出线应以细实线绘制,宜采用水平方向的直线、与水平方向成 30°、45°、60°、90° 的直线,或经上述角度再折为水平线。文字说明宜注写在水平线的上方,也可注写在水平线的端部。索引详图的引出线,应对准索引符号的圆心。同时引出几个相同部分的引出线,宜互相平行,也可画成集中于一点的放射线。引出线如图 6-18 所示。

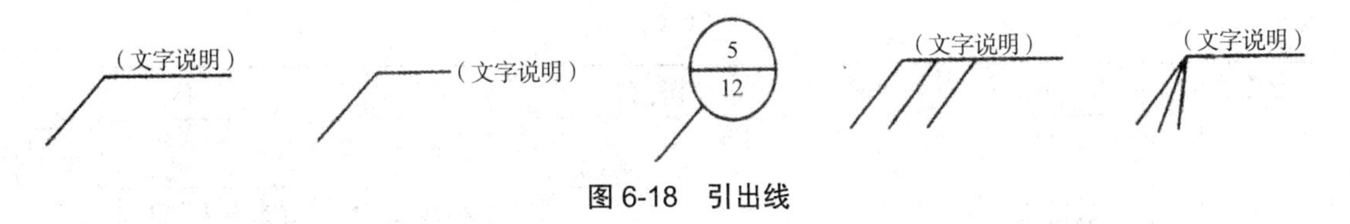

图 6-18　引出线

多层构造或多层管道共用引出线，应通过被引出的各层。文字说明宜注写在水平线的上方，或注写在水平线的端部，说明的顺序应由上至下，并应与被说明的层次相互一致。如层次为横向排序，则由上至下的说明顺序应与从左至右的层次相互一致。多层构造引出线如图 6-19 所示。

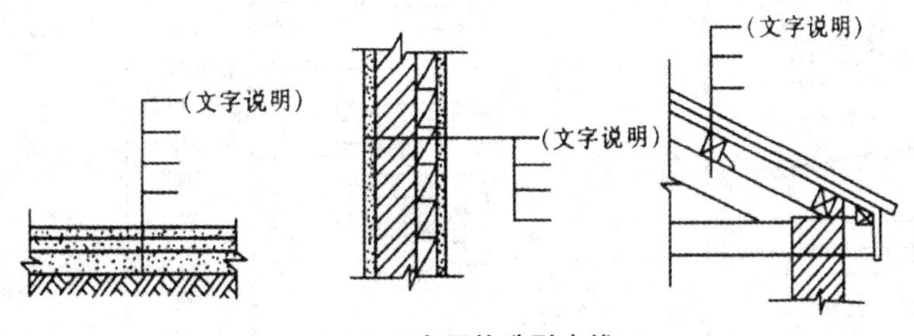

图 6-19　多层构造引出线

平面图中的图线应粗细有别、层次分明。被剖切到的墙、柱的断面轮廓线用粗实线画出。砖墙一般不画图例，钢筋混凝土的柱和墙的断面通常涂黑表示。粉刷层在 1∶100 的平面图中不必画出，当比例为 1∶50 或更大时，要用细实线画出。没有剖切到的可见轮廓线，如窗台、台阶、楼梯和阳台等用中实线画出（当绘制较简单的图样时，也可用细实线画出），尺寸线与尺寸界线、标高符号等用细实线画出。

6.2.6　图例及代号

由于平面图是采用较小的比例绘制的，平面图内的建筑构造与配件要用建筑手册上《建筑构造与配件表》中的图例表示，见表 6-2。

表 6-2　构造及配件图例

名称	图　例	名称	图　例	名称	图　例
墙体		墙预留洞	宽 × 高或ϕ 底（顶或中心）标高	在原有洞旁扩大的洞	
隔断					
栏杆					

表 6-2(续一)

名称	图例	名称	图例	名称	图例
楼梯	上 下 上 下	墙预留槽	宽 × 高或ϕ 底(顶或中心)标高	在原有墙或楼板上全部填塞的洞	
坡道	下 下 下	烟道		在原有墙或楼板上局部填塞的洞	
平面高差	××	通风道		空门洞	$h=$
检查孔		新建的墙和窗		单扇门（包括平开或单面弹簧）	
孔洞		改建时保留的原有墙和窗		双扇门（包括平开或单面弹簧）	
坑槽		应拆除的墙		对开折叠门	
推拉门		在原有墙或楼板上新开的洞		提升门	
		单扇内外开双层门（包括平开或单面弹簧）			

表 6-2(续二)

名称	图 例	名称	图 例	名称	图 例
墙外单扇推拉门	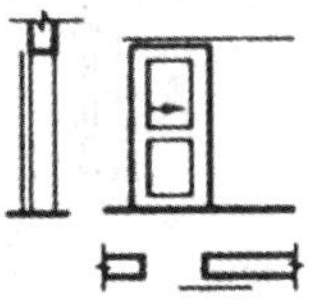	双扇内、外开双层门(包括平开或单面弹簧)	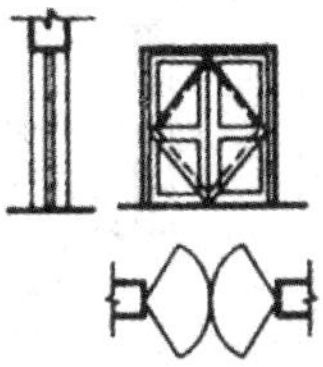	单层固定窗	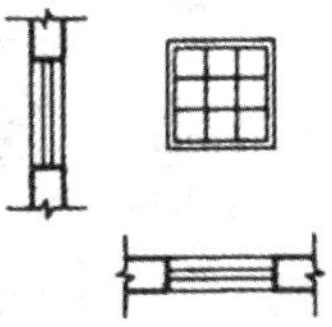
墙外双扇推拉门	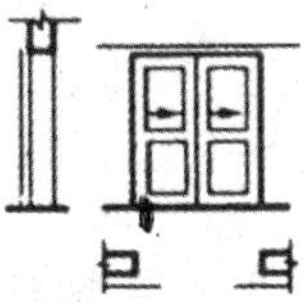	转门	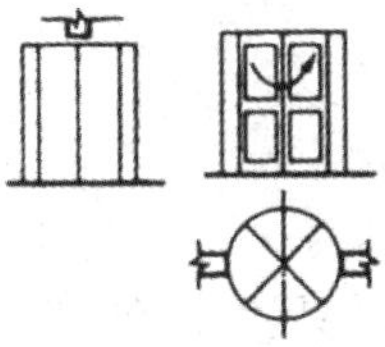	单层外开上悬窗	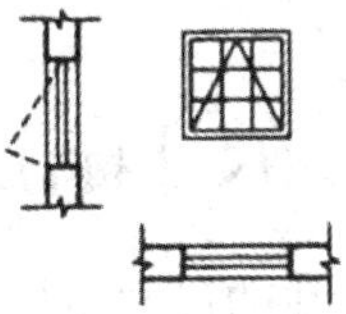
墙中单扇推拉门	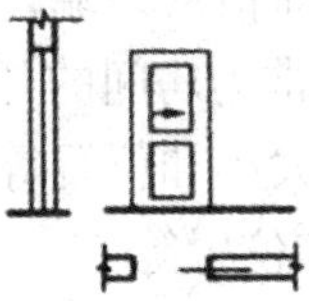	自动门	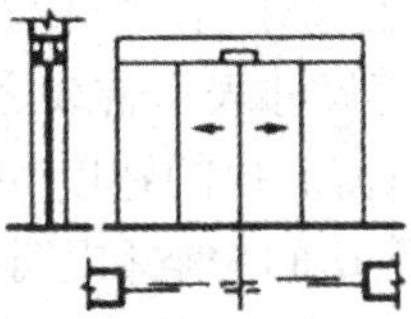	单层中悬窗	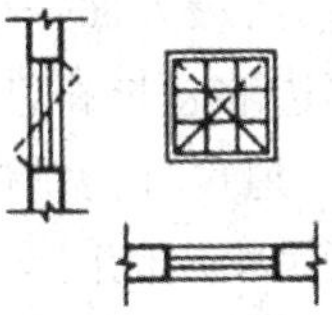
墙中双扇推拉门	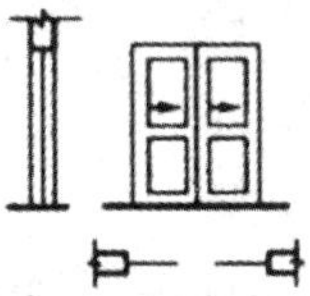	折叠上翻门	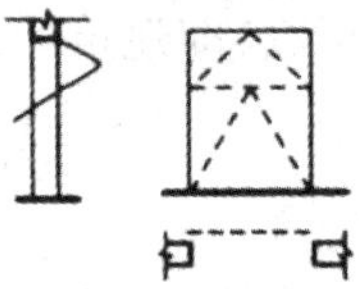	单层内开下悬窗	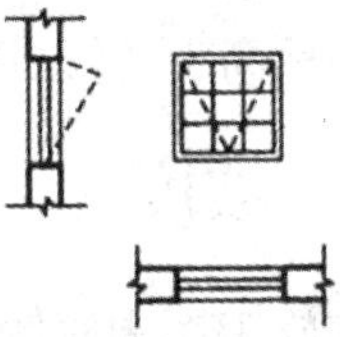
单扇双面弹簧门	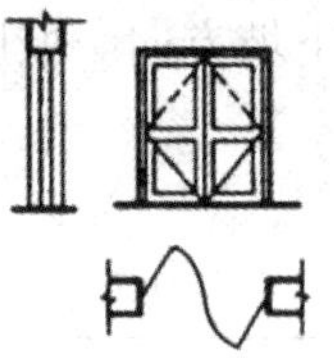	竖向卷帘门	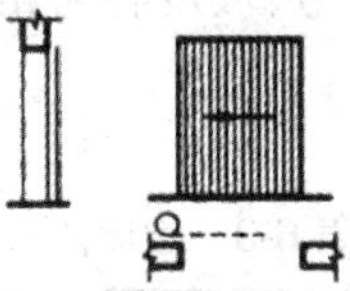	立转窗	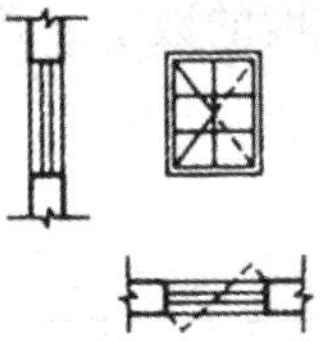
双扇双面弹簧门	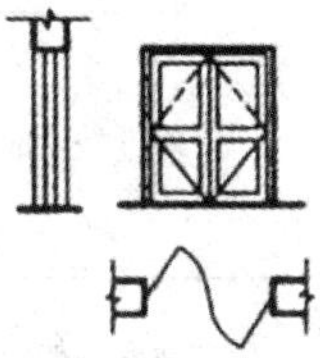	横向卷帘门	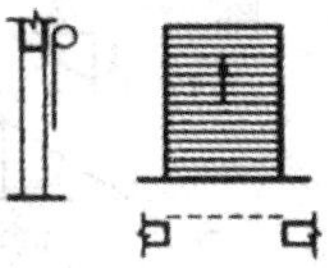	单层外开平开窗	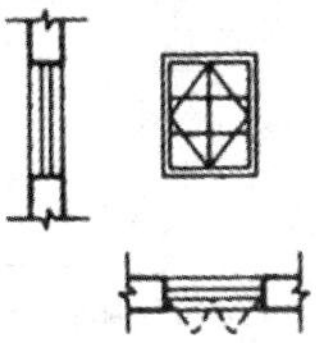
单层内开平开窗	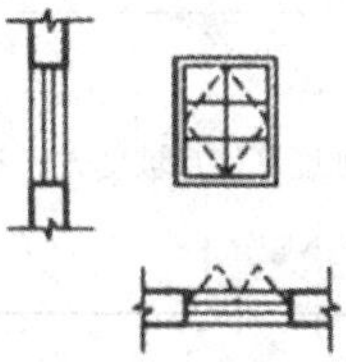	推拉窗	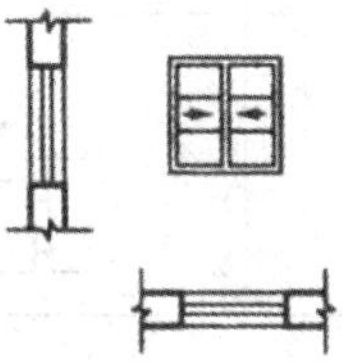	百叶窗	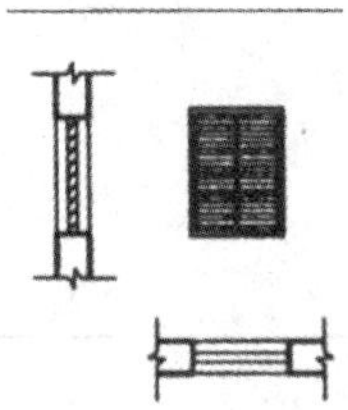

表 6-2(续三)

名称	图 例	名称	图 例	名称	图 例
双层内外开平开窗	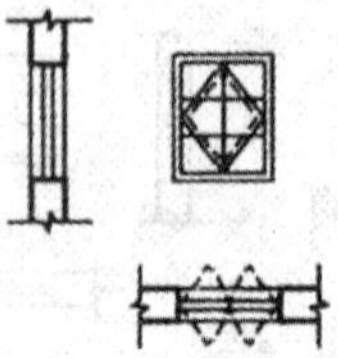	上推窗	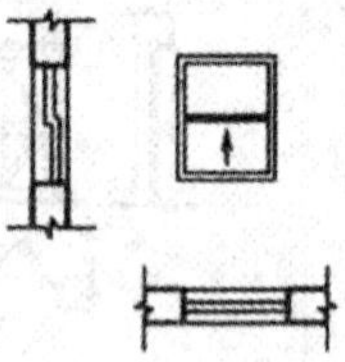	高窗	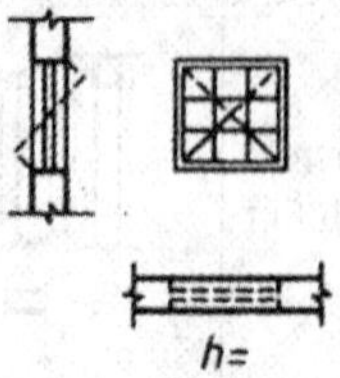 h=

6.2.7 尺寸标注及标高

标注的尺寸包括外部尺寸和内部尺寸。外部尺寸通常为三道尺寸，一般注写在图形下方和左方，最外面一道尺寸称第一道尺寸，表示外轮廓的总尺寸，即指从一端外墙边到另一端外墙边的总长和总宽尺寸；第二道尺寸表示轴线之间的距离，通常为房间的开间和进深尺寸；第三道尺寸为细部尺寸，表示门窗洞口的宽度和位置、墙柱的大小和位置等。内部尺寸用于表示室内的门窗洞、孔洞、墙厚、房间净空和固定设施的大小和位置等。

注写楼地面标高，表明该楼地面对首层地面的零点标高(注写为 ±0.000)的相对高度。注写的标高为装修后完成面的相对标高，即建筑标高。

6.2.8 坡度

在施工图中对倾斜部分的标注，通常用坡度(斜度)来表示。当坡度方向不明显时，在标注坡度的数字下面应加注坡度符号，坡度符号的箭头一般指向下坡方向。坡度的表示方法如表 6-3 所示。

表 6-3 坡度的表示方法

名 称	标志形式	标志举例	说 明
建筑中的坡度标志	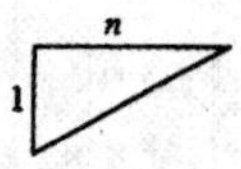 n, 1	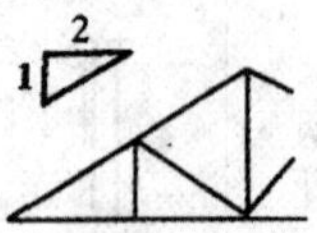 2, 1	坡度较大时采用
	1∶n	 1∶4	坡度一般时采用
	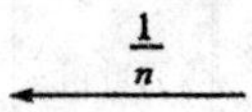 $\frac{1}{n}$	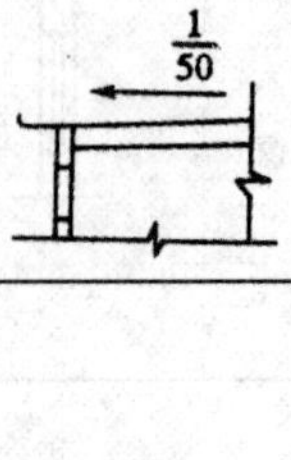 $\frac{1}{50}$	坡度平坦且坡度方向不明显时采用

6.2.9 其他标注

(1)房间应根据其功能注上名称或编号。

(2)楼梯间是用图例按实际梯段的水平投影画出,同时还要表示“上”与“下”的关系。

(3)在首层平面图应在图形的右(或左)下角画上指北针。

(4)建筑剖面图的剖切符号,如 1—1、2—2 等,应在首层平面图上标注。

(5)当平面图上某一部分另有详图表示时,应画上索引符号。对于部分用文字更能表示清楚,或者需要说明的问题,可在图上用文字说明。

6.3 建筑平面图示例

6.3.1 建筑平面图的识读步骤

1. 先读图名、比例及文字说明;
2. 了解房屋的平面形状、总尺寸及朝向;
3. 由定位轴线了解建筑物的开间、进深;
4. 了解各房间的形状、大小、位置、面积、用途及相互关系、交通联系;
5. 了解墙、柱的定位和尺寸,室内、外有关的标高;
6. 读门窗图例和编号;
7. 了解细部构造及设备、设施;
8. 查看剖视图的标注符号、详图的索引符号。

按以上步骤识读图 6-20 至图 6-24。

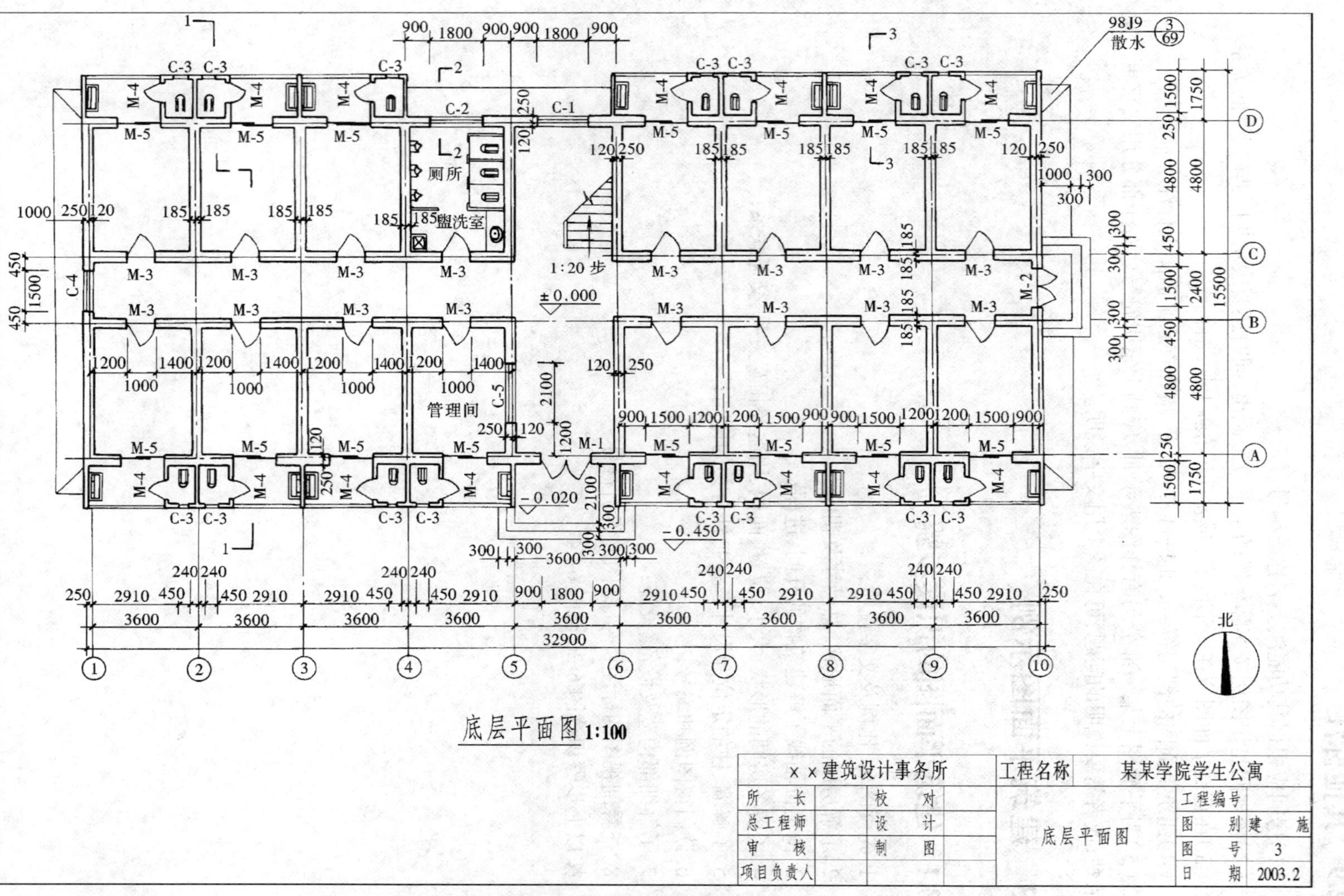

底层平面图 1:100
××建筑设计事务所
工程名称
某某学院学生公寓
所长
校对
总工程师
设计
审核
制图
项目负责人
底层平面图
工程编号
图别 建施
图号 3
日期 2003.2
北
厕所
盥洗室
管理间
1:20 步
±0.000
-0.020
-0.450
98J9 散水
32900
15500

图 6-20 平面图示例 1

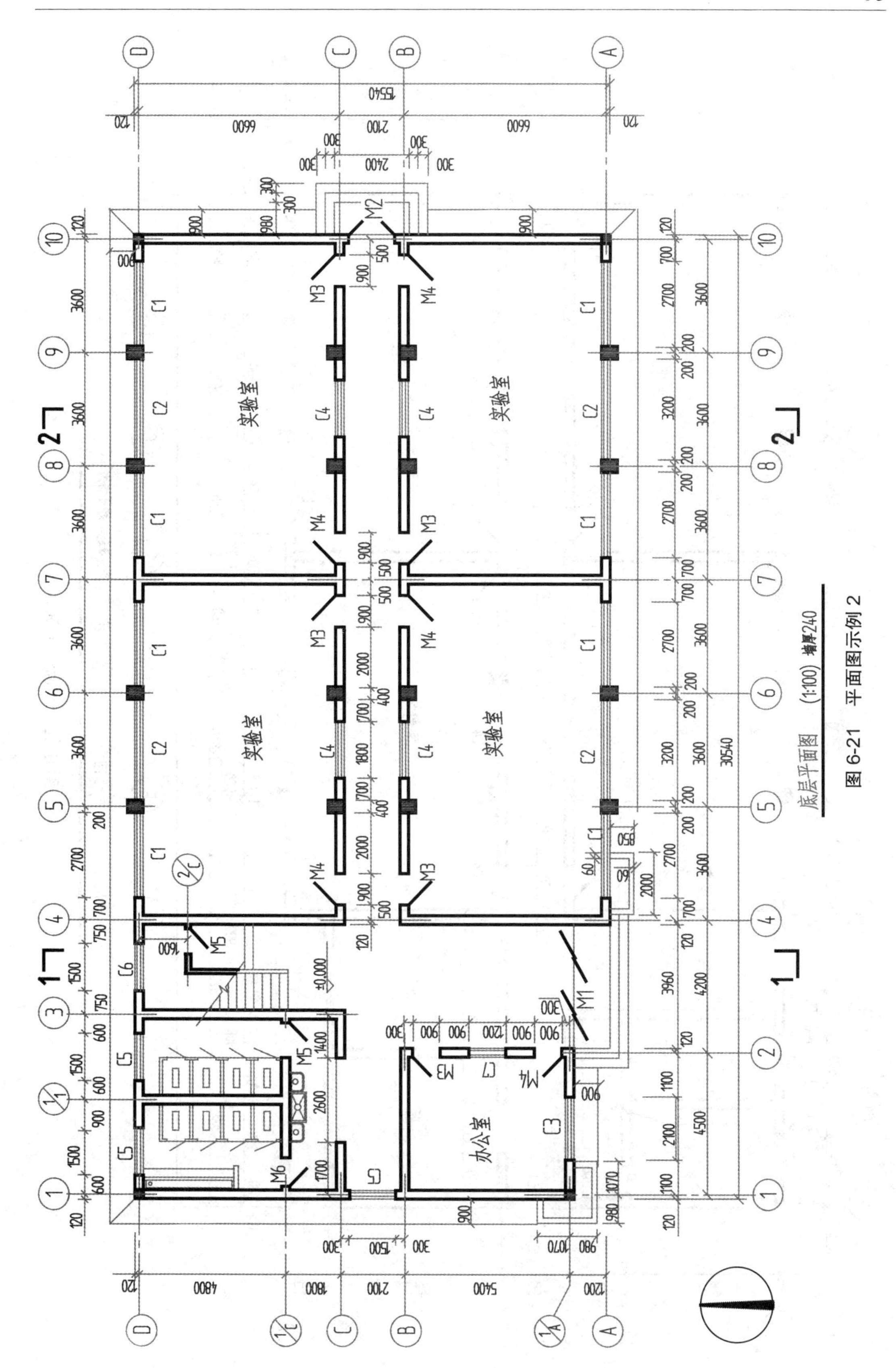

图 6-21　平面图示例 2

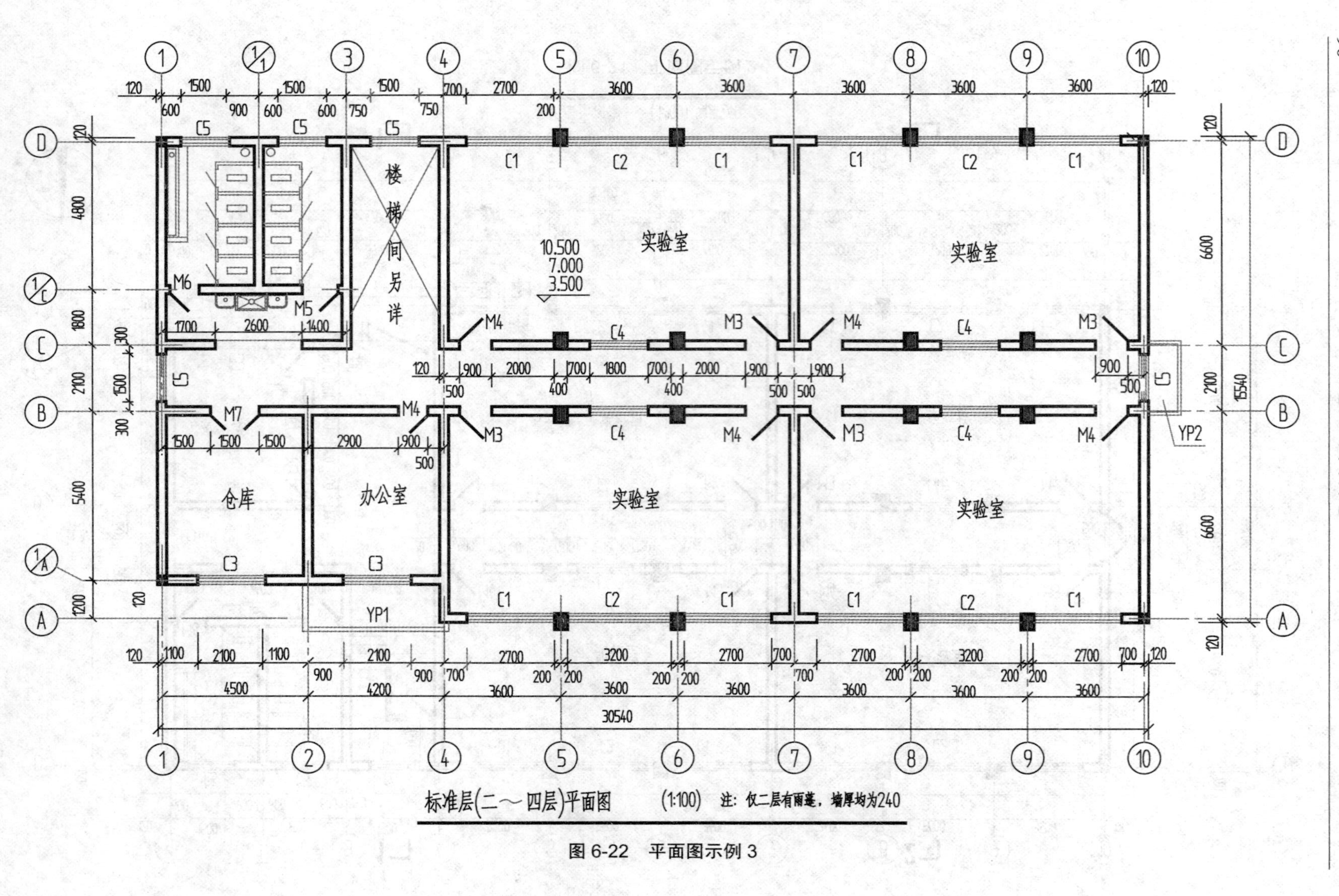

标准层(二～四层)平面图 (1:100) 注：仅二层有雨篷，墙厚均为240

图 6-22 平面图示例 3

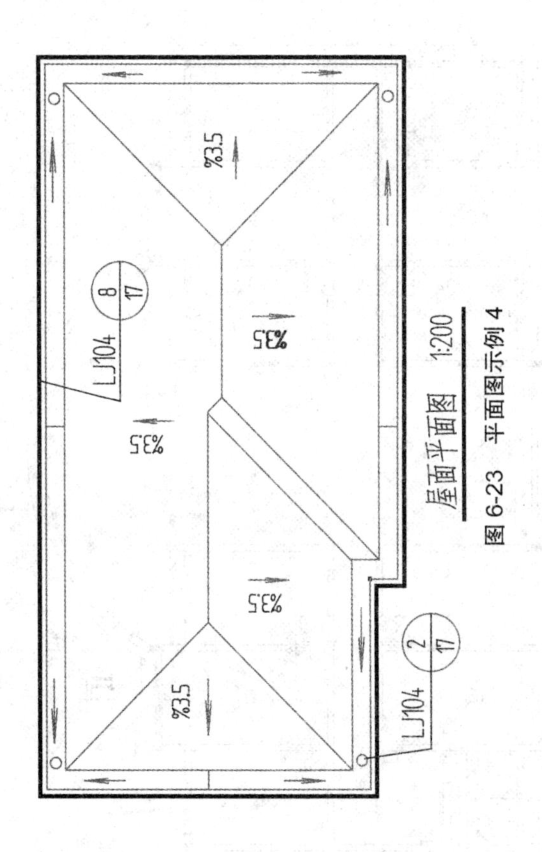

图 6-23　平面图示例 4

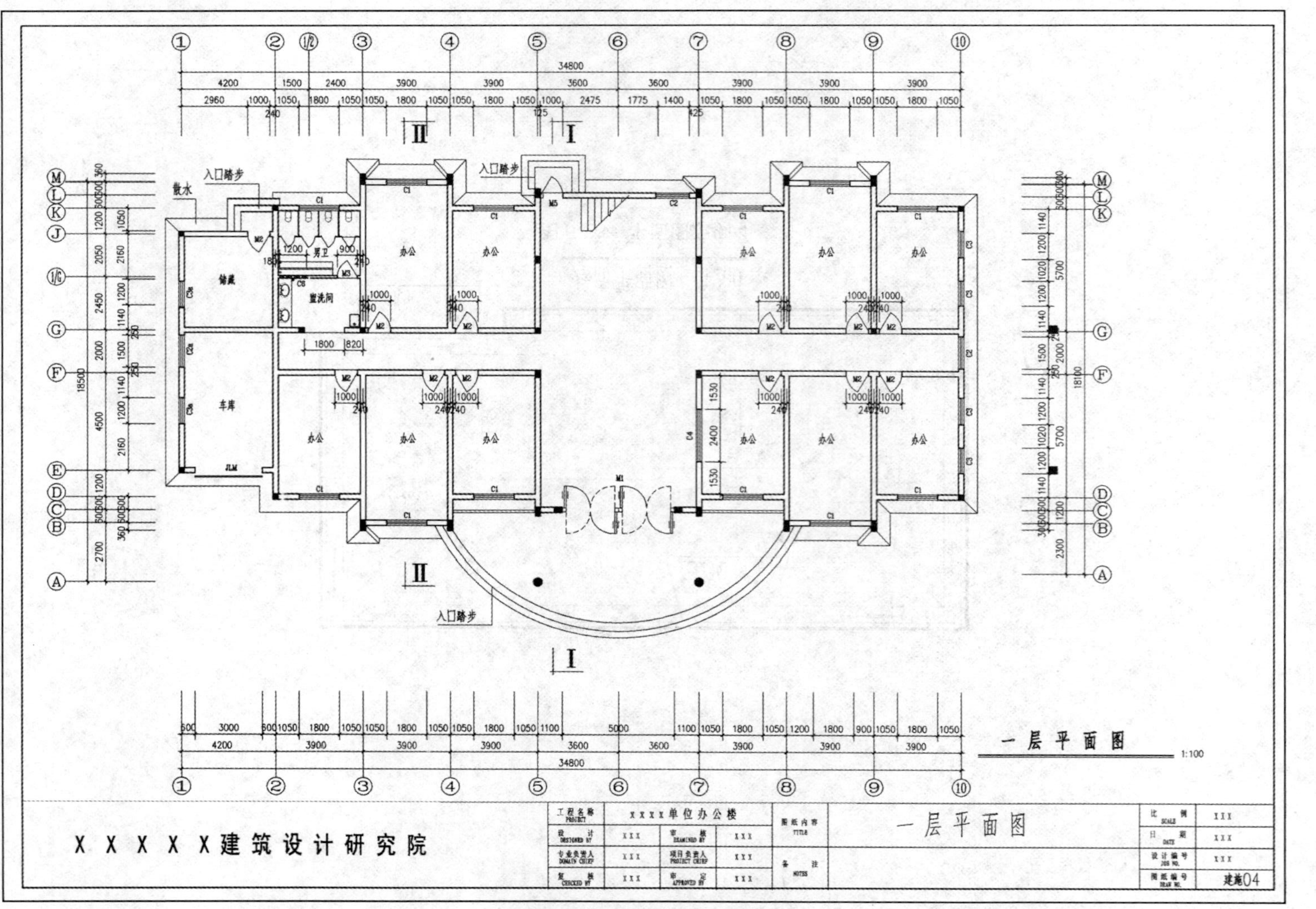
XXXXX建筑设计研究院
一层平面图
1:100
XXXX单位办公楼
办公
车库
储藏
盥洗间
男卫
入口踏步
散水
34800
18500
18100
建施04

图 6-24 平面图示例 5

6.3.2　建筑平面图绘图步骤

1. 选择比例，布置图面，绘制定位轴线网；
2. 在定位轴线基础上放出墙厚；
3. 画出门窗洞口、构造柱、楼梯、台阶、散水、花池、阳台等细部；
4. 检查后按平面图的图线要求加深、加粗；
5. 标注尺寸、标高、详图索引等符号，注写数字及文字说明；
6. 擦掉作图线，修整图面。

思考题

1. 简述墙体的作用和分类。
2. 建筑平面图是如何形成的；建筑平面图的主要内容有哪些？
3. 定位轴线的作用是什么；它是如何表示的？
4. 结合例图，试述索引符号与详图符号的编号的含义。
5. 试述绘制建筑平面图的步骤。
6. 绘图大作业：选用 A3 图幅，用 1∶100 比例绘制建筑平面图 6-21；

作业要求：图面布置要合理，图线粗细分明，尺寸、标高标注正确。

7. 阅读建筑平面图，并完成相关要求。

图 6-25 为某浴室的建筑平面图。设进厅、更衣室、管理室等房间的室内地面标高为 ±0.000。淋浴室的地面比它低 50 mm；厕所的地面比它低 30 mm；锅炉间的地面比它低 20 mm；台阶顶面比它低 20 mm，台阶的每级踏步高为 150 mm。

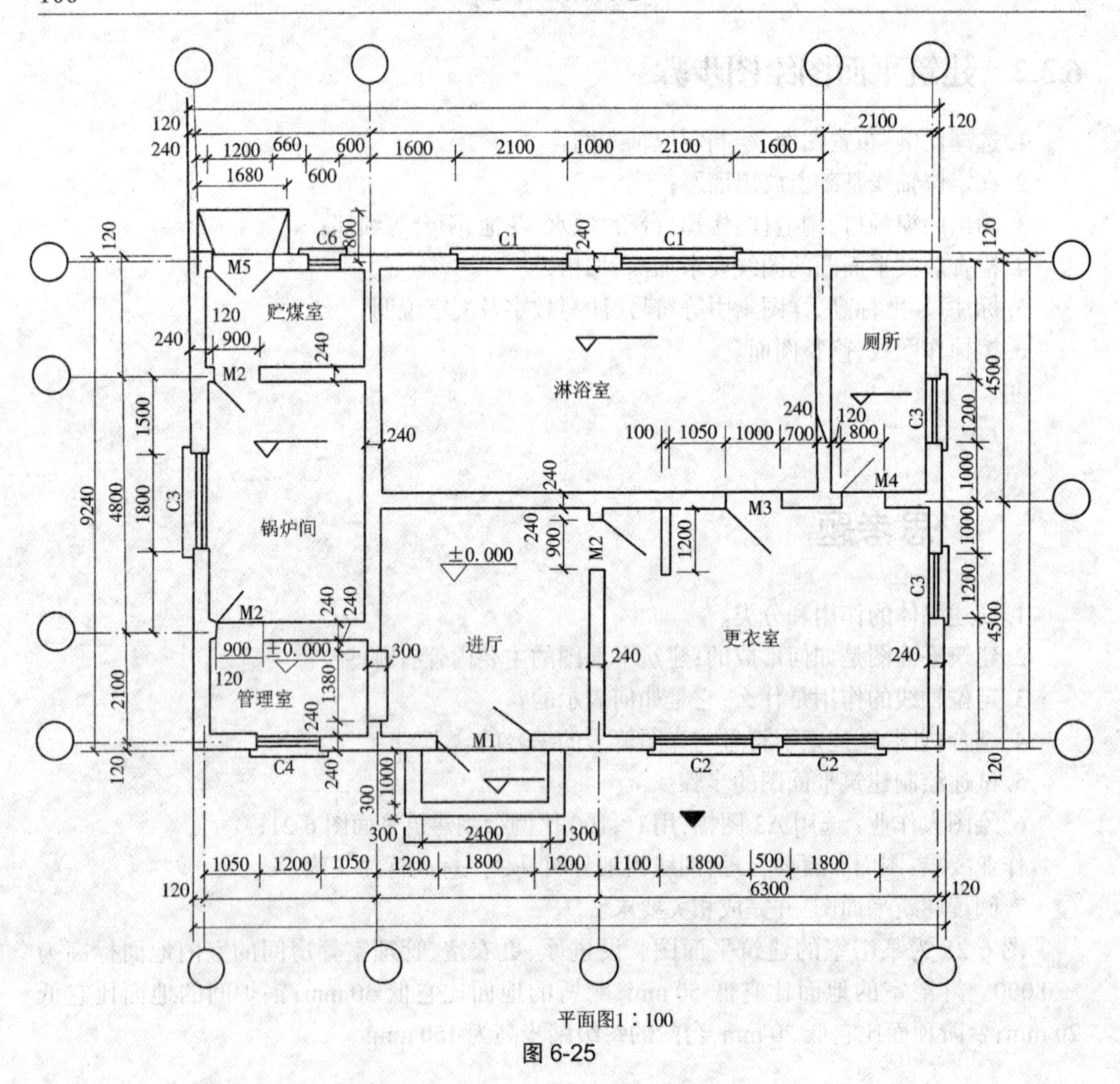

平面图1：100

图 6-25

要求：(1)按建筑平面图的图线规格要求，用铅笔加深图线；

(2)补全平面图中的尺寸、标高及轴线编号。

第 7 章　建筑立面图的识读

7.1　基本知识

7.1.1　建筑立面图的形成及用途

在平行于建筑物立面的投影面上所作建筑物的正面投影图，称为建筑立面图，简称立面图。建筑方面图的形成如图 7-1 所示。立面图主要反映房屋各部位的高度、外形特征和外墙面装饰做法，是建筑外装修的主要依据。

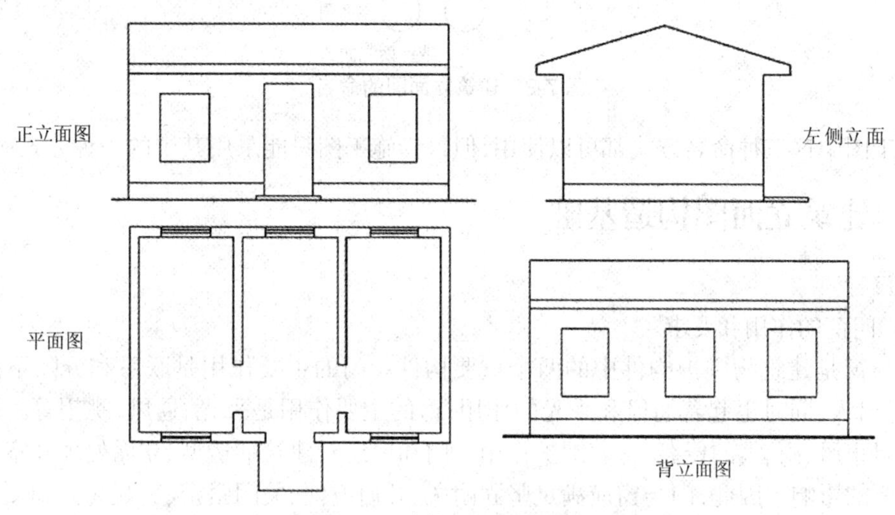

图 7-1　建筑立面图的形成

一般来说，若外墙面的外形不同，门窗、阳台和挑檐的位置、大小和形式的不同，或外墙面的装饰不同等，都应分别画出立面图。

7.1.2　建筑立面图的命名

1. 按朝向命名

建筑物的某个立面面向哪个方向，就称为哪个方向的立面图。如南立面图、北立面图、东立面图、西立面图等。

2. 按外貌特征命名

把房屋的主要出入口或反映房屋外形主要特征的立面图称为正立面图，与其相对的是背立面图，其余的分别为左侧立面图和右侧立面图。

3. 按平面图两端轴线编号命名

按照观察者面向建筑物从左到右的轴线顺序命名，如①～⑦立面图和⑦～①立面图是两个方向相反的立面图。建筑立面图的命名如图 7-2 所示。

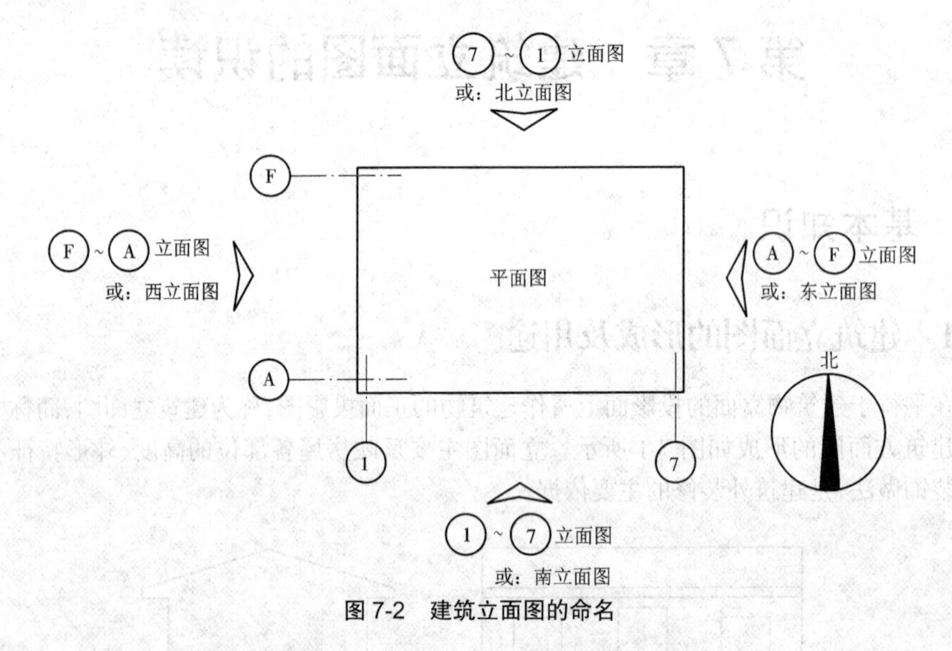

图 7-2 建筑立面图的命名

施工图中这三种命名方式都可以使用,但每套施工图只能采用其中的一种方式命名。

7.1.3 建筑立面图构造基础

1. 门窗

(1)门窗的作用和要求

门与窗是建筑物围护构件中的两个重要构件。门的主要作用是联系和分隔不同的空间、交通出入,同时也起着通风和采光的作用;窗的主要作用是采光、通风、眺望等。同时门窗还能阻止风、雨、雪的侵袭,起着围护作用。门和窗还对建筑的造型、立面处理及室内装饰有着重要的影响。因此,门与窗应满足坚固耐久、开启方便、关闭紧密、美观大方和便于清洁维修等要求。

门与窗的制作材料已经不局限在传统的木材和钢材上,铝合金门窗、塑钢门窗和其他新型材料制作的门窗已广泛使用。门窗的制作生产上,已逐步走向标准化、规格化、商品化的道路。各地都有标准图集可供参考使用。

(2)门窗的分类

① 按门窗材料分类

木门窗 木材是我国制作门窗的传统材料。木门窗制作方便,价格较低,密封较好,但木门窗不防火、耐久性差、变形大、耗用木材较多,故现在已较少使用。但近年来,木门窗特别是木门已成为家庭装饰的首选。

钢门窗 钢门窗强度高,坚固耐久、防火好、透光率高,曾经是我国替代木门窗的最佳选择。但由于钢门窗保温隔热性能差、耗钢量大,我国的许多城市已经限制并禁止钢门窗在民用建筑中使用。图 7-3 所示为空腹钢窗。故在本章中对钢门窗不做介绍。

铝合金门窗 铝合金门窗造型美观,有良好的装饰性和密闭性,已被广泛应用在民用建筑上，但铝合金门窗成本较高，加工制作技术比较复杂，对质量要求较高。

塑钢门窗　塑钢门窗是继木、钢、铝合金门窗之后的第四代新型建筑节能门窗，对于能源紧张，木材资源贫乏，钢材、铝材紧缺的中国，大力发展和扩大应用塑钢门窗将会产生显著的经济效益和社会效益，对促进国民经济的发展具有十分重要的意义。图 7-4 所示为塑钢门窗。

图 7-3　空腹钢窗

图 7-4　塑钢门窗

断桥铝合金门窗　它是最高级的铝合金门窗，它是继木窗、铁窗、塑钢门窗和普通彩色铝合金门窗之后的第五代新型保温节能型门窗。它的表面可以涂装成各种各样的颜色。图 7-5 所示为断桥铝门窗。

图 7-5　断桥铝门窗

“断桥铝”这个名字中的“桥”是指材料学意义上的“冷热桥”，而“断”字表示动作，也就是“把冷热桥打断”。具体地说，因为铝合金是金属，导热比较快，所以当室内外温度相差很多时，铝合金就可以成为传递热量的一座“桥”，这样的材料做成门窗，它的隔热性能就不佳了。而断桥铝是将铝合金从中间断开的，它采用硬塑将断开的铝合金连为一体，我们知道塑料导热明显要比金属慢，这样热量就不容易通过整个材料了，材料的隔热性能也就变好了，这就是“断桥铝（合金）”的名字由来。

② 按门窗开启方式分类

平开门　它是水平开启的门，用铰链将门扇一侧与门框相连，有单扇门、双扇门、内开门、外开门等。平开门构造简单、开启灵活，加工制作方便，便于维修，是使用最广泛的一种门。

弹簧门　它也是水平开启的门，用弹簧铰链或地弹簧将门扇一侧与门框相连，开启后能自动关闭。常用于公共建筑中人流出入频繁和有自动关闭要求的场所。为避免人流出入相互碰撞，要求门扇上部安装玻璃。

推拉门　开启时门扇沿上或下轨道左右滑行，可分为上挂式和下滑式，可为单扇或双扇，开启时门扇可藏在夹墙内或贴在墙面外。推拉门不占用空间，受力合理，不易变形，但关闭时密闭性差，构造较复杂。近年来家庭装潢的卫生间和厨房多用推拉门。

折叠门　门扇可拼合，折叠时推移到洞口的一侧或两侧。折叠门开启时占用空间少，但构造较复杂，一般用作商业建筑的门。

转门　它由三扇或四扇门扇组成的在两个固定弧形门套内能垂直旋转的门，有隔绝室内、外气流的作用，多用于有采暖和空调的公共建筑的外门。转门的构造复杂、造价高。在转门的两旁应开设平开门或弹簧门，以作为不需要空调季节或大量人流疏散时之用。

卷帘门　门扇由一块水平金属片条组成，分页片式和空格式两种。卷帘门不占室内、外空间，构造较复杂，造价高，一般适用于商业建筑的外门和厂房大门。

固定窗　它是将玻璃直接镶嵌在窗框上，且不能开启的窗，仅供采光和眺望用而不能通风。

平开窗　它是用铰链将窗扇固定在窗框上，且水平开启的窗，有外开和内开之分。外开时不占室内空间，可以避免雨水渗入室内，所以采用较多。平开窗构造简单，开关灵活，维修方便，在民用建筑中应用最为广泛。

悬窗　它是窗扇绕水平轴转动的窗，按轴的位置不同可分为上悬窗、中悬窗和下悬窗。上悬窗和中悬窗向外开启，防雨效果好，有利于通风，尤其适用于高窗。下悬窗不能防雨，开启时占用室内空间，多用于门亮子。

立转窗　它是窗扇可沿竖轴转动的窗，一般竖轴设在窗扇中心或略偏一侧。立转窗开启方便，通风效果好，便于清洁，但防雨和密闭性能较差，构造复杂，多用于工业厂房。

推拉窗　它是窗扇沿水平或竖直导轨或滑槽推拉的窗，分水平推拉和垂直推拉两种。推拉窗开启时不占室内空间，但不能全部开启，通风效果不如平开窗，适用于铝合金窗和塑钢窗，如图 7-5 所示。

③ 门窗的其他分类

按门所在的位置可分为外门和内门。外门是位于外墙上的门，是建筑物立面处理的重点之一；内门是位于内墙上的门。

按门的控制方式可分为手动门、传感控制自动门等；

按建筑上的特殊要求可分为保温门、隔声门、防火门、防 X 线门、防爆门等；

按窗镶嵌材料不同可分为玻璃窗、纱窗、百叶窗等；

按窗的层数来分有单层窗、双层窗等；

按窗的立面形式分有单扇窗、双扇窗、四扇窗等；

按窗的使用功能分有隔音窗、密闭窗、防火窗、防盗窗、橱窗、售货窗、售票窗等。

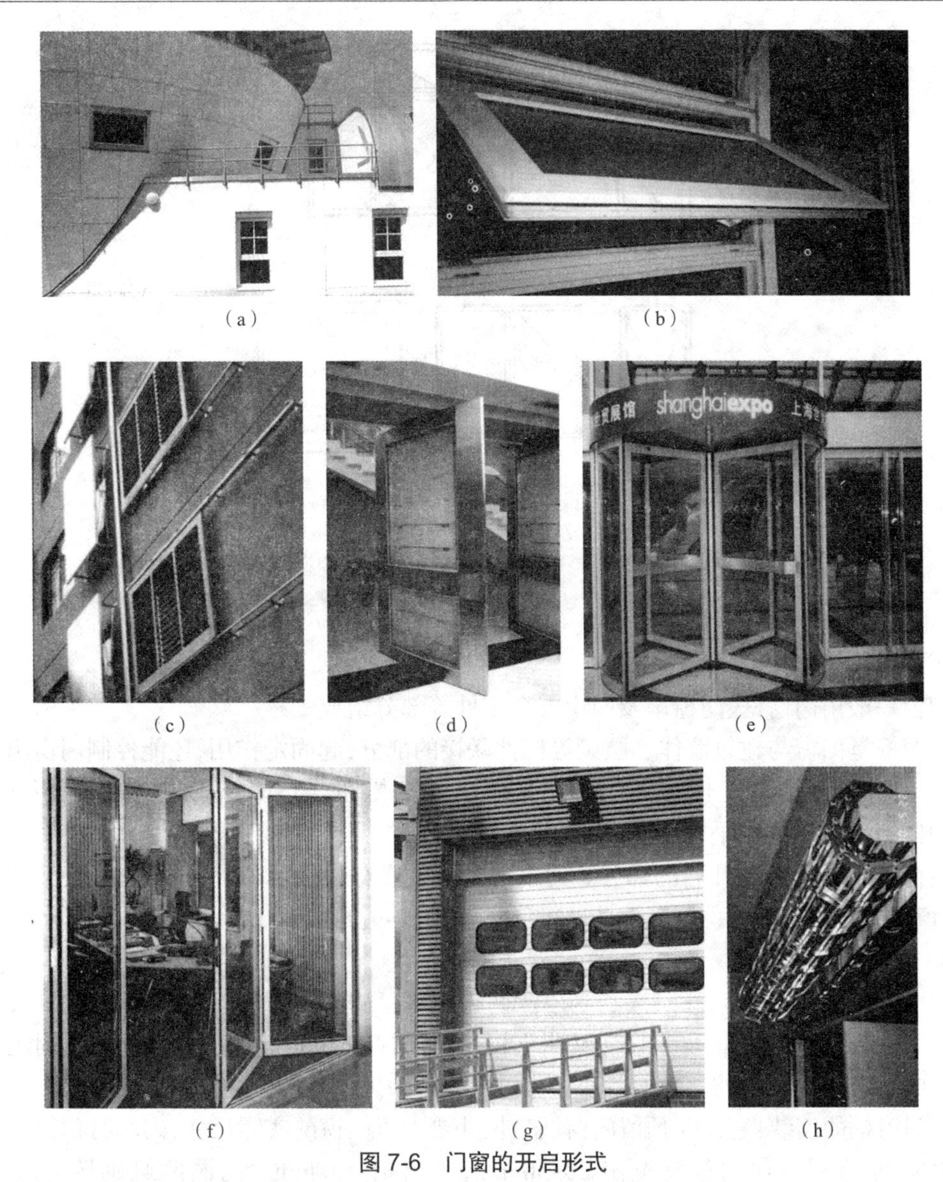

图7-6　门窗的开启形式

(a)中悬窗及上下推拉窗;(b)上悬窗;(c)平移百叶窗;(d)立轴转门;(e)旋转门;(f)折叠门;(g)升降门;(h)卷帘门

(3)门窗编号及门窗开启线

门窗是建筑用量较大的构件,为了设计、施工和制作方便,应对门窗进行编号。只有洞口尺寸、规格形式、用材、层数、开启方式均相同的门窗才能使用同一编号。门的代号用"M"表示,如M-1、M-2、M-3;窗的代号用"C"表示,C-1、C-2、C-3。有些特殊的门窗也有自己的表示,如防火门用"FM"表示,人防建筑的密闭门用"MM"表示。

按照相应的制图规范规定,在建筑立面图上,用细实线表示门窗扇朝外开,用虚线表示其朝里开。线段交叉处是门窗开启时转轴所在位置,而非把手所在位置。门窗扇若平移,则用箭头来表示,如图7-7所示。

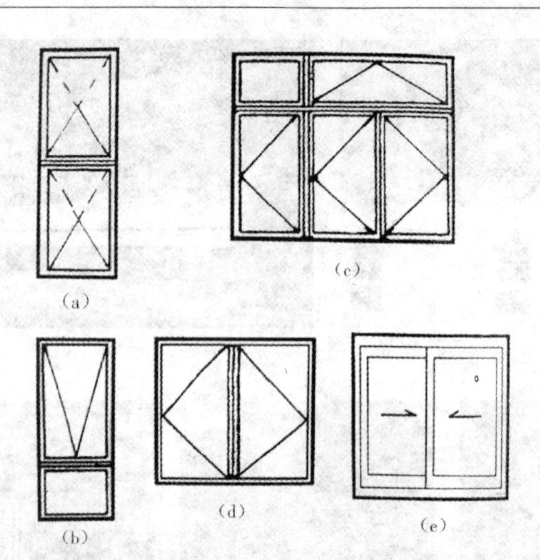

图 7-7　门窗开启线画法

(a)中悬窗;(b)下悬窗 + 固定窗;(c)上悬窗 + 固定窗 + 外开窗;(d)外开窗;(e)推拉窗

(4)门窗的组成与安装

①门窗的组成

门窗一般由门窗框、门窗扇及门窗五金零件等部分组成。

门窗框是门窗与建筑墙体、柱、梁等构件联接的部分,起固定作用,还能控制门窗扇启闭的角度 。门窗框又称作门窗樘,一般由两边的垂直边梃和自上而下分别称作上槛、中槛(又称作中横档)、下槛的水平构件组成,如图 7-8 所示。

门窗扇是门窗可供开启的部分。门扇的类型主要有镶板门、夹板门、百页门、无框玻璃门等;窗扇有镶玻璃、镶百页、无框玻璃等形式,如图 7-9 至图 7-11 所示。

②门窗的安装

门窗框的安装方法有塞口法和立口法两种。塞口法又叫塞樘 ,将门窗洞口留出,完成墙体施工后再安装门窗框 。立口法又叫立樘,先将门窗框立起来,临时固定,待其周边墙身全部完成后,再撤去临时支撑。

木门窗框的安装:塞樘时预留门窗洞口尺寸要大于门窗的实际尺寸,砌墙时预留洞口的宽度和高度分别应比门窗框宽出 20~30 mm,高出 10~20 mm。门洞两侧砌砖时应每隔 500~700 mm 预埋经防腐处理的木砖或预留缺口,以便用铁脚或水泥砂浆将门框固定。木门窗框与墙体间的缝隙用沥青麻丝嵌填。

立樘时门窗的实际尺寸与洞口尺寸相同。为使门窗框与墙体连接牢固,应在门窗框的上框伸出 120 mm 的端头,俗称羊角头,并在边框外侧,每隔 500~700 mm 设一木拉砖或铁脚砌入墙身,如图 7-12 所示。

门窗框与墙洞口的相对位置有外平齐、内平齐,也可以使门窗框位于墙身中间。门窗框与砖墙的连接方式最常见的是用铁钉将门窗框钉在木砖上,也可以用钢筋钉直接钉入砖墙灰缝内,如图 7-13 所示。门窗框与墙体的缝隙用贴脸板盖缝、木压条压缝或设筒子板进行处理。

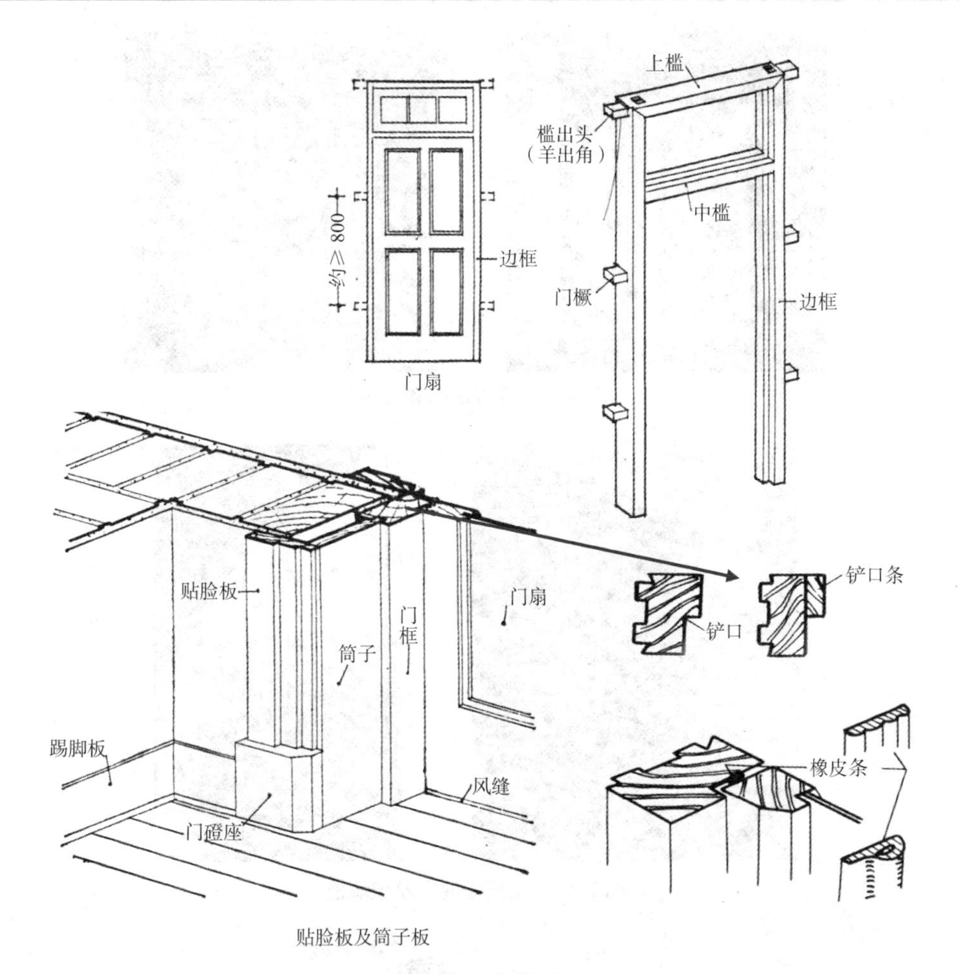

图 7-8　门框构成

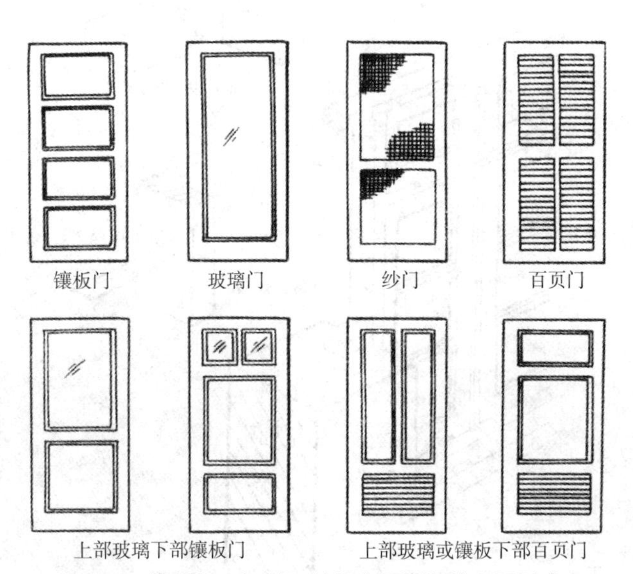

图 7-9　镶板门、玻璃门、纱门和百页门的立面形式

图 7-10 镶玻璃门和夹板门

图 7-11 无框玻璃门及玻璃窗

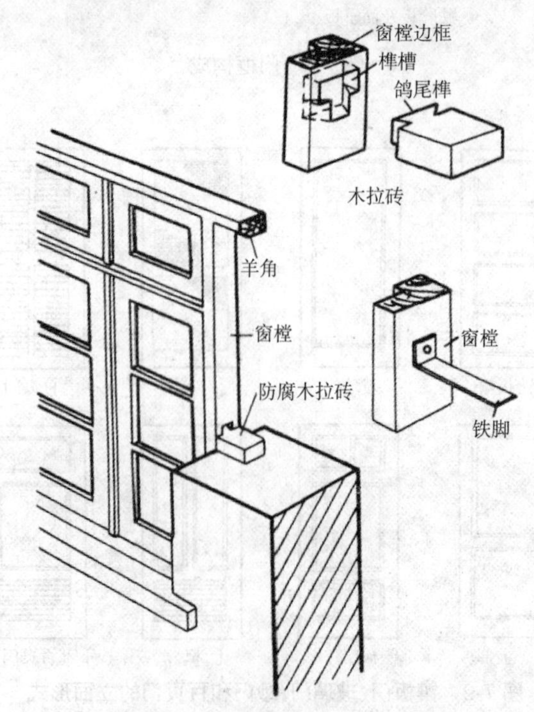

图 7-12 木门窗立樘安装工艺示意

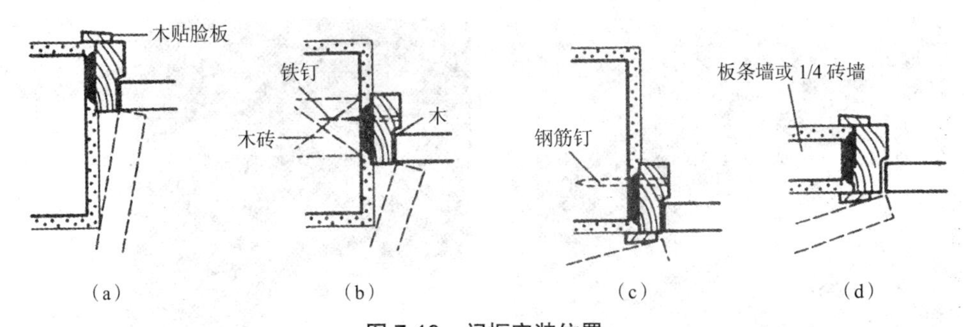

图 7-13　门框安装位置

(a)外平;(b)立中;(c)里平;(d)里外平

铝合金及塑钢窗窗框的安装:铝合金及塑钢门窗框与墙体的连接用塞口法,在土建工程基本结束,墙面最后粉刷前进行。门窗框的固定方式是将镀锌锚固板的一端固定在门窗框外侧,另一端用射钉枪或其他方法固定于墙上,再填以矿棉毡,玻璃棉毡等密封材料,最后用建筑密封膏封实。铝合金门窗和塑钢窗在门窗框与洞口的缝隙中不能嵌入砂浆等刚性材料,而是必须采用柔性材料填塞,以便给门窗框热胀冷缩留有伸缩余地,确保铝合金及塑钢门窗正常使用的稳定性。常用的柔性材料有矿棉毡条、玻璃棉条、泡沫塑料条、泡沫聚氨酯条等,如图 7-14、图 7-15 所示。

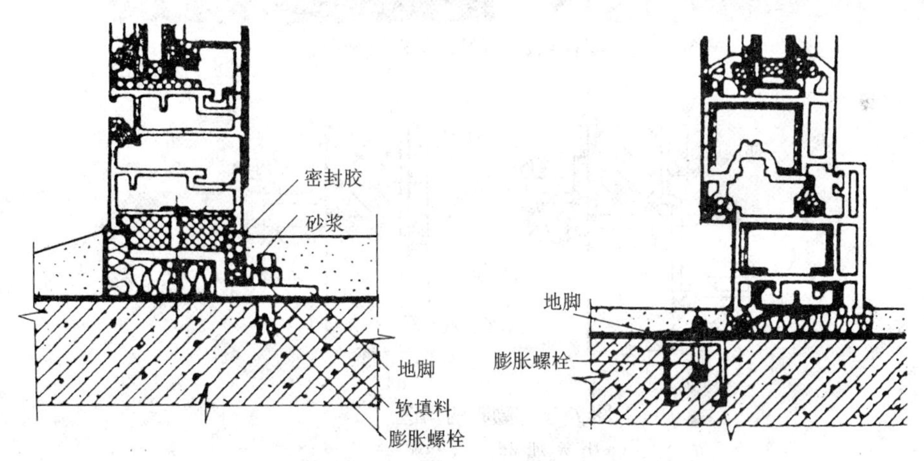

图 7-14　铝合金及塑钢窗窗框安装工艺

(a)铝合金门窗;(b)塑钢窗

2. *勒脚*

墙身接近室外地面的部分叫勒脚。勒脚的作用一是保护接近地面的墙身不受雨、雪的侵蚀而受潮、受冻以致破坏;二是加固墙身,防止碰撞损伤;三是美观,对建筑物的立面处理产生一定的效果。一般情况下,勒脚的高度为室内地坪与室外地面的高差部分,当考虑防水及机械碰撞时,应不低于 500mm。如果考虑建筑立面造型的要求,常与窗台平齐。

勒脚的构造做法:一般采取抹水泥砂浆面层;对标准较高的勒脚可贴花岗岩、大理石等天然石材;也可适当增加勒脚墙的厚度或用石材代替砖砌成勒脚墙,如图 7-16 所示。

图 7-15 塑料或金属门窗框安装及填缝

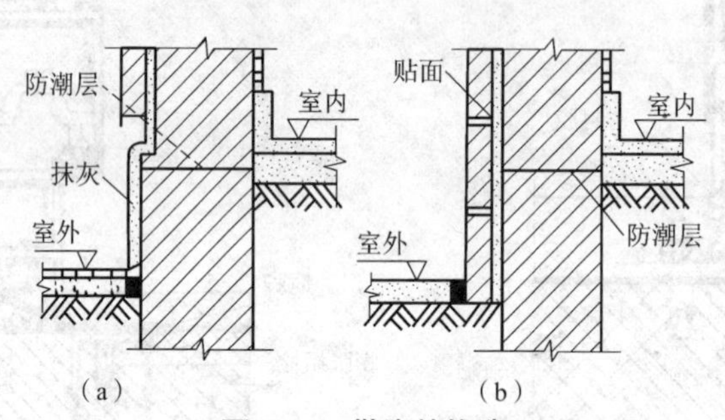

图 7-16 勒脚的构造

(a)抹灰、加厚砖墙;(b)贴面

3. 墙面装饰构造

(1)墙面装饰装修的作用和分类

墙面的装饰装修是墙体构造中不可缺少的组成部分。对墙面进行装修,可以保护墙体,提高墙体抵抗自然侵蚀的能力,延长墙体的使用年限;提高墙体的保温、隔热、隔声、防渗透能力;光洁墙面,增加光线的反射,改善室内亮度;同时还可以美化环境,丰富建筑的艺术形象。

墙面装修按其所处的部位不同,可分为外墙面装修和内墙面装修。外墙面装修应选择强度高、耐水性好、抗冻性强、抗腐蚀、耐风化的建筑材料;内墙面装修应根据房间的功能要求及装修标准来确定。按材料和施工方式的不同,常见的墙面装修可分为抹灰类、涂刷类、贴面类、裱糊类和铺钉类等五大类。

(2)墙面装修构造简介

①抹灰类

抹灰又称粉刷,是我国传统的饰面做法。其材料来源广泛,施工操作简便、造价低廉,通过改变工艺可获得不同的装饰效果,因此在墙面装修中应用较广。但抹灰装修施工过程均为湿作业,劳动强度大、工效低、工期长,所以抹灰类墙面装修也是需要改革的一种装修类型。

墙面抹灰可分为外墙抹灰和内墙抹灰两大类。外墙抹灰的传统做法有水泥砂浆、混合砂浆、水刷石、斩假石、干粘石、拉毛和清水砖墙勾缝等;内墙抹灰有纸筋石灰、水泥砂浆和混合砂浆等。

为保证墙面抹灰牢固、平整,并防止面层开裂、脱落,在构造上须分层操作。墙面抹灰一般分三层:底层 5~10 mm 厚,主要起与基层黏结和初步找平作用,中层 5~10 mm 厚,主要起进一步找平和弥补底层砂浆干缩裂缝的作用,面层 3~5 mm,主要作用是使表面光洁、美观。以达到装饰效果。

②涂刷类

涂刷类墙面装修按使用工具可分刷涂(用毛刷蘸浆)、喷涂(用喷浆和喷射)、弹涂(用弹浆机弹射)和滚涂(用胶滚或毡滚滚压),可获得光滑、凹凸、粗糙和纹道等质感效果。

涂刷类装修的材料一般是外墙用水泥浆,溶剂型涂料、乳液涂料、硅酸盐无机涂料等;内墙用石灰浆、大白浆、乳胶漆和水溶性涂料等。具体如何选用要根据内外墙的特定环境和功能要求决定。

涂刷类做法一般要求墙面基层应当干燥,必须待墙面干燥后才能进行下一道涂料的施工,否侧墙面易出现开裂、皱皮等质量问题。涂刷类装修省工、省料、操作简便、工期短、造价低,维修、更新方便等优点,多用于大量性的建筑装修,是一种很有发展前途的装修类型。

③贴面类

贴面类墙面装修是把加工后的天然石材板或陶瓷面砖等饰面材料,用胶结材料或挂钩等方法粘贴在墙面上。它具有坚固、防水、易清洗、美观考究的优点,多用于门厅等卫生要求较高的房间,如卫生间、盥洗间、餐厅等,也曾被广泛用于外墙,但近年来在许多大城市已不允许作为外墙饰面。它的缺点是施工要求高,易于脱落、造价偏高。常用的贴面材料有大理石板、花岗岩板、水磨石板、瓷砖、面砖等。

④裱糊类

各种壁纸和壁布是用于室内墙面的一种建筑装饰材料。裱糊类墙面适用于中高档内墙装修,具有良好的装饰效果,耐火、耐磨、耐久性强,更新撤换也较方便。常用的有塑料壁纸、织物壁纸,无纺贴壁布、玻璃纤维壁布等。装修时要求墙面平整、干燥,若局部有缺陷要用腻子补平。粘贴壁纸或壁布时,多用建筑专用胶,如 107 胶、聚醋酸乙烯乳液等。

⑤铺钉类

铺钉类墙面装修的面料包括木板、塑料饰面板、镜面板、不锈钢板等,多用于高档和有特殊要求的房间。铺钉类墙面装修的做法是先在墙面干铺油毡一层,再钉木骨架,将面板钉在或粘贴在骨架上。

7.2 建筑立面图的基本内容

7.1.1 比例与图例

建筑立面图的比例与建筑平面图相同,通常为 1∶50、1∶100、1∶200 等,多用 1∶100。由于绘制建筑立面图的比例较小,所以门、窗扇一般用图例表示。有的门窗中画有斜的细线,表示开启方向,细实线表示向外开,细虚线表示向里开。门窗型号相同的,只要以一两个为代表画出细部,其他可以简化,只绘出轮廓线即可。

7.1.2 定位轴线

在建筑立面图中一般只画出两端的定位轴线及其编号,以便与平面图对照。

7.1.3 图线

为了加强建筑立面图的表达效果,使建筑物的轮廓突出、层次分明,通常把建筑立面的最外的轮廓线用粗实线画出;室外地坪线用加粗线(1.4*b*)画出;门窗洞、阳台、台阶、花池等建筑构、配件的轮廓线用中实线画出(对于凸出的建筑构、配件,如阳台和雨篷等,其轮廓线有时也可以画得比中实线略粗一点);门窗分格线、墙面装饰线、雨水管以及用料注释引出线等用细实线画出。

7.1.4 尺寸标注及标高

立面图上一般不注写高度方向的尺寸,而是要标注出外墙上各部分的相对标高。一般要注出室外地坪、室内地面、勒脚、门窗洞口的上下口、阳台底面和顶面、檐口顶、女儿墙压顶面、水箱顶面等的标高。立面图上标注的标高,有建筑标高和结构标高之分。建筑标高是指包括抹灰层在内的完成表面的标高,一般用来标注构件的上顶面标高,如楼面、地面、台阶面、阳台压顶面等的标高。

结构标高是指不包括抹灰层的结构面的标高,一般用来标注梁底、雨篷底等的标高。注意门窗洞口上下口标高均为结构标高,也就是均不包括抹灰层。立面图上还要用图例或文字表示外墙面的装饰及材料等。凡另有详图的部位都要标注详图索引符号。

7.3 建筑立面图示例

7.3.1 建筑立面图的识读步骤

1. 由图名、比例,明确立面图是表达建筑物的哪个侧面,其绘图比例是多少。
2. 分析建筑物的立面造型。
3. 了解外墙面上的门、窗的种类、形式和数量。
4. 分析立面上的细部构造,如挑檐、雨篷、窗台、台阶等。
5. 了解外墙面的装饰、装修的做法、材料等。
6. 查看详图索引符号,配合相应的详图对照阅读。

按以上步骤识读图 7-17 至图 7-19。

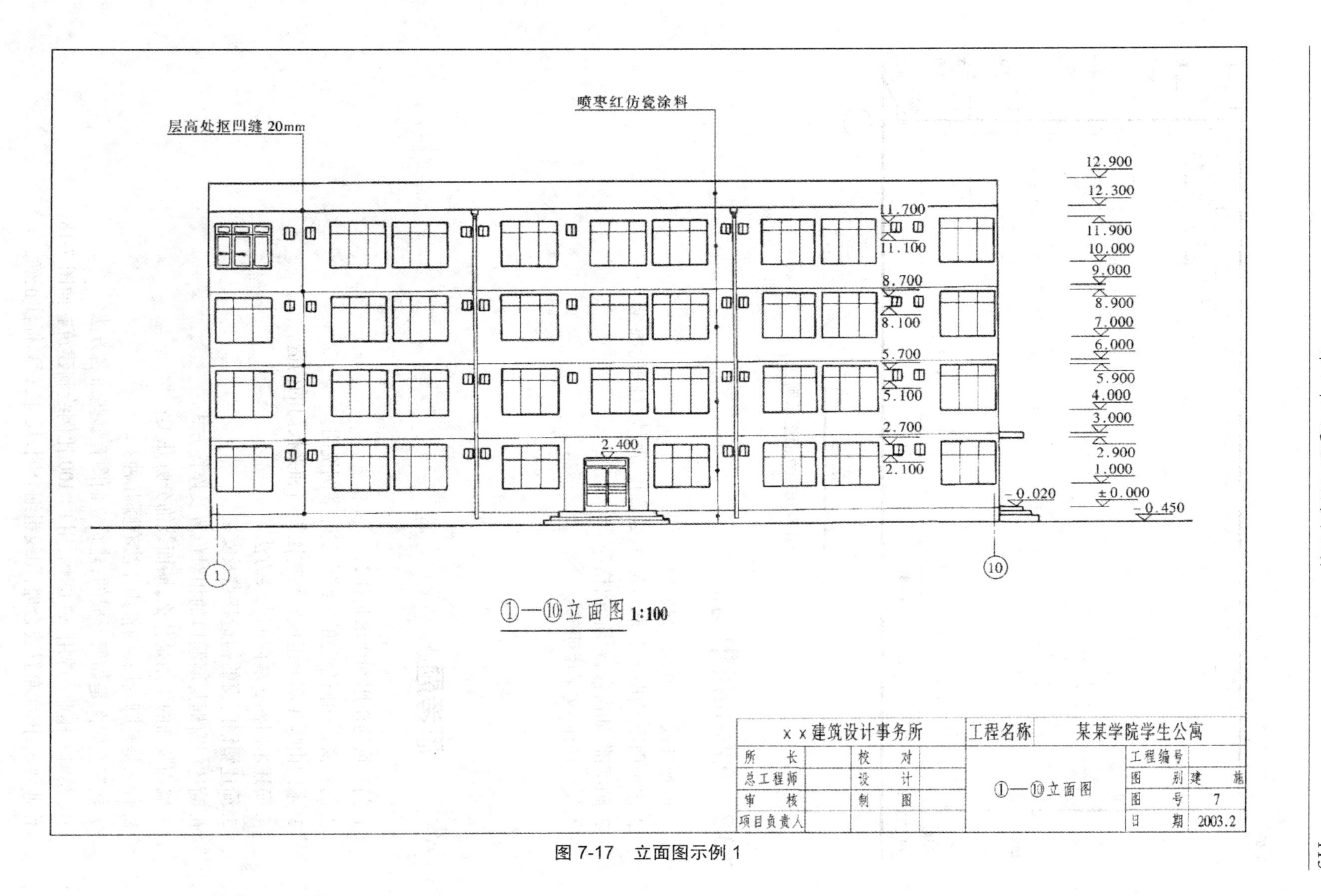
层高处抠凹缝 20mm
喷枣红仿瓷涂料
11.700
11.100
8.700
8.100
5.700
5.100
2.700
2.100
2.400
-0.020
12.900
12.300
11.900
10.000
9.000
8.900
7.000
6.000
5.900
4.000
3.000
2.900
1.000
±0.000
-0.450
①—⑩立面图 1:100
××建筑设计事务所
工程名称
某某学院学生公寓
所　长
校　对
总工程师
设　计
审　核
制　图
项目负责人
①—⑩立面图
工程编号
图　别　建　施
图　号　7
日　期　2003.2

图 7-17　立面图示例 1

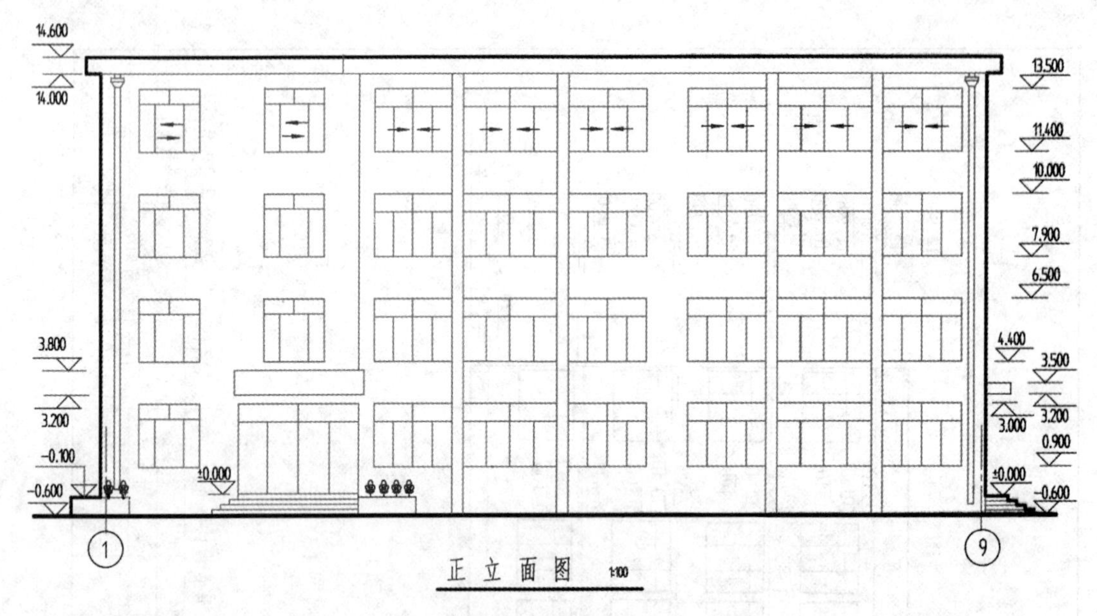

图 7-18　立面图示例 2

7.3.2　立面图绘图步骤

1. 画地坪线、屋顶、檐口高度轮廓线。
2. 由平面图定出门、窗洞口位置，定高度、画墙（柱）轮廓线。
3. 画细部，如窗台、台阶、出檐等。
4. 尺寸标注、文字说明等。

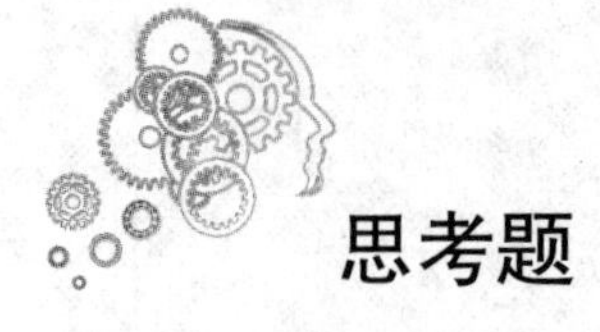

思考题

1. 门和窗的作用和要求是什么？
2. 门和窗是如何分类的？结合实际举例说明。
3. 木门由哪几部分组成？简述镶板门和夹板门的构造。
4. 简述木门框在墙内的安装方法。
5. 简述塑钢门窗的构造特点及安装。
6. 简述门窗框与墙洞口的相对位置及连接方式。
7. 墙面装饰的作用是什么，墙面装饰分哪几类？
8. 什么是勒脚，勒脚的常用作法有哪几种？
9. 建筑立面图是如何形成的，建筑立面图有哪些命名方法？
10. 绘图大作业：选用 A3 图幅，用 1∶100 比例绘制建筑立面图 7-18。
作业要求：图面布置要合理，图线粗细分明，尺寸、标高标注正确。

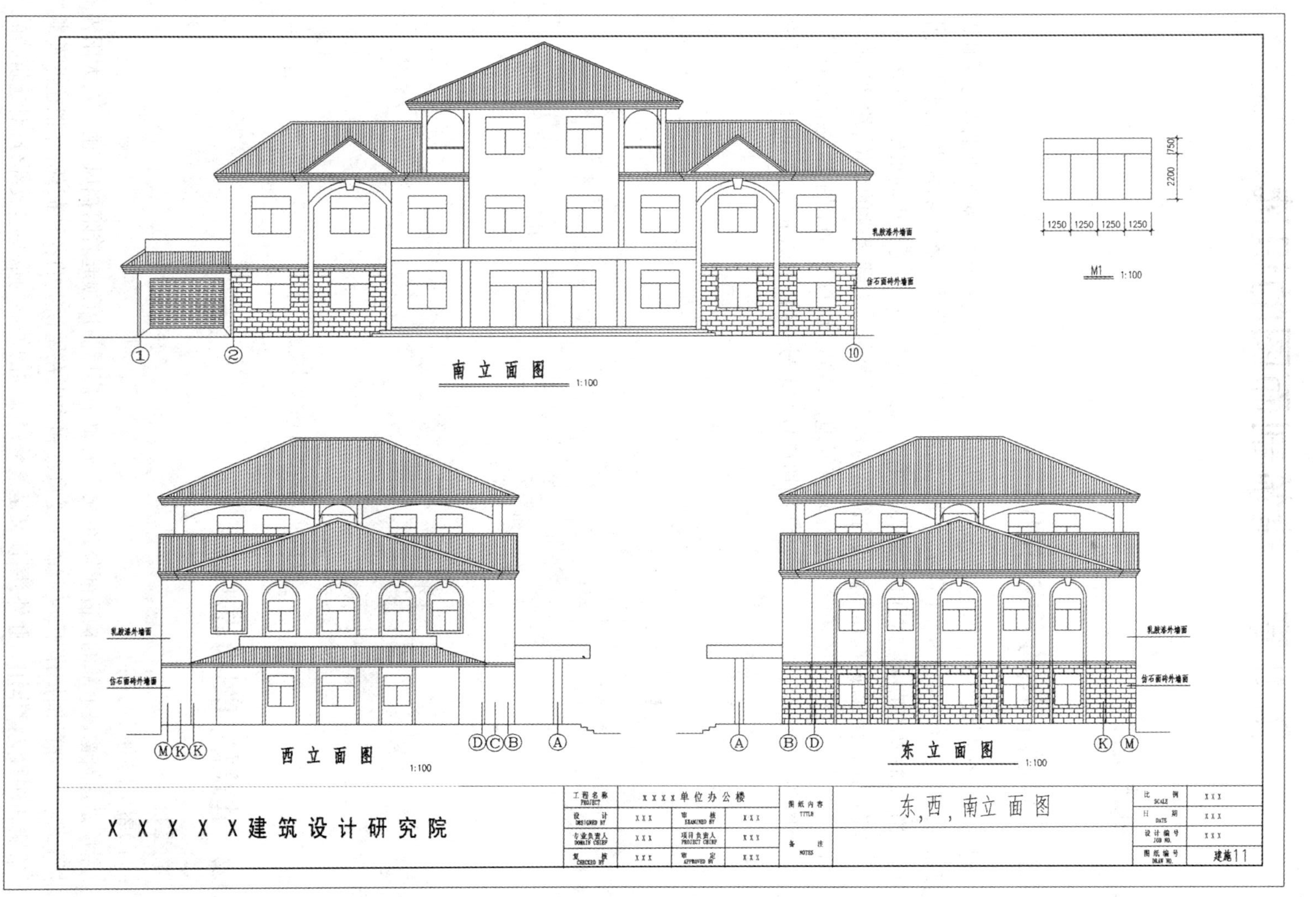
乳胶漆外墙面
仿石面砖外墙面
南立面图 1:100
西立面图 1:100
东立面图 1:100
1250 1250 1250 1250
2200
750
M1 1:100
XXXXX建筑设计研究院
XXXX单位办公楼
东，西，南立面图
建施11

图 7-19　立面图示例 3

第 8 章　建筑剖面图的识读

8.1　基本知识

8.1.1　建筑剖面图的形成与用途

建筑剖面图是假想用一个垂直剖切平面把房屋剖开,移去一部分,对余下的部分所作的正投影图,简称剖面图,如图 8-1 所示。建筑剖面图用来表达建筑物内部垂直方向高度、楼层分层情况及简要的结构形式和构造方式。它是建筑施工图中不可缺少的重要图样之一。

剖面图的剖切位置应选择能反映内部结构和构造特征等有代表性的部位,常常选择通过门厅、门窗洞口、楼梯、阳台和高低变化较多的地方,并应在首层平面图中标注出该剖切位置。剖面图的图名,应与平面图上所标注剖切符号的编号一致,例如 1—1 剖面图、2—2 剖面图等。

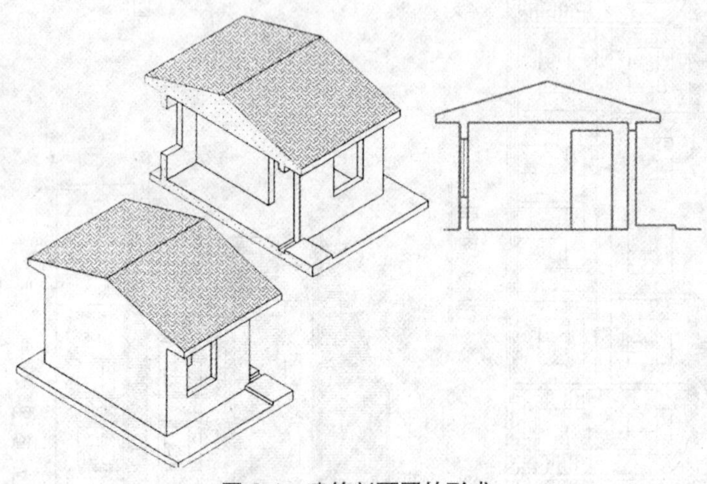

图 8-1　建筑剖面图的形成

8.1.2　建筑剖面图构造基础

1. 屋顶

(1)屋顶作用

屋顶是建筑物最上部的构造部分,它覆盖着整个房屋。屋顶起着阻挡风、雨、雪、太阳辐射,抵御酷热严寒的围护作用,又起着承受自重和作用在屋顶上的各种荷载,并把这些荷载传递给墙和柱的支撑作用。此外,屋顶又是整个建筑物的外形的重要组成部分,对建筑物的美观也起着一定的作用。因此,屋顶必须满足坚固耐久,保温隔热、抵抗侵蚀,特别是防水排水的要求，还应做到自重轻、构造简单、施工方便，造价经济。

（2）屋顶的分类

屋顶的类型很多，其类型主要是由屋顶的结构和布置形式、建筑的使用要求、屋面使用的材料等因素决定的，归纳起来大致可分为平屋顶、坡屋顶、曲面屋顶等其他形式屋顶三大类。随着建筑科学技术的发展，出现了许多新型屋顶结构形式，如拱屋顶、薄壳结构屋顶、网架结构屋顶、悬索结构屋顶等，这类屋顶多数用于跨度较大的公共建筑，如图 8-2 所示。

（3）屋顶的组成

屋顶是由屋面、承重结构、保温（隔热）层和顶棚等部分组成。

（4）屋顶的设计要求

①强度和刚度要求

屋顶既是建筑物的围护构件，同时又是建筑物的承重结构，所以要求其首先要有足够的强度，以承受作用在屋顶上的各种荷载的作用；其次要有足够的刚度，防止屋顶受力后产生过大的变形导致屋面防水层开裂造成屋面渗漏。

②防水和排水要求

屋顶的防水排水是屋顶构造设计应满足的基本要求。防水是通过选择不透水的屋面材料，以及合理的构造处理来达到目的；排水是利用屋面合适的坡度，使降于屋面的雨水能迅速排离。

③保温隔热要求

屋顶作为建筑物最上层的外围护结构，应具有良好的保温隔热性能，以满足建筑物的使用要求。在北方寒冷地区，屋顶应满足冬季的保温要求，减少室内热量的损失，以节约能源；在南方炎热地区，屋顶应满足夏季隔热的要求，避免室外高温及强烈的太阳辐射对室内产生的不利影响。

④美观要求

屋顶是建筑物外部形体的重要组成部分，屋顶的形式很大程度上影响建筑的整体造型，在设计中应注重屋顶的建筑艺术效果。

2. 楼地层

楼地层是楼板层与地层的总称。楼板层是楼房中的水平分隔构件，它与墙体（竖向分隔构件）一起构成了建筑物中众多的可利用的空间——房间。楼板又是承重构件，承受着自重和楼板层上的全部荷载，并将这些荷载传给墙或柱，同时楼板还对墙体起着水平支撑的作用。地层是建筑物中与土层相接触的水平构件，它承受着作用在它上面的各种荷载，并直接传给地基。

楼地面是建筑物中与人接触最多的地方，是人们工作、学习和休息的场所，因此楼地面除了应有足够的强度、平整、耐磨等要求外，还要特别注意具有舒适感。不同等级的建筑对楼地面有不同的隔声、保温、隔热、防火及防腐蚀等要求。

（1）楼板的类型

根据所用材料的不同，楼板的类型主要有木楼板、砖拱楼板和钢筋混凝土楼板，如图 8-3 所示。

中国南方传统建筑坡屋顶

四坡屋顶屋面坡度较缓

布拉格城堡

单坡顶 硬山两坡顶 悬山两坡顶

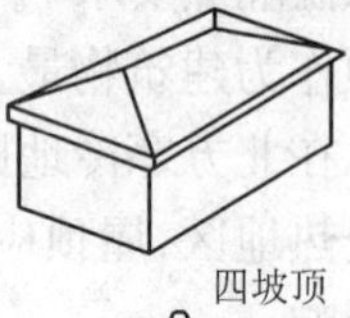

四坡顶

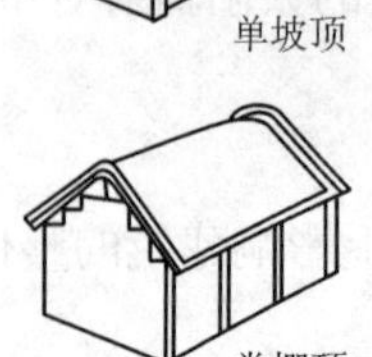

卷棚顶

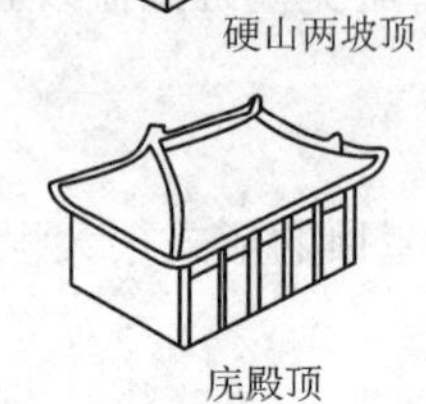

庑殿顶

歇山顶

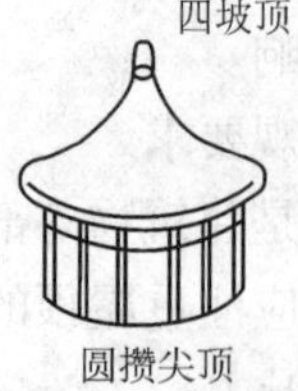

圆攒尖顶

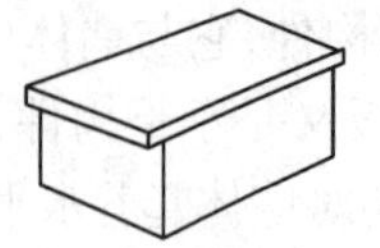

挑檐平屋顶

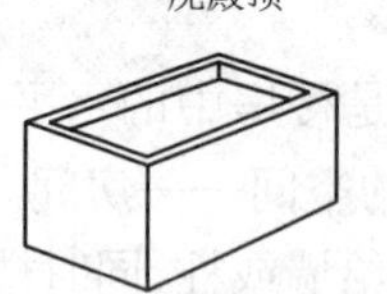

女儿墙平屋顶

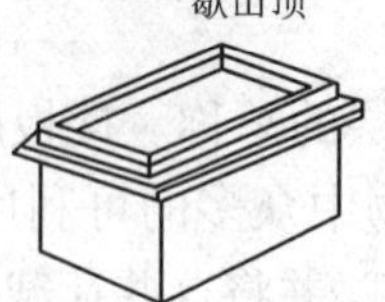

挑檐女儿墙平屋顶

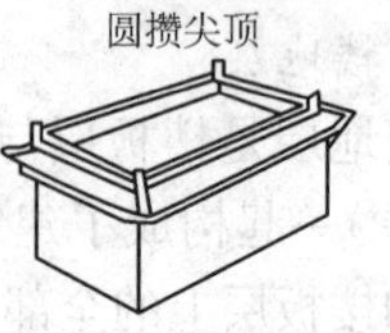

盝顶平屋顶

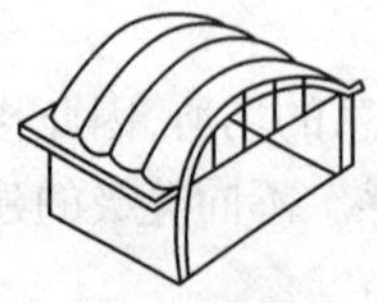

双曲拱屋顶

砖石拱屋顶

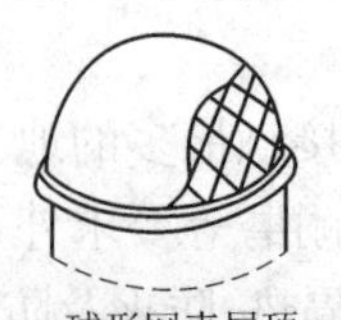

球形网壳屋顶

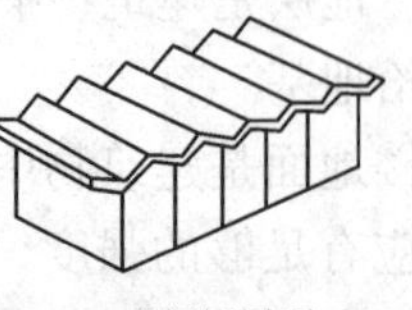

V形折板屋顶

筒壳屋顶

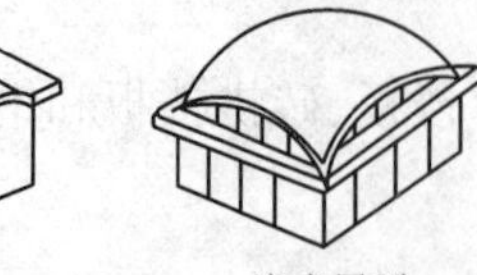

扁壳屋顶

车轮形悬索屋顶

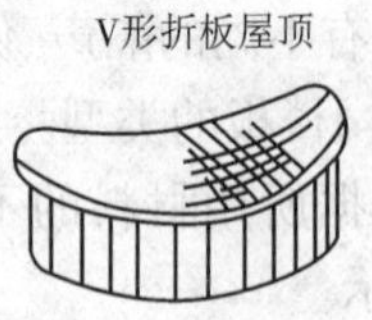

鞍形悬索屋顶

图 8-2 屋顶的类型

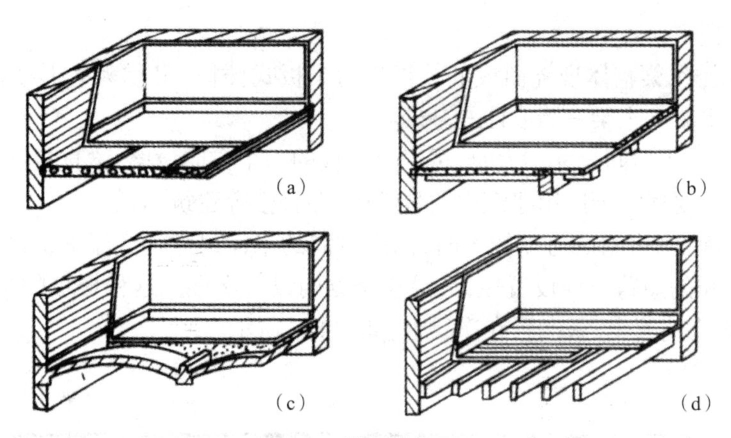

图 8-3　楼板的类型

(a)预制钢筋混凝土楼板;(b)现浇钢筋混凝土楼板;(c)砖拱楼板;(d)木楼板

木楼板:木楼板具有自重轻、构造简单、吸热指数小等优点,但由于它耐火性、耐久性差且耗费大量木材,目前除林区外已极少采用。

砖拱楼板:砖拱楼板是用普通黏土砖或拱壳砖砌成,可以节约钢材、水泥和木材,但由于它抗震性能差,结构所占空间大,顶棚不平整,施工复杂,目前也很少采用。

钢筋混凝土楼板:钢筋混凝土楼板强度高,刚度好,耐久、防火性能好、便于工业化生产,是目前应用最广泛的结构形式。按施工方式它又分为现浇钢筋混凝土楼板和预制装配式钢筋混凝土楼板。

近年来,由于压型钢板在建筑上的应用,出现了以压型钢板为底模的压型钢板混凝土组合楼板。这种楼板刚度大,整体性好,施工方便,但耗用钢材较多,主要用于钢框架结构的建筑中,如图 8-4 所示。

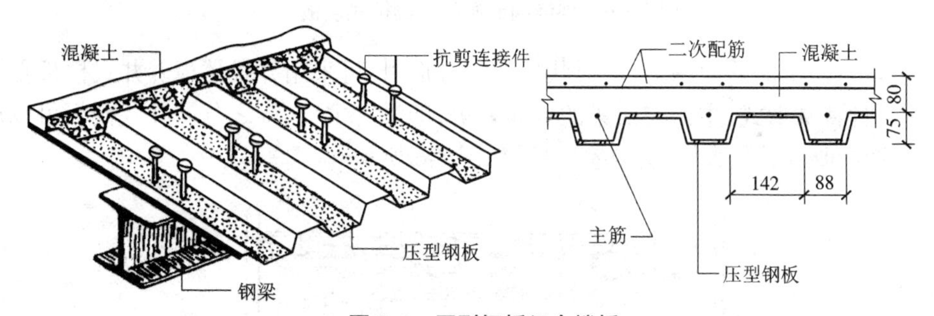

图 8-4　压型钢板组合楼板

(2)现浇钢筋混凝土楼板

现浇钢筋混凝土楼板,指在施工现场架设模板,绑扎钢筋和浇灌混凝土,经养护达到一定强度后拆除模板而成的楼板。这种楼板具有成型自由,整体性强,防水性好,预留孔洞或设置预埋件较方便等特点。但耗用模板多,湿作业多,施工周期长。

现浇钢筋混凝土楼板按结构类型分为板式楼板、梁板式楼板和无梁楼板。

①板式楼板

现浇钢筋混凝土板式楼板,因跨度较小(一般为 2~3 m),故不设梁,将板直接搁置在墙上,多用于跨度较小的房间如厨房、厕所和走廊。板在墙上的搁置长度不小于 110 mm。

②梁板式楼板

由板、主梁、次梁整体现浇而成的楼板称为梁板式楼板(又称为肋形楼板)。其荷载传递途径为板—次梁—主梁—墙或柱—基础。

单梁式楼板:当房间尺寸不大时,可以仅在板的一个方向设梁,梁直接搁置在墙上,称为单梁式楼板。主要适用于民用建筑中的教学楼、办公楼等建筑。

复梁式楼板:当房间的跨度较大时,两个方向的平面尺寸均大于 6m 时,则应在两个方向设梁。沿房间的短跨方向设置主梁,沿长跨方向设置次梁。这种楼板的主梁搁置在墙或柱上,次梁搁置在主梁上,板搁置在次梁上,如图 8-5 所示。

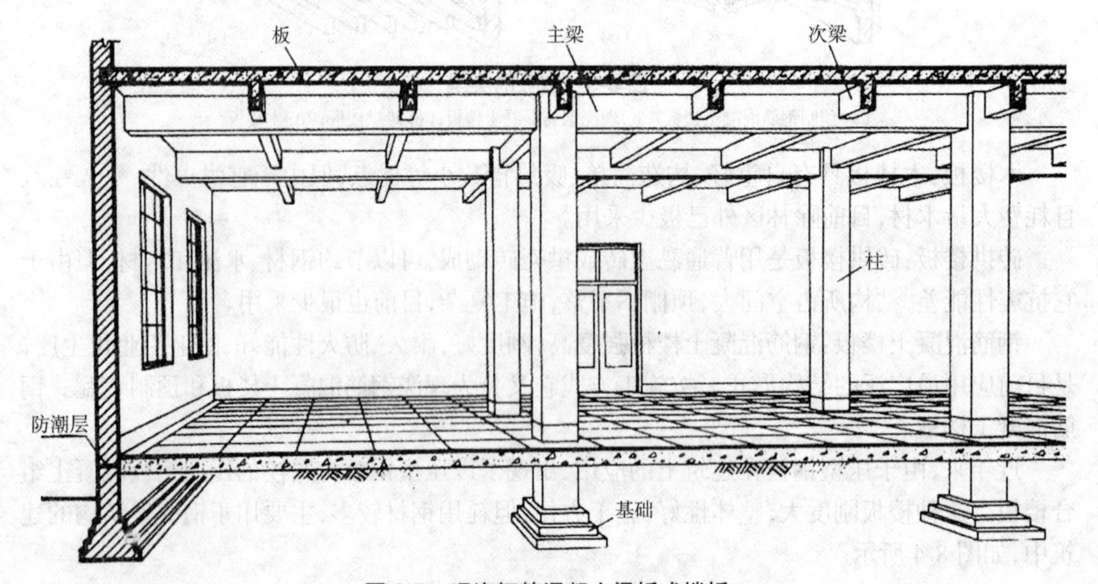

图 8-5 现浇钢筋混凝土梁板式楼板

井式楼板:当房间的面积较大,形状近似正方形时,可采用井式楼板。井式楼板是梁板式楼板的一种特殊形式,主梁与次梁的截面相等,即没有主、次梁之分。井式楼板可以用于较大的无柱空间如门厅、大厅、会议室等处,如图 8-6 所示。

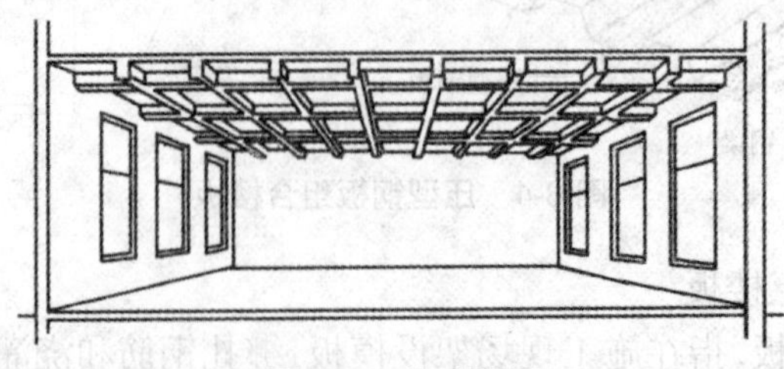

图 8-6 井式楼板

③无梁楼板

无梁楼板是指直接支撑在柱上的板。为了提高楼板的承载能力和刚度,应在柱顶加柱帽和托板。柱子一般按方形网格布置,柱距一般不超过 6 m,由于板的跨度较大,一般板的厚度不小于 150 mm。无梁楼板净空高度大,板底平整,施工方便,适用于商店、仓库等建筑中,如图 8-7 所示。

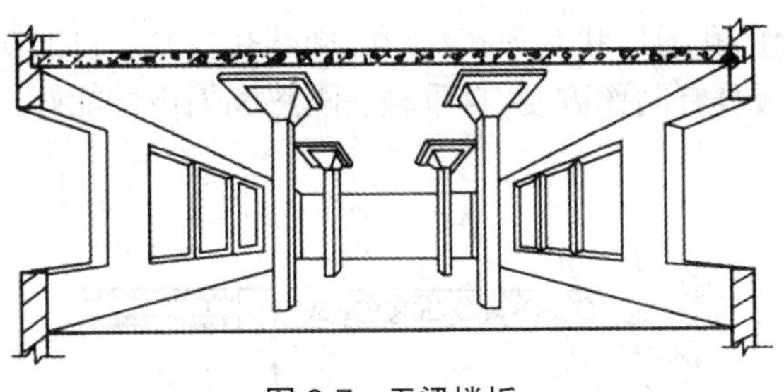

图 8-7　无梁楼板

(3)装配式钢筋混凝土楼板

预制装配式钢筋混凝土楼板是在工厂或施工现场预制,然后运到现场进行吊装的楼板。这种楼板具有节约模板,湿作业少,工期短,可提高工业化施工水平。

预制钢筋混凝土楼板分为普通钢筋混凝土楼板和预应力钢筋混凝土楼板。常用的预制楼板,各地均有标准图集,可根据房间开间、进深尺寸和楼层的荷载情况进行选用。

①预制钢筋混凝土板的类型

实心平板:用于跨度较小的走廊、平台等部位,板直接支承在墙或梁上,它造价低,施工方便,但隔声效果差,易漏水,如图 8-8 所示。

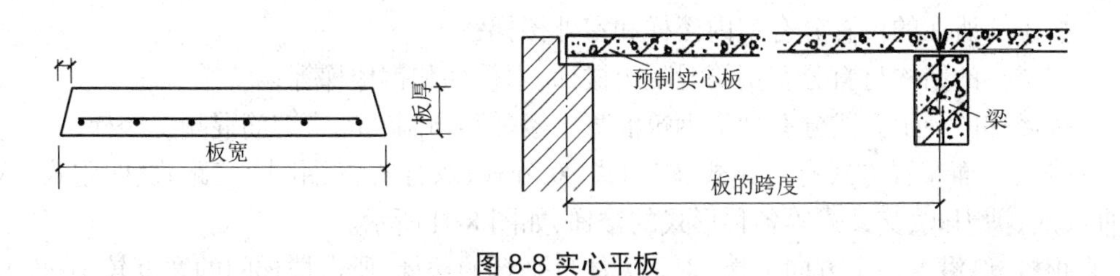

图 8-8 实心平板

槽形楼板:是梁、板合一的构件,在板的两侧设有纵肋(板肋即相当于小梁)构成槽形断面。依板的槽口向上和向下分别称为倒(反)槽板和正槽板。为了提高板的刚度和便于支承在墙上;板的两端以端肋封闭。槽形楼板具有自重轻、省材料、造价低、便于开洞等优点,但正槽板板底不平整,隔声效果差,为了美观,可加设吊顶。反槽板受力不甚合理,但板底平整,槽内可以填充轻质材料满足隔声、保温等要求。在敷设管道时,留洞或打洞应错开位置,不要在肋上打洞,以免损伤结构,造成构件破坏,如图 8-9 所示。

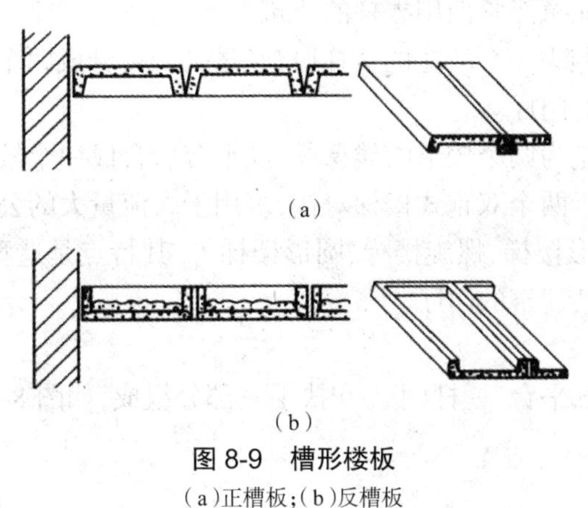

图 8-9　槽形楼板

(a)正槽板;(b)反槽板

空心楼板：空心板的孔型形状有圆孔、方孔、椭圆孔之分。目前使用最为普遍的是预应力圆孔空心板。这种板具有制作方便、自重轻、、隔热和隔声性能好，上下板面平整的优点，如图 8-10 所示。

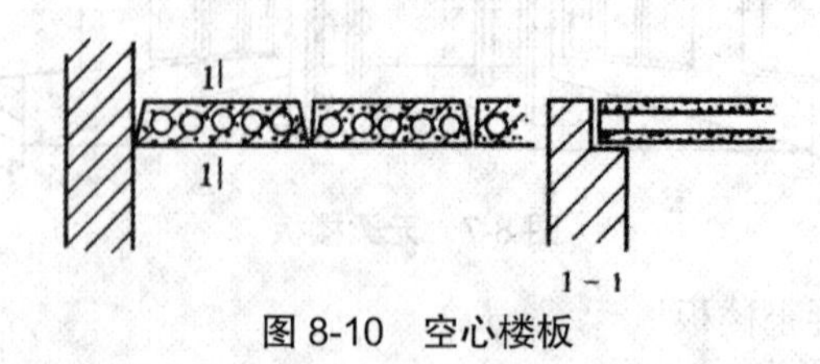

图 8-10　空心楼板

3. 楼梯

在两层以上的房屋中，楼梯是联系上下各层的垂直交通设施。有些建筑由于特殊需要，除设置楼梯外，还要设置电梯、坡道、自动扶梯等垂直交通设施。楼梯经常有大量的人流通过，所以要求有足够的坚固性和耐久性，还要有一定的疏散、防火能力。

（1）楼梯的分类

①按楼梯的用途分有主要楼梯、辅助楼梯、安全楼梯（供火警或事故时疏散人流之用）、室外消防检修梯等；

②按楼梯所在的位置分有室内楼梯和室外楼梯；

③按楼梯的结构材料分有钢筋混凝土楼梯、木楼梯和钢楼梯等；

④按楼梯的施工方式分有现浇钢筑混凝土楼梯和预制装配式钢筋混凝土楼梯；

⑤按其平面布置方式有直跑式、转角式、双分式、双合式、双跑式、三跑式、四跑式、八角式、曲线式、剪刀式、交叉式等各种形式的楼梯，如图 8-11 所示。

直跑楼梯：沿着一个方向上楼、中间无休息平台的楼梯，所占楼梯间的宽度较小，长度较长，一般用于层高较小的建筑中。

转角式楼梯：指第二跑楼梯段变方向同第一跑楼梯段方向垂直的楼梯，适于布置在室内的一角。楼梯下的空间可以充分利用。

双跑楼梯：是普遍采用的一种形式，是指第二跑楼梯段折回和第一跑楼梯段平行的楼梯。双跑楼梯所占楼梯间长度较小，面积紧凑。使用方便。

三、四跑楼梯：一般用于楼梯间接近方形的公共建筑。由于它有较大的楼梯井，一般不用于住宅、中小学校等儿童经常使用楼梯的建筑。

双分式楼梯：第一跑为一个较宽的楼梯段，经过平台后分成两个较窄的楼梯段与上一层相连，多用于公共建筑的门厅。

双合式楼梯：第一跑为两个较窄的楼梯段，经平台后合成一个较宽的楼梯段。

剪刀式楼梯：相当于两个双跑式楼梯对接，多用于人流量大的公共建筑。

曲线楼梯：包括弧形楼梯、螺旋楼梯、圆形楼梯等，其特点是造型美观，有较强的装饰效果，多用于较高级的公共建筑的门厅。

（2）楼梯的组成

楼梯一般由楼梯段、平台、栏杆（板）和扶手三部分组成，如图 8-12 所示。

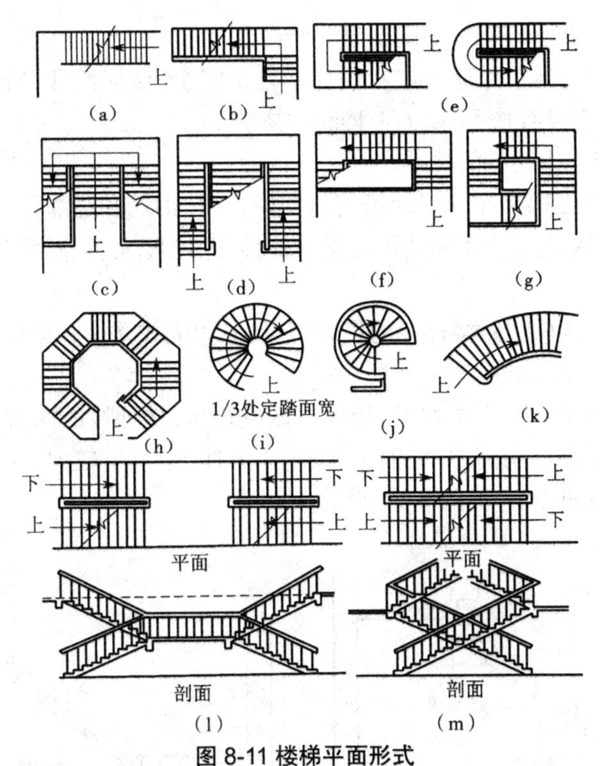

图 8-11 楼梯平面形式

(a)直跑式;(b)转角式;(c)双分式;(d)双合式;(e)双跑式;(f)三跑式;(g)四跑式;(h)八角式;(i)圆形楼梯;(j)螺旋式;(k)弧形楼梯;(l)剪刀式;(m)交叉式

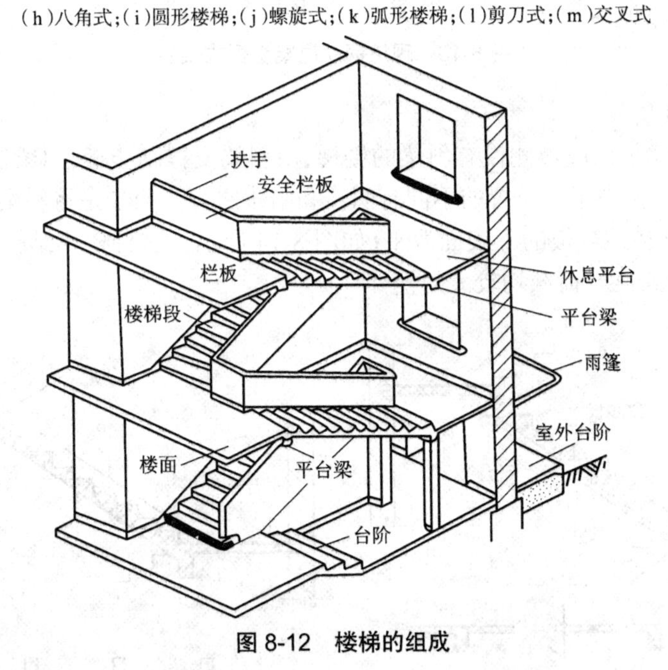

图 8-12　楼梯的组成

楼梯段:是倾斜并带有踏步的构件,它连接楼层和中间平台,是楼梯的主要部分。楼梯段踏步的数量一般不宜少于 3 级,也不宜超过 18 级。踏步的水平上表面称踏步面,与踏步面相连接的垂直部分称踏步踢面。

平台:楼梯平台通常是由平台梁和平台板组成,楼梯平台又可分为楼层平台和中间休息平台，它的作用是缓解上楼疲劳、中间休息和转向。

栏杆（板）和扶手：为了保证人们在楼梯上行走安全，楼梯段和平台的临空一侧均设有栏杆或栏板，并在上面设有扶手，供人上楼时把持。

（3）现浇钢筋混凝土楼梯的构造

现浇钢筋混凝土楼梯是在施工现场就地支模，绑扎钢筋和浇灌混凝土而成的一种整体式钢筋混凝土楼梯，因此这种楼梯的优点是整体性好、刚度大、坚固耐久，缺点是施工麻烦、工期较长。

现浇钢筋混凝土楼梯按照楼梯段的传力特点，分为板式楼梯和梁板式楼梯。

① 板式楼梯

板式楼梯是将楼梯段作为一块板，板面上做成踏步，楼梯段的两端设置平台梁，平台梁支承在墙上。板式楼梯结构简单、底面平整、施工方便，但自重较大，耗用材料多，适用于楼梯段跨度及荷载较小的楼梯，如图 8-13 所示。

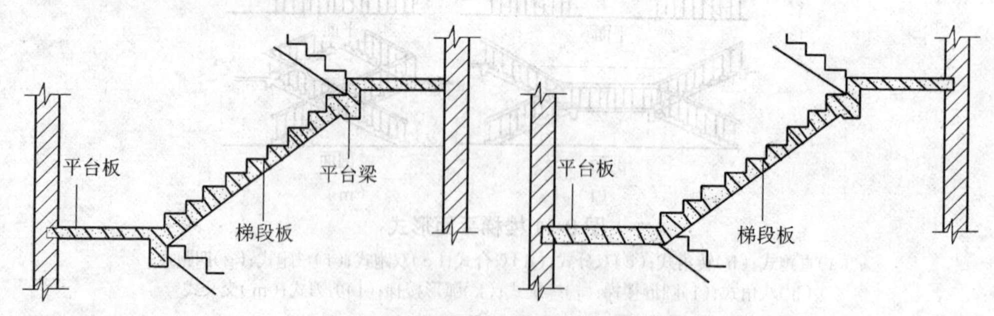

图 8-13 现浇钢筋混凝土板式楼梯

②梁板式楼梯

梁板式楼梯就是梯段板侧设有斜梁的楼梯，由斜梁支撑踏步板，斜梁搁置在平台梁上。斜梁一般有两根。按斜梁的位置的不同有明步和暗步之分。明步是将斜梁设置在踏步板之下，暗步是使斜梁和踏步板的下表面取平，如图 8-14 所示。这种楼梯结构合理，自重较轻，节约材料，适用于跨度与荷载均较大的楼梯。

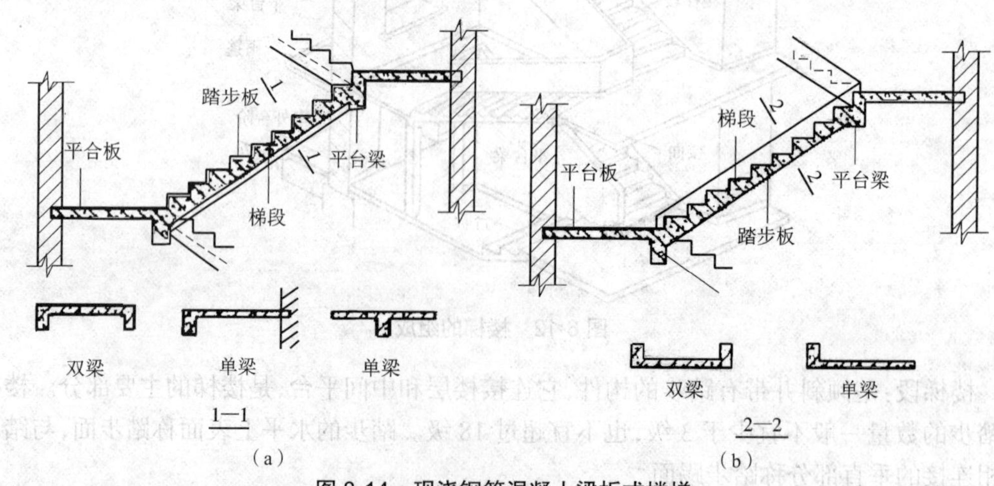

图 8-14 现浇钢筋混凝土梁板式楼梯

（a）明步楼梯；（b）暗步楼梯

4. 过梁

过梁是指门窗洞口上部的横梁,其作用是承受洞口以上的砌体自重和梁、板传来的荷载,并把这些荷载传给门窗洞两侧的墙体(窗间墙),保护门窗不被压弯压坏。常见的过梁有砖过梁、钢筋砖过梁和钢筋混凝土过梁。

(1)砖过梁

砖过梁是我国的传统做法,常用的形式有平拱砖过梁和弧拱砖过梁。平拱砖过梁用砖侧砌而成,砖应为单数并对称于中心而砌成向两边倾斜的拱,高度不小于一砖。砌筑时将灰缝做成上宽下窄,梁顶面最宽不大于 15 mm,梁底面最窄不小于 5 mm,中间起拱,拱高为洞宽的 1/100~1/50,过梁的跨度一般在 1 200 mm 左右,如图 8-15 所示。

图 8-15　平拱砖过梁和半圆砖拱过梁

砖过梁的特点是不用钢筋,节约水泥,但施工较困难,不宜用于上部有集中荷载和震动荷载以及地基承载能力不均匀的建筑物,也不宜用于地震区的建筑物。

(2)钢筋砖过梁

是用砖平砌,在灰缝中加上钢筋的一种过梁。钢筋砖过梁利用钢筋抗拉强度大的特点,把钢筋放在门窗洞口顶上的灰缝中,以承受洞顶上部的荷载,如图 8-16 所示。

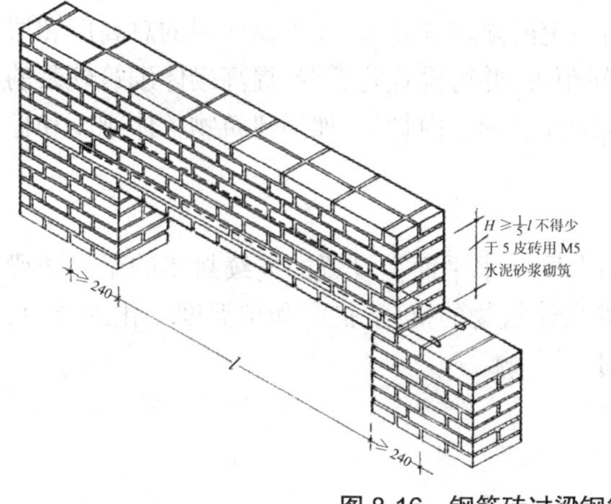

图 8-16　钢筋砖过梁钢筋放置情况及砌筑要求

(3)钢筋混凝土过梁

钢筋混凝土过梁承载力高,可用于较宽的门窗洞口,且坚固耐久。按施工方式不同,钢筋混凝土过梁可分为现浇和预制两种,其中预制钢筋混凝土过梁便于施工,是目前使用最普遍的一种过梁。

钢筋混凝土过梁的梁宽一般同墙厚,梁高与砖的皮数相匹配,常用的有 60 mm、120 mm、180 mm、240 mm 等。梁的两端伸入墙内不小于 240 mm。梁的断面形式有矩形和 L 形。矩形多用于内墙或混水墙, L 形多用于外墙或清水墙。为减轻自重,可将钢筋混凝土过梁做成空心。为便于安装,增加适用性,也可用组合式过梁,如图 8-17 所示。

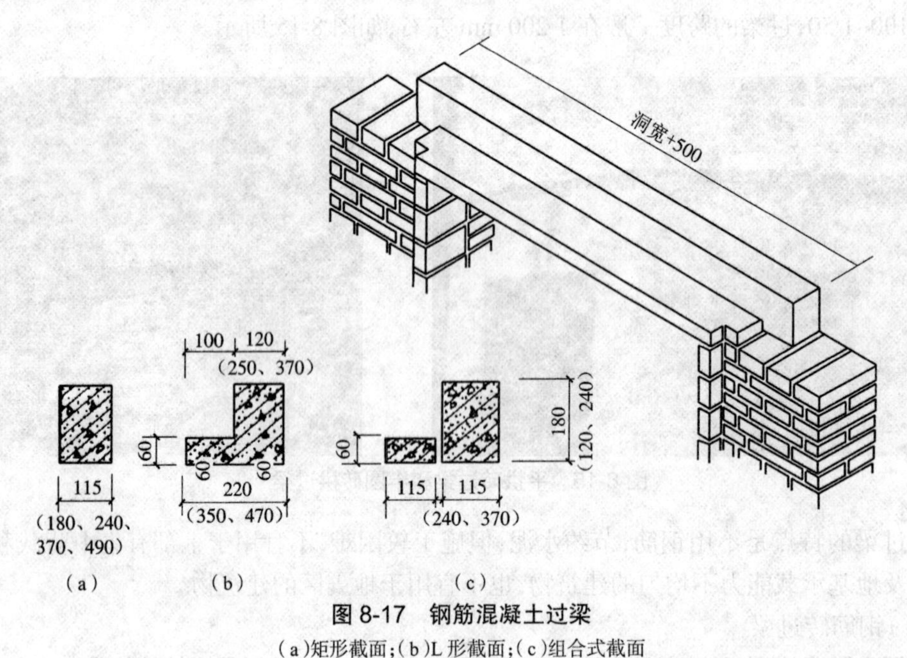

图 8-17 钢筋混凝土过梁

(a)矩形截面;(b)L 形截面;(c)组合式截面

5. 圈梁和构造柱

由于砖砌体是脆性材料,抗震能力差,因此在 7 度以上的地震设防区,根据国家有关规定,对于以砖砌体为承重结构的建筑物应作出一定的限制和要求,如限制房屋的总高度和层数,限制建筑体型的高宽比,限制横墙的最大间距等,并可设置防震缝,提高砌体砌筑砂浆的强度等,同时还可以采取在墙中设置圈梁与构造柱以形成内骨架,加强建筑物整体刚度和稳定性,如图 8-18 所示。

(1)圈梁

圈梁是沿外墙四周及内墙(或部分内墙)在同一水平面上设置的连续封闭的梁。圈梁的作用是增强建筑物的稳定性和整体刚度,提高建筑物的抗风、抗震和抗温度变化的能力,防止由于地基不均匀沉降而对建筑物产生的不利影响。

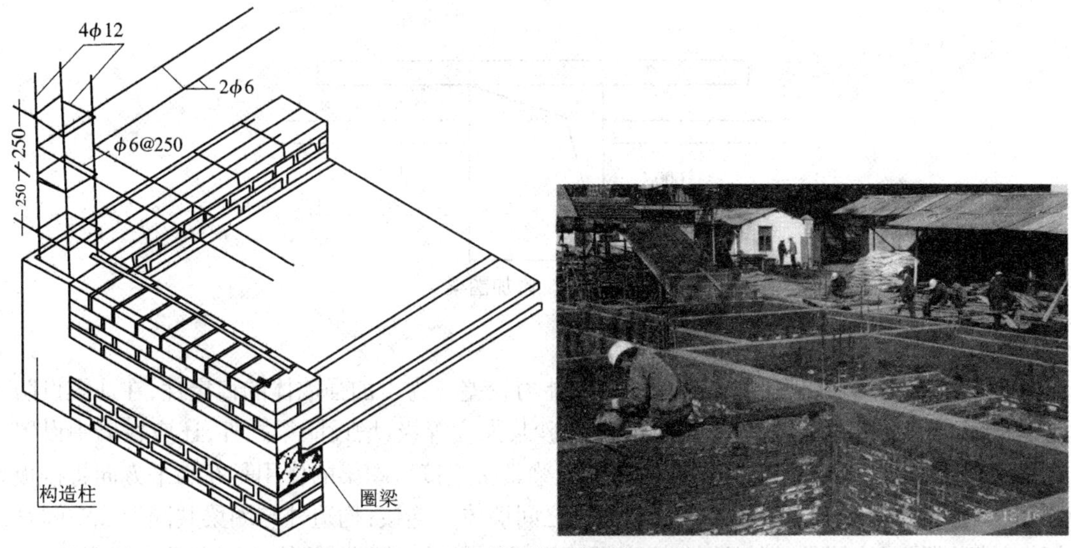

图 8-18 钢筋混凝土圈梁和构造柱

圈梁可分为钢筋混凝土圈梁和钢筋砖圈梁,其中钢筋砖圈梁目前已很少使用。钢筋混凝土圈梁截面宽度一般与墙厚相同,当墙厚大于 240 mm 时,其宽度不宜小于墙厚的 2/3。高度不小于 120 mm。当楼板或屋面板采用现浇钢筋混凝土时,圈梁可与板整体浇在一起。圈梁的配筋一般按构造要求配置,纵向钢筋不应小于 4 φ8,且应对称布置。如在 6、7 度抗震设防时为 4 φ8; 8 度设防时为 4 φ10; 9 度设防时为 4 φ12。箍筋一般采用φ4~ φ6,按 6、7 度, 8 度, 9 度设防其间距分别为 250, 200 和 150。箍筋间距不大于 300mm。钢筋砖圈梁是在圈梁部位的砖墙中埋入通长的钢筋。圈梁应采用不低于 M5 的砂浆砌筑 4~6 皮砖,水平通长钢筋不少于 4 φ6,上下两层设置,水平间距不宜大于 120 mm,如图 8-19 所示。

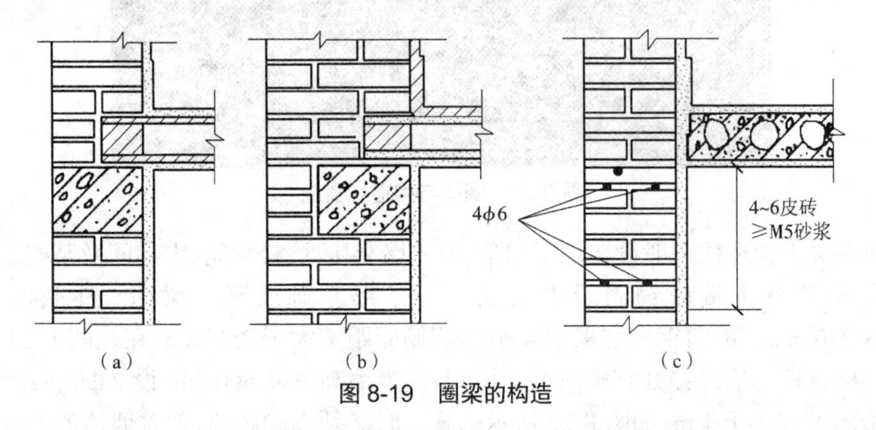

图 8-19 圈梁的构造

圈梁常设置在基础顶面,楼板、檐口等部位。当屋盖、楼盖与相应窗过梁位置靠近时,圈梁可通过窗顶兼作过梁,但此部分配筋要根据荷载计算确定。当圈梁被门窗洞口切断而不能连续时,应在洞口上部设附加圈梁搭接补强。附加圈梁的搭接长度不小于错开高度的 2 倍,且不宜小于 1 000 mm,如图 8-20 所示。

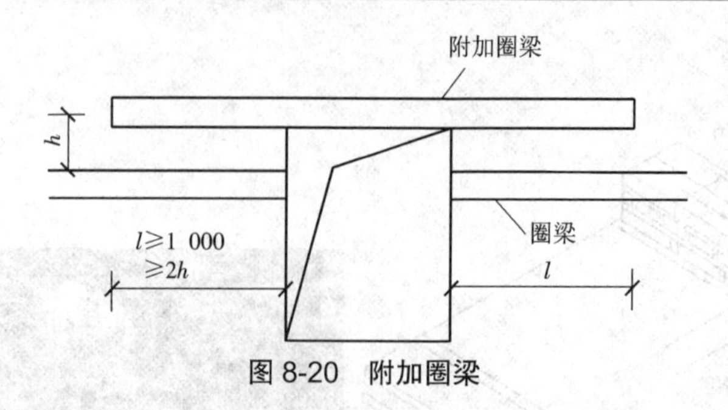

图 8-20 附加圈梁

(2)构造柱

在砖混结构的多层房屋中,砖墙的抗震能力较差。为了加强墙体的稳定性,在地震设防地区除了限制房屋总高度和横墙间距、规定砂浆强度等级、增设圈梁之外,还应在墙中设置钢筋混凝土构造柱。构造柱必须与墙体及圈梁紧密连接。圈梁的作用是在水平方向将楼板和墙体箍住,而构造柱则从竖向加强层与层之间墙体的连接,构造柱与圈梁共同形成空间骨架。从而增强了房屋的整体刚度,提高了墙体抵抗变形的能力,并使砖墙在受震开裂后,也能裂而不倒,如图 8-21 所示。

图 8-21 圈梁与构造柱整浇

钢筋混凝土构造柱一般设在房屋四角、内外墙交接处、楼梯间、电梯间及某些较长的墙体中部。构造柱下端应锚固于钢筋混凝土条形基础或基础梁内。柱截面一般为 240 mm × 240 mm。纵向钢筋宜采用 4 ϕ12,箍筋间距不大于 250 mm,在柱的上、下端宜适当加密。构造柱与墙连接处宜砌成马牙槎,并应沿墙高每隔 500 mm 设 2 ϕ6 拉结钢筋,每边伸入墙内不宜小于 1 m,如图 8-22 所示。施工时必须先砌砖墙,随着墙体的上升而逐段浇钢筋混凝土构造柱。

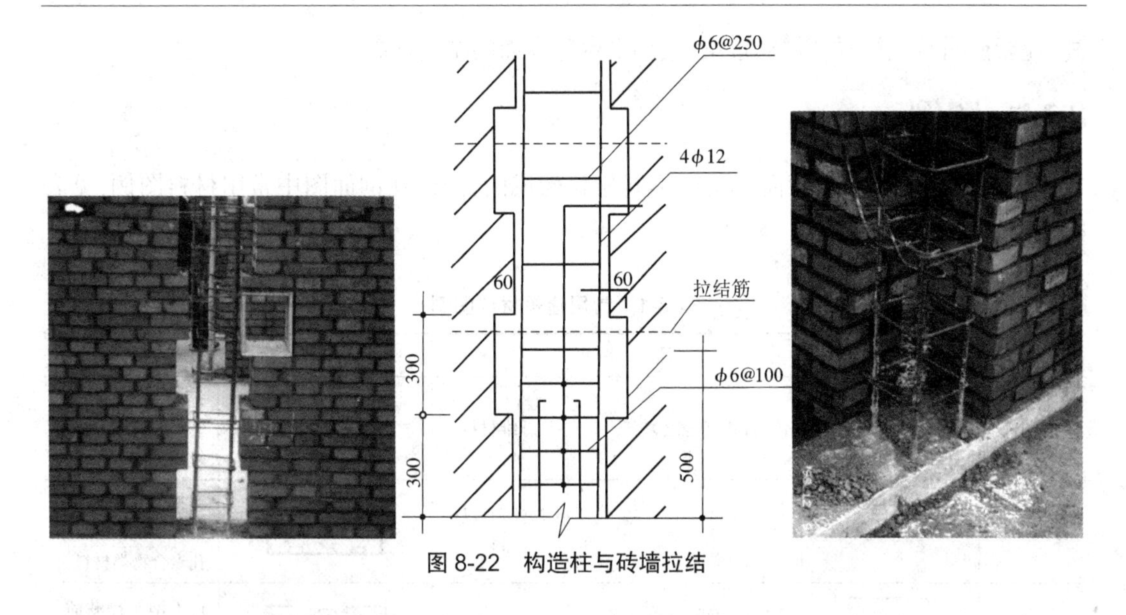

图 8-22　构造柱与砖墙拉结

8.2　建筑剖面图的基本内容

8.2.1　定位轴线

为了与平面图对应，剖面图中一般只需注出两端的轴线及编号，有时也注出中间轴线。剖面图中剖到的墙体在地面以下用折断线表示。

8.2.2　比例

建筑剖面图的比例应与建筑平面图、正面图一致，通常为 1∶50、1∶100、1∶200 等，多用 1∶100。

8.2.3　图线

剖面图采用四种线宽。室内外地坪线用加粗线（1.4*b*）。楼板层、屋面层用粗实线（*b*）。其他可见的轮廓线，如门窗洞口、楼梯的扶手和栏杆、女儿墙压顶线、踢脚、勒脚线等都用中粗实线（0.5*b*）。门窗扇和分格线、雨水管、外墙分格线等用细实线（0.25*b*），尺寸标注和标高符号也用细实线。

8.2.4　尺寸标注和标高

外墙的竖向尺寸，一般也标注三道尺寸。最内侧的第一道尺寸为门、窗洞及洞间墙的高度尺寸（楼面以上及楼面以下应分别标注）。第二道尺寸为层高尺寸，即各层楼地面至上一层楼面，顶层楼面至檐口处等。第三道尺寸为室外地面以上的总高尺寸，如室外地坪面到女儿墙压顶面的尺寸。

建筑剖面图除须注明室内外地面、楼面、楼梯平台面、屋面、女儿墙压顶面等的建筑标高，还要注明某些梁，如圈梁、过梁、楼梯平台等底面的结构标高。

8.2.5 图例

房屋的地面、楼面、屋面等是由不同材料构成的，因此在剖面图中常用材料图例，见表8-1。

表 8-1 常用建筑材料图例

名 称	图 例	备 注	名 称	图 例	备 注
自然土壤		包括各种自然土壤	纤维材料		包括矿棉、岩棉、玻璃棉、麻丝、木丝、纤维板等
夯实土壤			泡沫塑料材料		包括聚苯乙烯、聚乙烯、聚氨酯等多孔聚合物类材料
砂、灰土		靠近轮廓线绘较密的点	木材		1. 上图为横断面，上左图为垫木、木砖或木龙骨 2. 下图为纵断面
砂砾石、碎砖三合土					
石材			胶合板		应注明为 × 层胶合板
毛石			石膏板		包括圆孔、方孔石膏板、防水石膏板等
普通砖		包括实心砖、多孔 砖、砌块等砌体。断面较窄不易绘出图例线时，可涂红	金属		1. 包括各种金属 2. 图形小时，可涂黑
耐火砖		包括耐酸砖等砌体	网状材料		1. 包括金属、塑料网状材料 2. 应注明具体材料名称
空心砖		指非承重砌体	液体		应注明具体液体名称
饰面砖		包括铺地砖、马赛克、陶瓷锦砖、人造大理石等	玻璃		包括平板玻璃、磨砂玻璃、夹丝玻璃、钢化玻璃、中空玻璃、加层玻璃、镀膜玻璃等
焦渣、矿渣		包括与水泥、石灰等混合而合成的材料	橡胶		

表 8-1（续）

<table>
<tr><th>名　称</th><th>图　例</th><th>备　注</th><th>名　称</th><th>图　例</th><th>备　注</th></tr>
<tr><td>混凝土</td><td></td><td rowspan="2">1. 本图例指能承重的混凝土及钢筋混凝土
2. 包括各种强度等级、骨料、添加剂的混凝土
3. 断面图形小，不易画出图例线时，可涂黑</td><td>塑料</td><td></td><td>包括各种软、硬塑料及有机玻璃等</td></tr>
<tr><td>钢筋混凝土</td><td></td><td>防水材料</td><td></td><td>构造层次多或比例大时，采用上面图例</td></tr>
<tr><td>多孔材料</td><td></td><td>包括水泥珍珠岩、沥青珍珠岩、泡沫混凝土、非承重加气混凝土、软木、蛭石制品等</td><td>粉刷</td><td></td><td>本图例采用较稀的点</td></tr>
</table>

注：图例中的斜线、短斜线、交叉斜线等一律为 45°。

8.3　建筑剖面图示例

8.3.1　建筑剖面图的识读步骤

1. 看图名、比例并与底层平面图对照，明确剖切位置与投影方向。

2. 阅读被剖切到的墙体、楼梯、楼地面、梁等主要的承重构件的断面，了解整个建筑物的结构形式、构造作法和各构件之间的相互关系。

3. 看标高和尺寸标注。

4. 看各层楼地面、墙面、墙裙、踢脚板等构造作法，详图索引等。

按以上步骤识读图 8-23、图 8-24。

8.3.2　剖面图绘图步骤

1. 先画出地平线。

2. 根据平面图画出剖切到的轴线。

3. 根据房屋的高度尺寸画出屋面等高度方向的线条和剖切到的墙线。

4. 画出房屋的细部（如门窗洞口、窗线、窗台、室外平台等）。

5. 进行尺寸标注：先标注外部尺寸，再标注内部尺寸和细部尺寸，只对对剖切到的轴线进行编号。

6. 注出标高（高度方向的室内外标高）。

7. 经检查无误后，擦去多余线条。按施工图要求加深图线，画材料图例。

8. 最后写出图名和图中所有的文字。

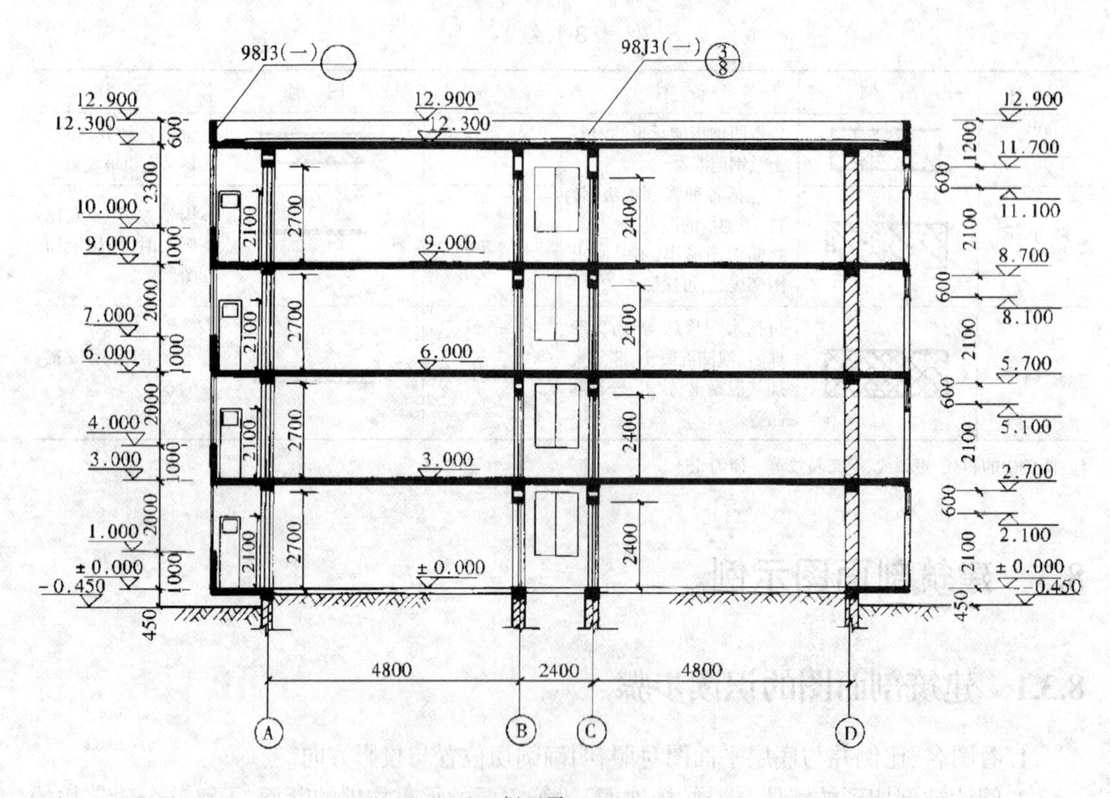

图 8-23 剖面图示例 1

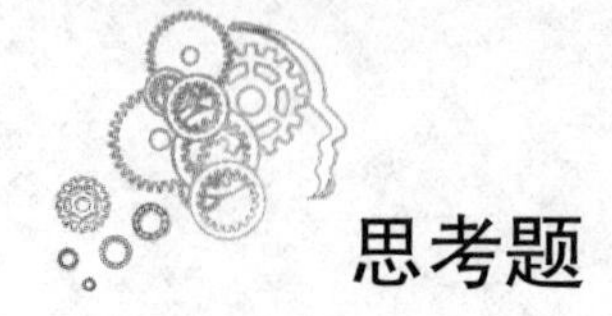

思考题

1. 简述屋顶的作用、类型和组成。
2. 简述楼板的种类。
3. 现浇钢筋混凝土楼板有什么特点，按结构类型分为哪几种？
4. 预制钢筋混凝土楼板有何特点，常用的有哪几种，它们各有什么特点？
5. 试述楼梯的类型。
6. 楼梯有哪几部分组成，各部分的作用是什么？
7. 何谓过梁，过梁的作用是什么，常用的过梁有哪几种？
8. 何谓圈梁，圈梁的作用是什么？
9. 构造柱的作用与圈梁的作用有何区别，构造柱有哪些构造要求？

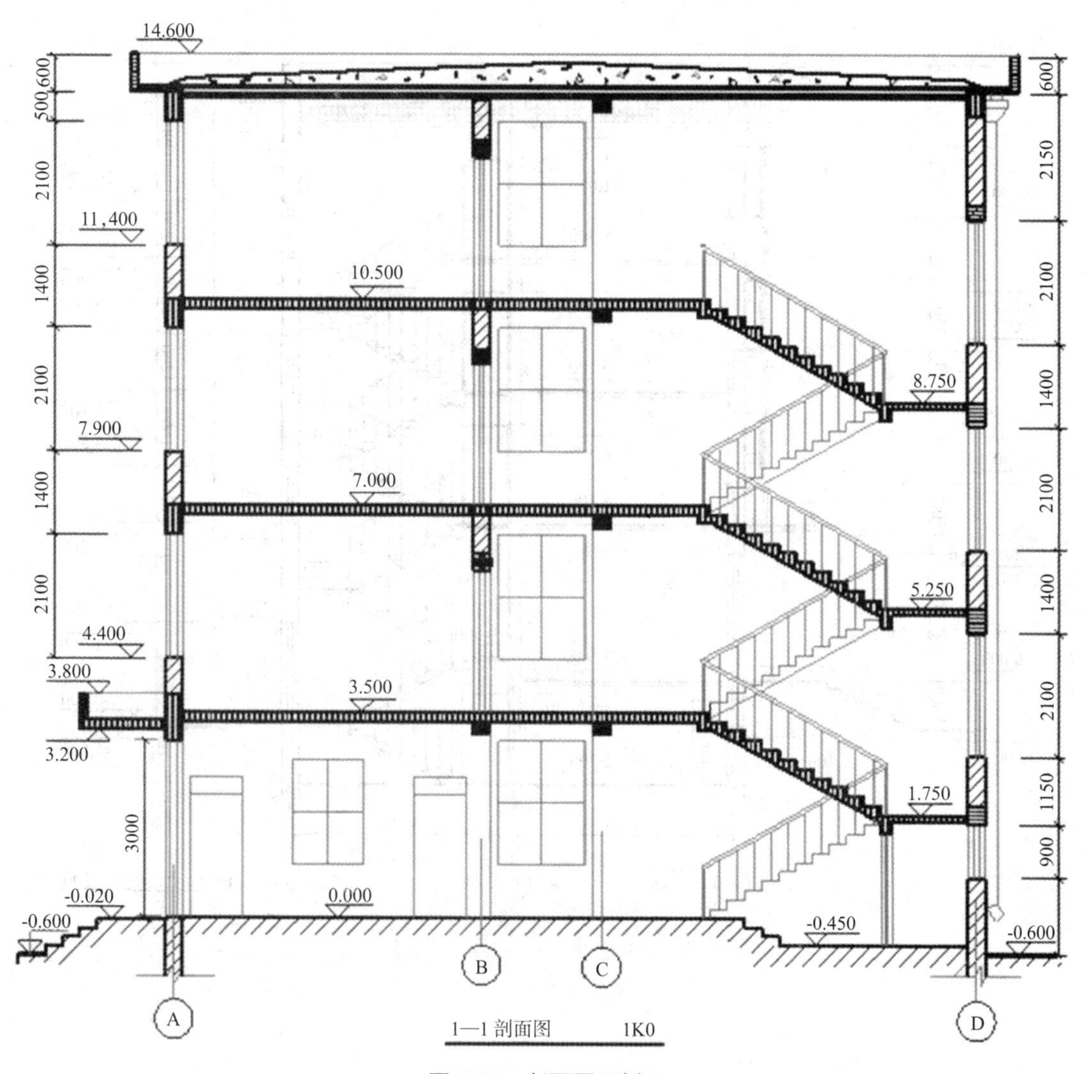

图 8-24　剖面图示例 2

10. 识读剖面图 1—1，完成下列填空。

(1)图名是＿＿＿＿＿＿＿＿＿＿。

(2)比例是＿＿＿＿＿＿＿＿＿＿。

(3)定位轴线是＿＿＿＿＿＿＿＿＿＿。

(4)1—1 剖面的位置标注在＿＿＿＿层平面中。

(5)屋面的排水坡度是＿＿＿＿＿＿＿＿＿＿。

(6)二楼楼面标高是＿＿＿＿＿＿＿＿＿＿。

(7)三楼的层高是＿＿＿＿＿＿＿＿＿＿。

(8)女儿墙顶标高是＿＿＿＿＿＿＿＿＿＿。

(9)楼梯间的进深是＿＿＿＿m。

(10)建筑物共有＿＿＿＿层。

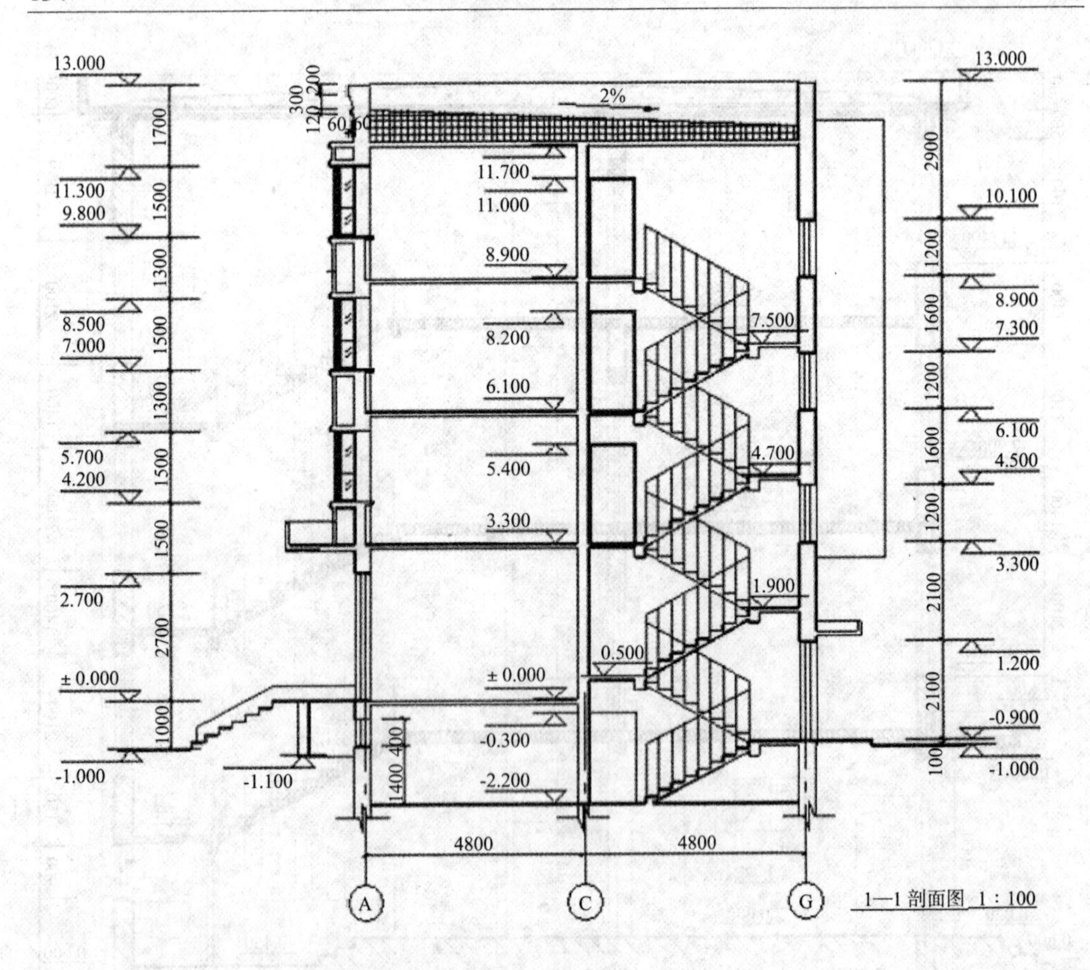
13.000
1700
11.300
1500
9.800
1300
8.500
1500
7.000
1300
5.700
1500
4.200
1500
2.700
2700
± 0.000
1000
-1.000
-1.100
2%
11.700
11.000
8.900
8.200
6.100
5.400
3.300
± 0.000
-0.300
-2.200
400
1400
7.500
4.700
1.900
0.500
13.000
2900
10.100
1200
8.900
1600
7.300
1200
6.100
1600
4.500
1200
3.300
2100
1.200
2100
-0.900
100
-1.000
4800
4800
A
C
G

1—1 剖面图 1 : 100

第 9 章　建筑详图的识读

9.1　基本知识

9.1.1　建筑详图的作用与类别

建筑平面图、立面图和剖面图虽然能够表达建筑物的外部形状、平面布置、内部构造和主要尺寸，但由于比例较小，许多细部构造、尺寸、材料和做法等内容无法表达清楚。为了满足施工要求，通常用较大的比例，如1∶50、1∶20、1∶10、1∶5 等画出建筑物的细部构造的详细图样，这种另外放大画出的图样称为建筑详图。建筑详图是建筑平面图、立面图、剖面图的补充，也是建筑施工图的重要组成部分。

建筑详图可分为构造节点详图和构、配件详图两类。凡表达建筑物某一局部构造、尺寸和材料的详图称为构造节点详图，如檐口、窗台、勒脚、明沟等；凡表明构、配件本身构造的详图称为构件详图或配件详图，如门、窗、楼梯、花格、雨水管等。

对于套用标准图或通用图的构造节点和建筑构、配件，只需注明所套用图集的名称、型号或页次（索引符号），可不必另画详图。

对于构造节点详图，除了要在建筑平、立、剖面图上的有关部位注出索引符号外，还应在详图上注出详图符号或名称，以便对照查阅。而对于构、配件详图，可不注索引符号，只在详图上写明该构、配件的名称或型号即可。

一幢建筑物的施工图通常有以下几种详图. 外墙详图、楼梯详图、门窗详图以及室内外一些构、配件的详图，如室外台阶、花池、散水、明沟、阳台、厕所、壁柜等。

门窗详图是表明门窗的形式、尺寸、开启方向、构造和用料等情况的图样，通常包括立面图、节点详图、五金表和技术说明等内容，是门窗制作、安装及结构施工中预留门窗洞口的重要依据。

门窗在房屋建筑中是用量最多的建筑配件，设计中一般都采用通用图，因此在施工图中，只要在门窗统计表中注明详图所在的通用图集的编号，而不必另画详图。如果没有标准图时，就一定要画出门窗详图。

9.1.2　建筑详图构造基础

1. 平屋顶构造

屋面坡度小于 5% 的屋顶称为平屋顶。平屋顶的常用坡度为 2%~3%。平屋顶与坡屋顶相比，具有构造简单、施工方便等优点，但平屋顶排水慢，屋面积水机会多，易产生渗漏现象。由于钢筋混凝土梁板的普遍应用和防水材料的不断更新，平屋顶已经成为广泛采用的屋顶形式。但平屋顶在丰富建筑造型上稍显逊色，多用斜板挑檐（又称装饰檐）和女儿墙等作为造型变化的手段，如图 9-1 所示。

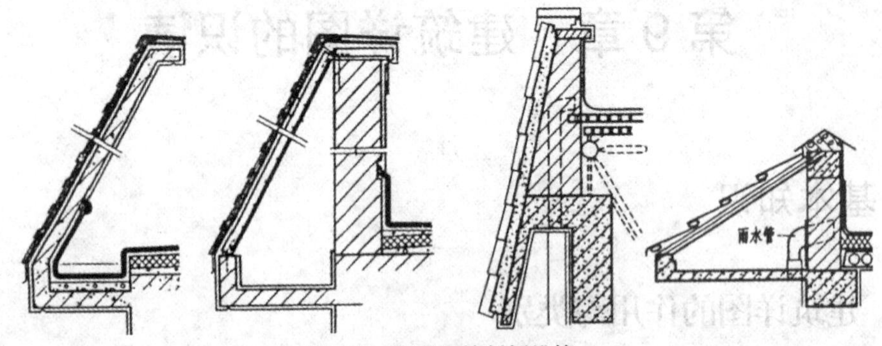

图 9-1　平屋顶的斜板挑檐

（1）平屋顶的组成

平屋顶主要由结构层（承重层）、防水层（面层）、保温（隔热）层组成，有时由于构造要求增加找平层、找坡层、隔汽层等，如图 9-2 所示。

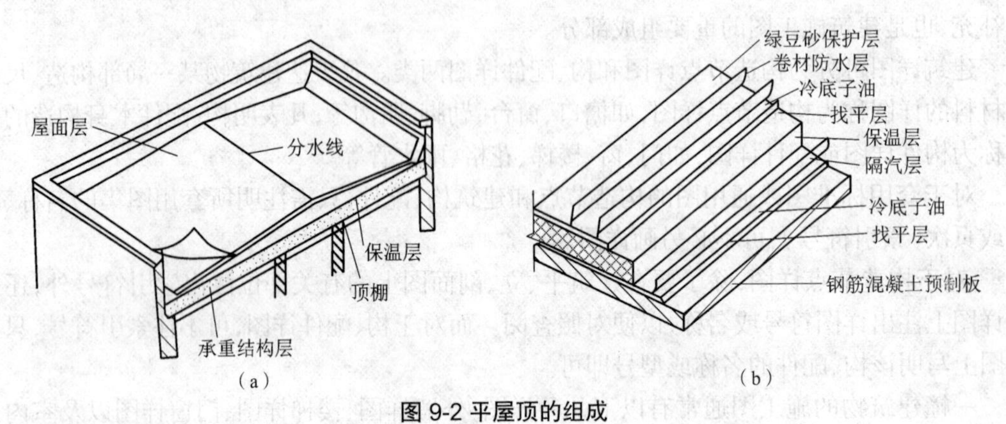

图 9-2 平屋顶的组成

（a）平屋顶的组成；（b）平屋顶的构造层次（防水保温）

结构层：平屋顶的承重结构与钢筋混凝土楼板相同，可采用现浇或预制的钢筋混凝土板，承受屋顶的自重和上部荷载，并将其传给屋顶的支承结构如墙、大梁等。

面层：由于平屋顶坡度小，排水缓慢，所以平屋顶应选用防水性能好的大片的屋面材料，根据屋面防水层作法的不同，目前常用的屋面有柔性防水屋面和刚性防水屋面两种。

保温（隔热）层：保温层是北方地区为了防止冬季室内热量散失而设置的构造层。多采用松散的粒状材料，如膨胀珍珠岩、膨胀蛭石、加气混凝土、聚苯乙烯泡沫塑料等，设置在结构层与面层之间。隔热层是南方地区为了夏季隔绝太阳辐射热进入室内而设置的构造层。

（2）平屋顶的排水

①平屋顶屋面坡度的形成

平屋顶的屋面应有 1%~5% 的排水坡，排水坡的形成可通过材料找坡和结构找坡两种方法。

材料找坡：也称垫置坡度，它是在水平搁置的屋面板上用轻质材料，如水泥炉渣、膨胀珍珠岩等垫置成所需的坡度。这种方法室内顶棚平整，施工方便，如图 9-3（a）所示。

结构找坡：也称搁置坡度，结构找坡的作法是把支撑屋面板的墙或梁做成一定的倾斜坡度，屋面板则搁置在该斜面上形成坡度，屋面板以上各层厚度不变化。该做法施工方便，荷载轻、造价低，但室内顶棚是斜面，因此多用于工业建筑和需做吊顶的公共建筑，如图 9-3（b）所示。

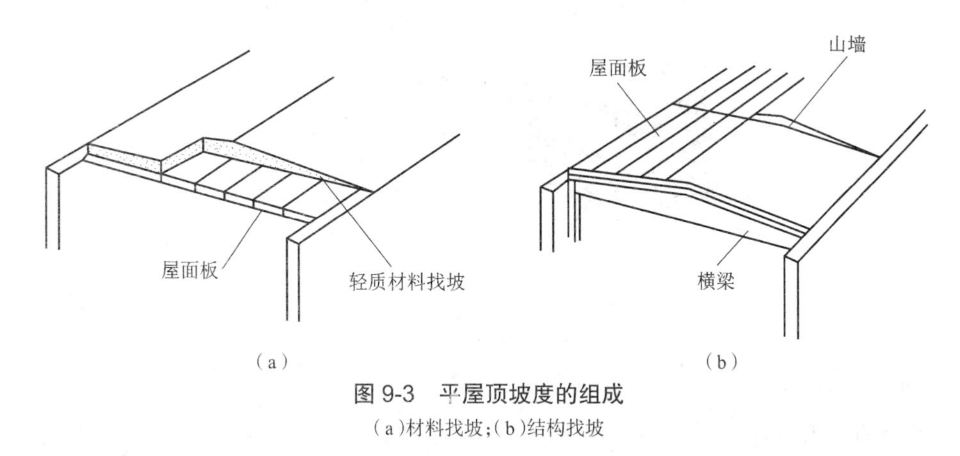

图 9-3　平屋顶坡度的组成

（a）材料找坡；（b）结构找坡

②平屋顶的排水方式

平屋顶的排水方式可分为无组织排水和有组织排水两类。

无组织排水：无组织排水又称自由落水，是指屋面雨水直接从檐口滴落至地面的一种排水方式。它要求屋檐挑出外墙面，做成挑檐，以防止下落的雨水冲刷墙面、渗入墙内，影响房屋的耐久性和美观。无组织排水构造简单、造价低，不易漏雨和堵塞，适用于少雨地区和低层建筑，如图 9-4 所示。

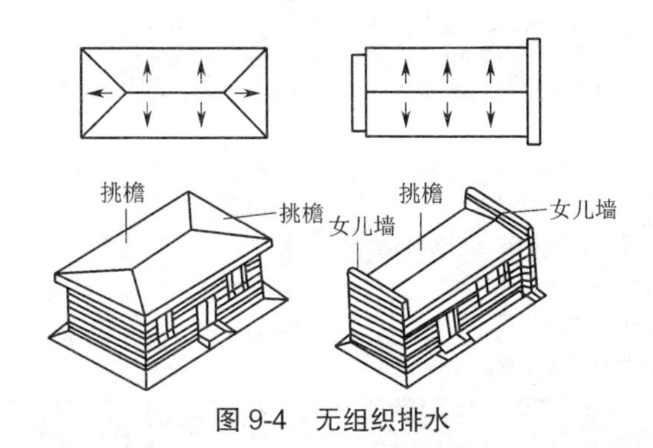

图 9-4　无组织排水

有组织排水：有组织排水是将屋面雨水通过排水系统，进行有组织地排除。所谓排水系统是把屋面划分成若干排水区，. 使雨水有组织地排到天沟中，通过雨水口排至雨水斗，再经雨水管排到室外。有组织排水构造复杂，造价高，但雨水不会冲刷墙面，因而广泛被应用于各类建筑中。

有组织排水又分为内排水和外排水两种。内排水的雨水管设于建筑物内，构造复杂，易造成渗漏，只用在多跨建筑的中间跨，临街建筑，高层建筑和寒冷地区。一般应尽量采用雨水管设置在外墙上的外排水，如图 9-5 所示。

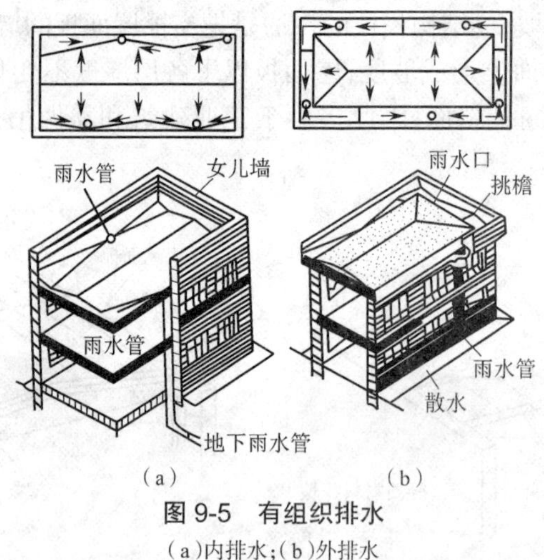

图 9-5 有组织排水

(a)内排水;(b)外排水

(3)平屋顶的防水构造

平屋顶的防水方式根据所用材料及施工方法的不同主要有柔性防水、刚性防水、涂膜防水和粉剂防水等。

①柔性防水

又称卷材防水屋面,是利用防水卷材与黏结剂粘贴形成连续的大面积的构造层来防水的屋面。能适应温度、振动、不均匀沉降等因素的变化,整体性好,不易渗漏,但施工操作较复杂,技术要求较高。

柔性防水屋面的构造层次有结构层、找平层、结合层、防水层、保护层等,如图 9-6 所示。

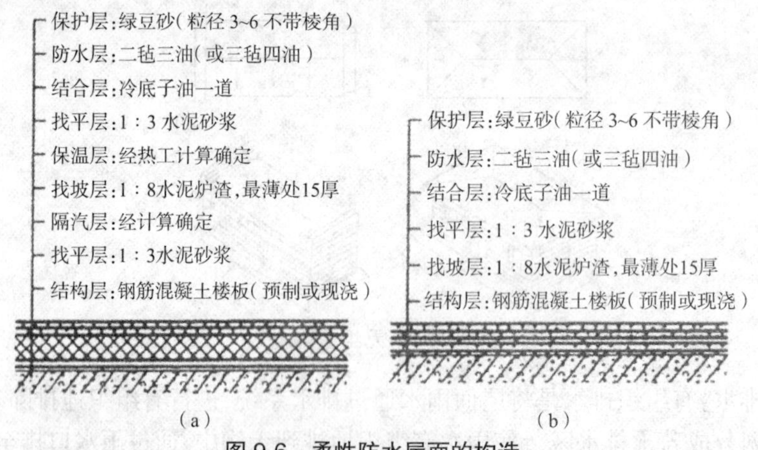

图 9-6 柔性防水屋面的构造

(a)柔性防水保温屋面;(b)柔性防水非保温屋面

结构层:即预制或现浇的钢筋混凝土楼板(屋面板)。

找平层:一般设在结构层或保温层上面,采用 1∶3 水泥砂浆或 1∶8 沥青砂浆找平。

结合层:作用是使防水卷材与基层胶结牢固。沥青类卷材通常用冷底子油(一种用柴油或汽油作为溶剂的沥青稀释溶液),高分子卷材则多用配套基层处理剂,如图 9-7 所示。

图 9-7　涂刷黏结材料和铺设防水卷材

防水层:沥青油毡是我国传统的屋顶防水材料,它的特点是造价低、防水性能较好,但易老化,使用寿命短,低温脆裂,高温流淌,须热施工,污染环境,目前已基本淘汰。取而代之的是一批新型卷材和片材。它们是高聚物改性沥青类的 SBS、APP 改性沥青防水卷材和合成高分子类的三元乙丙橡胶卷材、聚氯乙烯(PVC)卷材、氯化聚乙烯卷材等。这些性能优良的新型防水材料都具有良好的延伸性、耐久性和防水性,而且宜冷施工,价格较高一些。

保护层:保护层分上人屋面和不上人屋面两种作法。目前不上人屋面的作法:在防水层上表面用热沥青粘贴一层粒径为 3~5 mm 的粗砂(俗称绿豆砂),其厚度为 7 mm。上人屋面的保护层,可以在防水层上浇筑 30~40 mm 厚的细石混凝土面层,每隔 2 m 设一道分仓缝。也可以在 20 mm 厚的水泥砂浆或砂结合层上铺设预制混凝土板面层。

②刚性防水

刚性防水屋面是以防水砂浆或细石混凝土等刚性材料作为防水层的屋面。具有较好的抗渗能力,且施工方便,造价经济,多用于南方地区无保温层的建筑,也可用作多道防水设计中的一道防水层。刚性防水屋面常采用普通细石混凝土防水屋面,适用于防水等级为Ⅰ~Ⅲ级的屋面防水,不能用于设有松散材料保温层的屋面、受较大震动或冲击的屋面和坡度大于 15% 的屋面。

刚性防水屋面的构造层次有结构层、找平层、隔离层和防水层,如图 9-8 所示。

结构层:即预制或现浇的钢筋混凝土楼板(屋面板)。

找平层:当结构层为预制钢筋混凝土楼板时,结构表面不平整,通常抹 20 mm 厚 1∶3 水泥砂浆找平。

隔离层:又叫浮筑层,在防水层和基层(结构层或找平层)之间设置隔离层,使得防水混凝土不与基层水泥基的材料黏结,可以互相错动,从而减小在温度应力或结构变形应力作用下不同构造层次之间的互相牵制和影响。隔离层一般采用铺一层 5~8 mm 干细砂滑动层并干铺一层卷材,或在找平层上直接铺塑料薄膜的方法。

防水层:防水层的做法一般有两种。一种是采用 1∶2 或 1∶3 的水泥砂浆,掺入水泥用量 3~5% 的防水剂抹两道而成,总厚度为 20~25 mm,多用于现浇板。另一种是细石混凝土防水层,采用细石混凝土整体现浇,混凝土的强度等级不低于 C20,厚度不小于 40 mm。

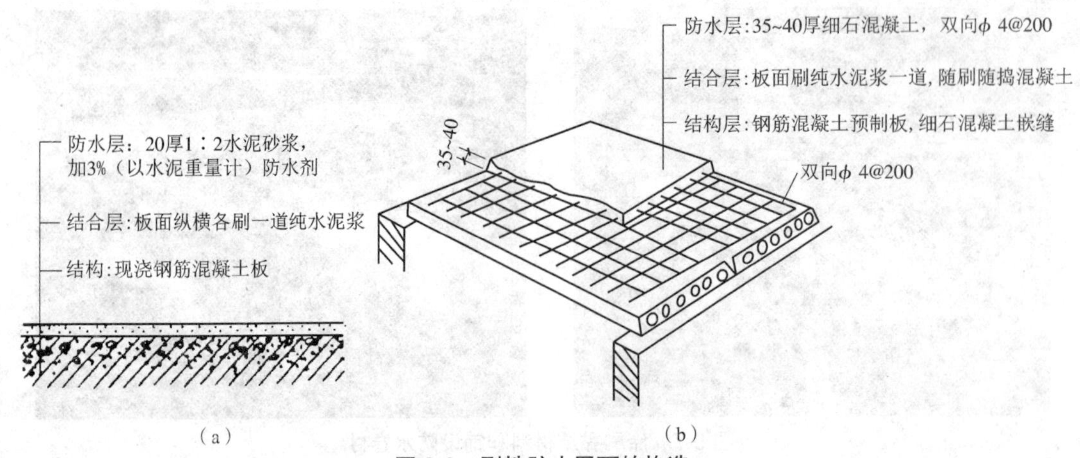

图 9-8 刚性防水屋面的构造

（a）砂浆防水屋面；（b）细石混凝土防水层

为了防止因结构层变形而引起防水层开裂，通常在混凝土中配ϕ4 间距为 100~200 mm 的双向钢筋，并在防水层中设置分仓缝，而且混凝土中所配的钢筋也必须在分仓缝处断开。分仓缝的位置，一般设在结构层的支座处。分仓缝的宽度为 20 mm 左右，缝的下部填塞沥青麻丝，缝的上部一般用柔性材料及建筑密封膏嵌缝，如图 9-9 所示。

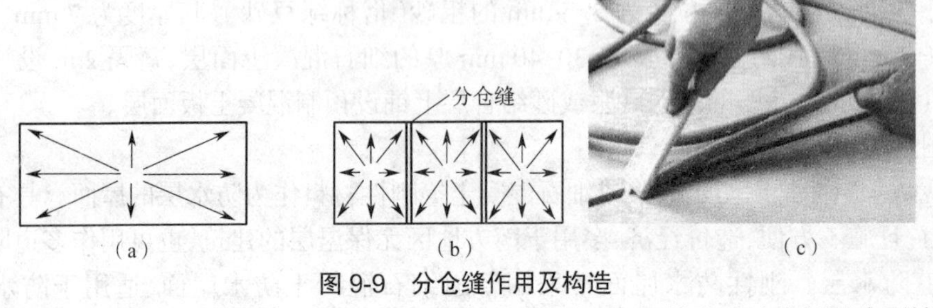

图 9-9 分仓缝作用及构造

（a）长形屋面温度引起内应力变形大（对角线最大）；（b）设分仓缝后，内应力变形变小；(c) 在分仓缝中嵌柔性挡水条

③涂膜防水和粉剂防水

涂膜防水：又称涂料防水屋面，是指用可塑性和黏结力较强的高分子防水涂料，直接涂刷在屋面基层上，形成不透水的薄膜层来达到防水目的。防水涂料一般有乳化沥青类、氯丁橡胶类、聚胺酯类、丙烯酸脂类等。涂膜防水屋面具有质量轻、防水性好、黏结力强、耐腐蚀、耐老化、无毒、冷作业、施工方便等诸多优点，已广泛用于各类防水工程中，可作为多道防水设防中的一道防水层，也可用于防水等级较低的屋面防水。其做法是在平整干燥的基层上，分多次涂刷防水材料，直至厚度达到 1.2 mm 或以上。在成膜后须撒细砂作保护层，或加入适量银粉、颜料作着色保护涂料，如图 9-10 所示。

粉剂防水：又称拒水粉防水屋面，是用以硬脂酸为主要原料的憎水性粉末来做防水层的防水屋面。其构造做法是在结构层上抹水泥砂浆或细石混凝土找平层，然后铺 3~7 mm 厚的建筑拒水粉，再覆盖保护层。保护层是防止风雨吹散或冲刷拒水粉，一般做法是抹 20~30 mm 厚的水泥砂浆或浇注 30~40 mm 厚的细石混凝土，也可用大阶砖或预制混凝土板压盖，如图 9-11 所示。

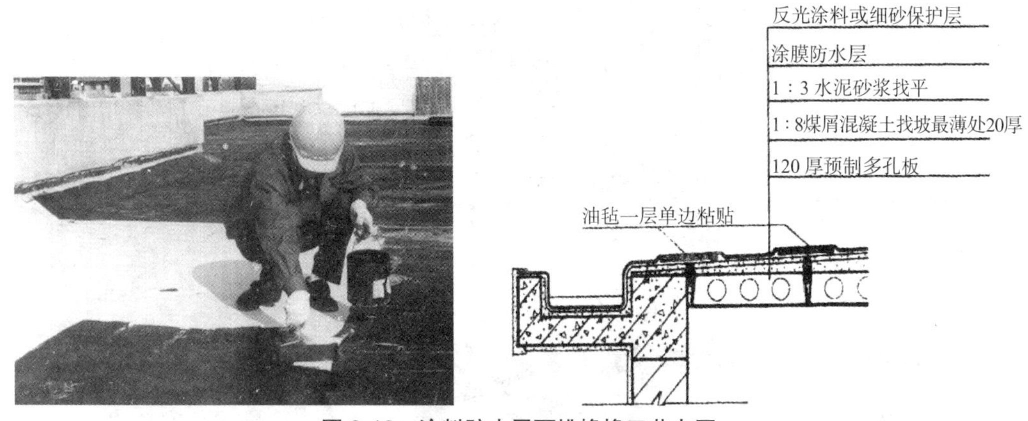

图 9-10　涂料防水屋面挑檐檐口节点图

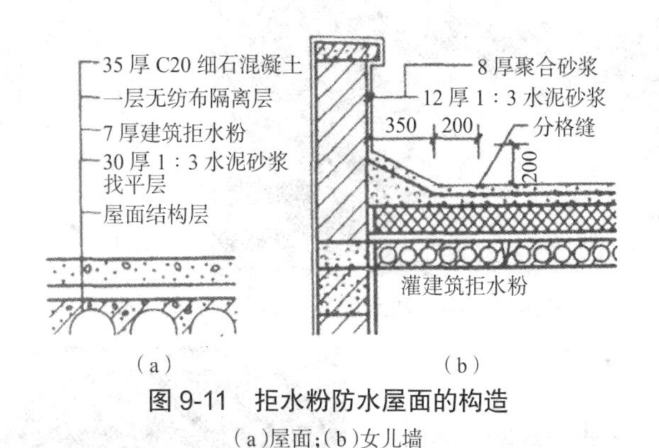

图 9-11　拒水粉防水屋面的构造

(a)屋面;(b)女儿墙

拒水粉防水完全打破了传统的防水观念,是一种既不同于柔性防水,又不同于刚性防水的新型防水形式。这种由粉剂组成的防水层透气而不透水,有极好的憎水性、耐火性和随动性,并且具有施工简单、快捷、造价低、寿命长的优点。

(4)平屋顶的细部构造

在平屋顶中,柔性防水屋面卷材防水层的转折和结束部位都是屋面防水的薄弱环节,如果处理不当易出现渗漏现象。这些部位包括屋面防水层与垂直墙面相交处的泛水;屋面边缘的檐口、雨水口;伸出屋面的管道、烟囱、屋面检查口等与屋面防水层的接缝等。

①泛水构造

泛水是指屋面防水层与垂直墙面相交处的构造处理,如女儿墙、出屋面的水箱室、出屋面的楼梯间等与屋面相交部位,均应作泛水,以避免渗漏。其作法是将屋面水泥砂浆找平层继续抹到垂直墙面上,转角处作成圆弧形或钝角(大于 135°),防止在粘贴卷材时因直角转弯而折断或不能铺实。卷材在竖直墙面上的粘贴高度,不宜小于 250 mm,并在底层加铺一层卷材。卷材上端固定在墙内的木条上,并用水泥砂浆嵌固,如图 9-12、图 9-13 所示。

②檐口构造

平屋顶常见的檐口形式有自由落水挑檐口、挑檐沟檐口、女儿墙外排水檐口等,檐口处应由防水卷材做收头处理,其构造做法如图 9-14 至图 9-16 所示。

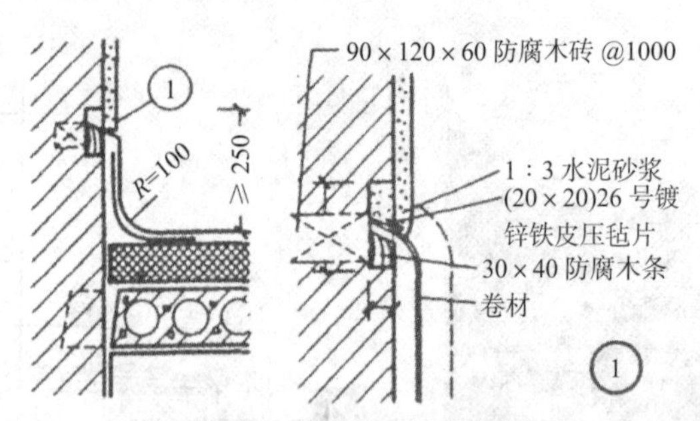

图 9-12 平屋顶的泛水构造

图 9-13 刚性防水屋面有突出物处防水做法

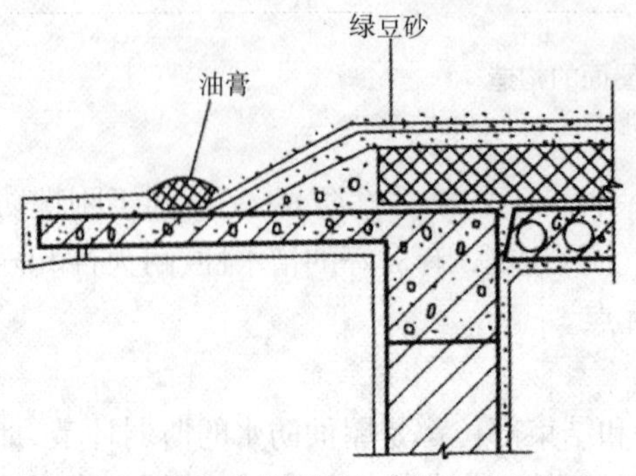

图 9-14 柔性防水屋面自由落水檐口构造

图 9-15 防水卷材收头做法

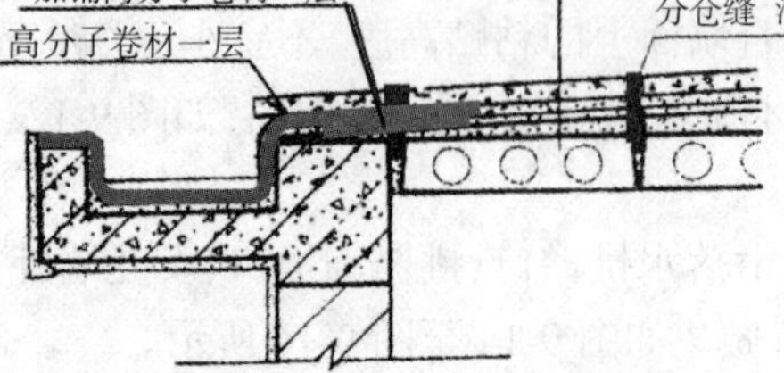

图 9-16 刚性防水屋面挑檐檐口节点

③雨水口构造

有组织排水的雨水口分为设在檐沟底部的水平雨水口和设在女儿墙上的垂直雨水口两种。水平雨水口可以采用铸铁定型水斗或用钢板焊制的水斗,为防止堵塞可加铁篦子或镀锌铁丝罩。并在雨水口处加铺一层卷材,以防止渗漏,如图9-17所示。垂直雨水口采用钢板焊接的排水构件,雨水口处的标高均应低于檐沟底面的标高,并在雨水口周围500 mm范围内形成漏斗状以便于排水,如图9-18所示。

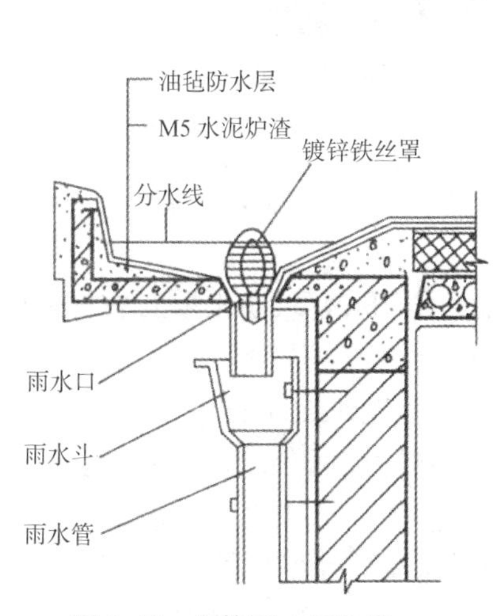

图9-17　挑檐雨水口构造

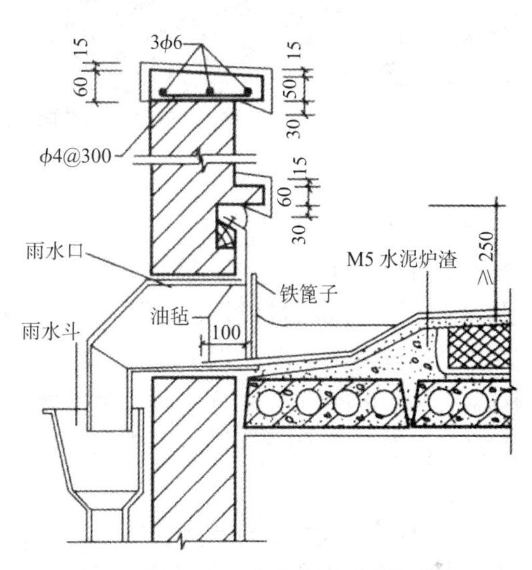

图9-18　女儿墙雨水口构造

(5)平屋顶的保温

①常用屋面保温材料

保温材料有以下四种类型,如图9-19和图9-20所示。

一是板材,如憎水性水泥膨胀珍珠岩保温板、发泡聚苯乙烯保温板、挤塑型(或称挤压型)聚苯乙烯保温板、硬质和半硬质的玻璃棉或岩棉保温板。二是块材,如水泥聚苯空心砌块等。三是卷材,如玻璃棉毡和岩棉毡等。四是松散保温材料,如膨胀珍珠岩、发泡聚苯乙烯颗粒、岩棉等。应根据建筑物的使用性质,工程造价、铺设的具体位置及构造来综合考虑选择合适的保温材料。

图9-19　挤塑型聚苯乙烯保温板、毡

图 9-20　玻璃棉毡（带防潮铝箔贴面）和玻璃棉板（可带防潮铝箔贴面）

②常用屋面保温构造层次

在平屋顶的构造层中，保温材料的设置位置有正铺式、倒铺式和内保温（保温层放置在屋面结构层之下）三种。

正铺式保温是将保温材料层设置在结构层上，防水层下，要求防水层有较好的防水性能，以确保保温材料不受潮。为了防止室内水蒸汽透过结构层侵入保温层，而降低保温效果，在保温层下增设隔汽层。隔汽层的作法是在结构层上先作 20 mm 厚 1∶3 水泥砂浆找平层，然后在找平层上涂两道热沥青或用沥青胶结材料粘贴一层或若干层油毡，如图 9-21（a）所示。

倒铺式保温是将保温层设置于防水层之上，这种做法有效地保护了防水层，使防水层不直接受自然因素和人为因素的影响，但这种做法的保温材料，自身应具有吸水性小或憎水的性能，如聚苯乙烯泡沫塑料板、聚氨酯泡沫塑料板等憎水材料。在倒铺式保温层上还应设置保护层，如混凝土板、粗粒径卵石层等，如图 9-21（b）所示。

（6）平屋顶的隔热

为保证建筑物室内有良好的学习、工作和生活环境，在我国南方地区，屋顶的隔热是建筑物必须采取的措施。目前常采用的构造做法是架空隔热屋面、蓄水隔热屋面、种植隔热屋面、实体材料隔热屋面等，如图 9-22 所示。

2. 坡屋顶构造

（1）传统坡屋顶的构造

坡屋顶在我国广大地区有着悠久的历史和传统，它造型丰富多彩、构造简单，并能就地取材，至今仍有一些地区的民居建筑、农村建筑、生产辅助建筑采用坡屋顶。坡屋顶的屋面坡度大于 5%，常用的有单坡、双坡、四坡、歇山等，如图 9-23 所示。

①坡屋顶的组成

坡屋顶主要由承重结构层和屋面两部分组成。根据需要还可以设置保温层、隔热层及顶棚。

承重结构层：是指屋架、檩条、屋面大梁或山墙等。它承受屋面荷载，并把荷载传递到墙或柱。

屋面层：是屋顶的上覆盖层，直接承受风、雨、雪和太阳辐射等大自然气候的作用。它包括屋面瓦材（如平瓦、小青瓦、波形瓦等）和屋面基层（如木椽、挂瓦条、屋面板等）两部分，如图 9-24 所示。

图 9-21　平屋顶的保温构造

(a)正铺式保温层构造;(b)“倒铺屋面”保温构造;(c)粘贴保温板时粘合剂条状设置,可形成透气的空隙;(d)倒铺保温屋面用砾石做保护层

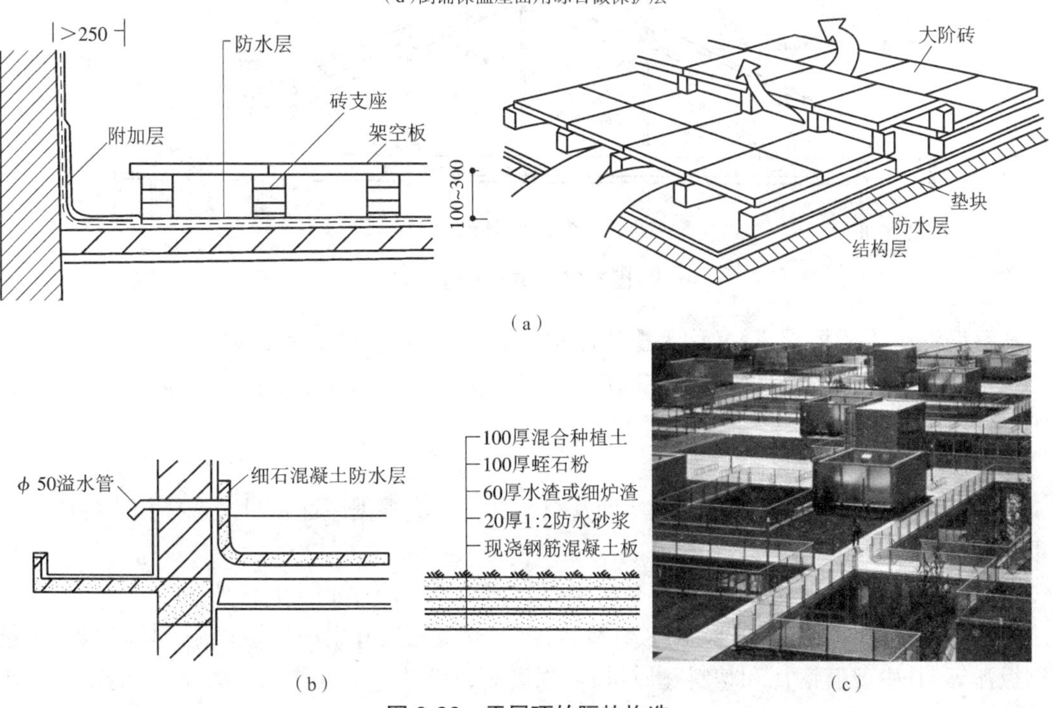

图 9-22　平屋顶的隔热构造

(a)架空隔热屋面;(b)蓄水隔热屋面;(c)种植隔热屋面

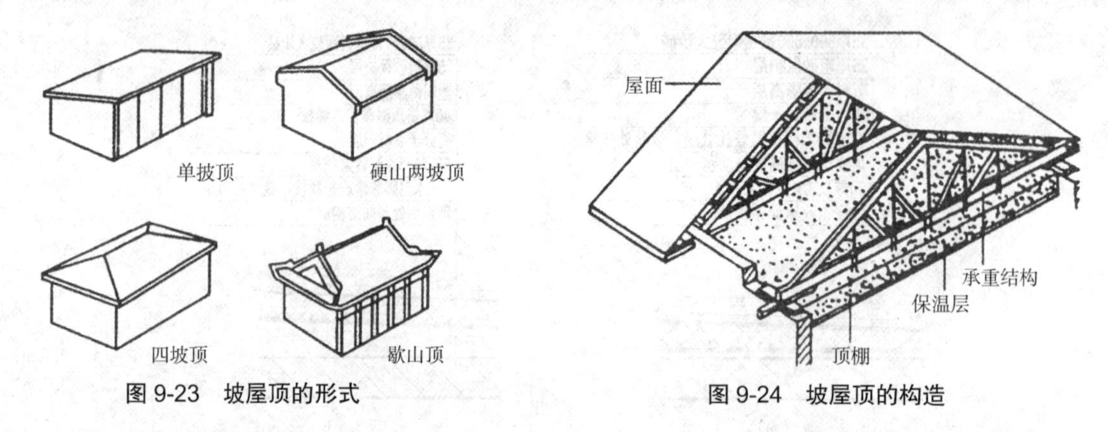

图 9-23　坡屋顶的形式　　图 9-24　坡屋顶的构造

②坡屋顶承重结构

坡屋顶的承重结构方式有三种,砖墙承重、屋架承重和钢筋混凝土梁板承重。

砖墙承重:又叫硬山搁檩,是将房屋的内外横墙砌成尖顶形状,在上面直接搁置檩条来支承屋面的荷载。檩条一般可用圆木或方木制成,也可使用钢檩条和钢筋混凝土檩条。这种做法构造简单、施工方便、造价低,适用于开间较小的房屋。

屋架承重:屋架用来架设檩条以支撑屋面荷载,通常屋架搁置在房屋纵向外墙或柱上。屋架可用木材、钢材或钢筋混凝土等材料制成,一般采用三角形屋架。屋架的组成如图 9-25 所示。为了加强屋架的稳定性,应在两榀屋架之间设置支撑。

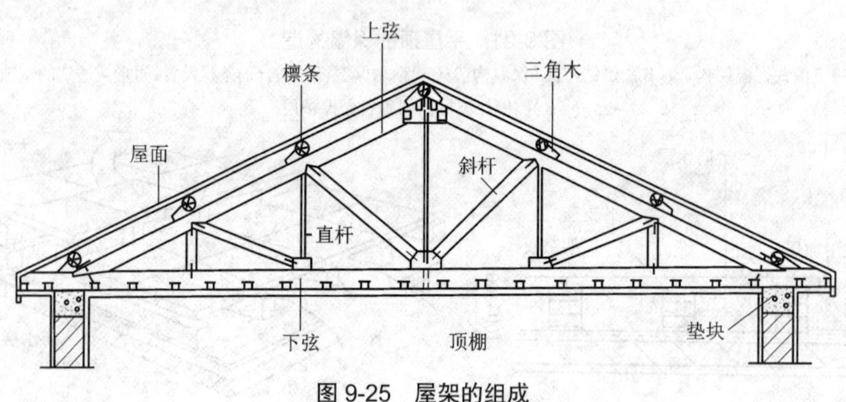

图 9-25　屋架的组成

钢筋混凝土梁板承重:又称无檩式屋顶,以预制(或现浇)钢筋混凝土屋面板为屋面主要承重构件。将屋面板直接搁置在两面山墙上或屋架上,上面再做保温层、防水层、保护层等,最后铺瓦。

③坡屋顶的屋面构造

坡屋顶的屋面包括屋面基层和屋面瓦材两部分。应根据屋面瓦材来选择相应的屋面承重基层。

坡屋顶屋面常用的屋面材料有平瓦屋面、波形瓦屋面等,如图 9-26 所示。

波形瓦按材料分有石棉水泥瓦、纤维水泥瓦、聚氯乙烯和聚丙烯塑料瓦、玻璃钢瓦、彩色钢板瓦等,其中玻璃钢瓦和塑料瓦质量轻、强度高,且透明,可兼作采光天窗,目前正被工业建筑广泛采用。彩色钢板瓦作为新型屋面防水材料也有很大发展,其优点是质轻、高强、抗震、耐火、施工方便，但造价偏高。

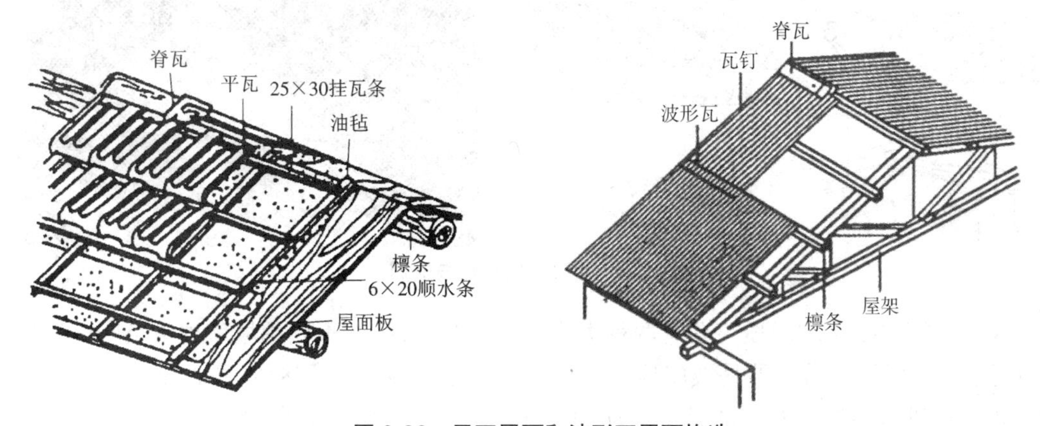

图 9-26　平瓦屋面和波形瓦屋面构造

④坡屋顶的保温、隔热与通风

坡屋顶的保温：

当坡屋顶有保温要求时，应设置保温层。保温层可设在屋面层或者顶棚层。当采用屋面层保温时，其保温层可设置在瓦材下面或檩条之间；当采用顶棚层保温时，通常须在吊顶龙骨上铺木板，木板上铺一层油毡作隔汽层，在油毡上铺保温层。坡屋顶的保温材料可根据具体要求，选用散料类，整体类或板块类材料。常用的保温材料有木屑、膨胀珍珠岩、玻璃棉、矿棉、泡沫塑料等，如图 9-27 所示。

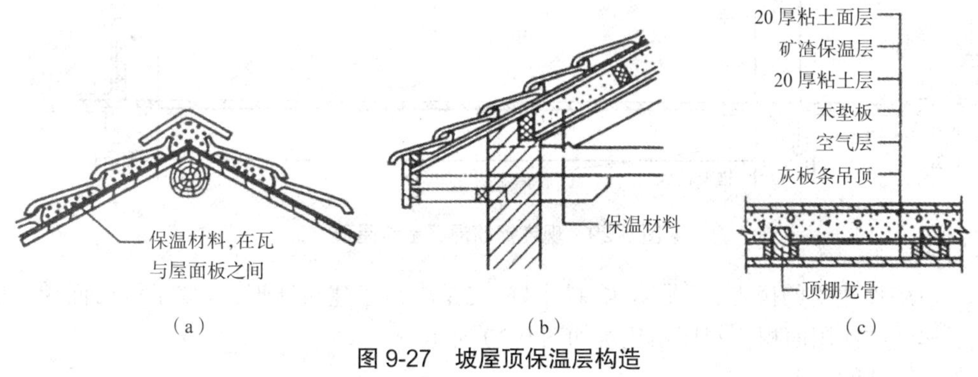

图 9-27　坡屋顶保温层构造

(a)保温层设在瓦与屋面板之间；(b)保温层设在檩条之间；(c)保温层设在吊顶内

坡屋顶的隔热与通风：将屋面做成双层，由檐部进风，屋脊排风。也可在设吊顶棚房屋的檐口、屋脊、山墙等处设通风口，或在屋面上设通风气窗称老虎窗，如图 9-28 所示。

(2)现代建筑的坡屋顶构造

坡屋顶是我国建筑的传统形式。坡屋顶与平屋顶相比，建筑造形新颖多变，可以更好地美化环境、美化生活。但传统的坡屋顶主要以木材作为屋顶的承重结构，已逐渐被时代所淘汰，取而代之的是钢筋混凝土坡屋顶，特别是现浇钢筋混凝土坡屋顶。

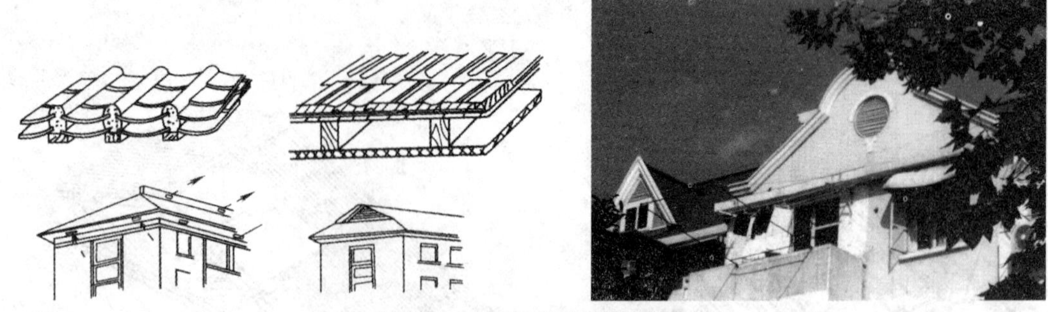

图 9-28 坡屋顶的隔热与通风

现浇钢筋混凝土坡屋顶主要有两种类型，一是坡度较缓的不利用坡屋顶下空间的坡屋顶，如图 9-29 所示。另一种是坡屋顶下的空间被利用。为了有所区别，我们把坡屋顶下可被人居住和进行与居住有关的日常活动的空间称为“斜屋顶下可居住空间”。这个空间不同于传统的坡屋顶下无通风，少采光，空间低矮的阁楼，而是明亮、舒适、通风良好，宜人居住或可以作为办公室、厨房、卫生间等其他用途的空间。

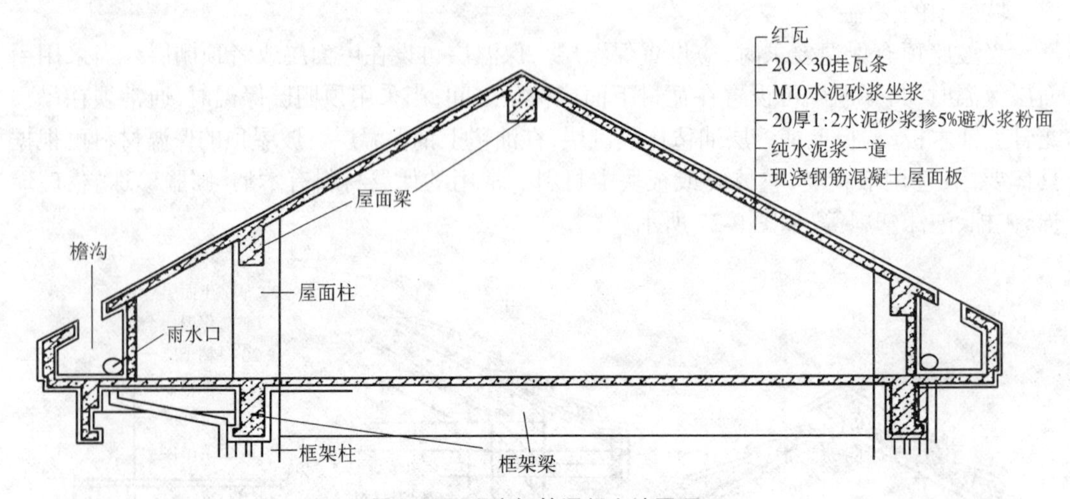

图 9-29 现浇钢筋混凝土坡屋顶

斜屋顶建筑的优点，一是防水、排水好；二是丰富了建筑造形，改变了城市面貌；三是增加了建筑的使用面积。斜屋顶建筑如图 9-30 所示。

①斜屋顶的类型

通常把坡度不小于 15° 且小于 90° 的屋顶称为斜屋顶，其中当坡度较大时，如大于 60° 时，一般会被理解为斜墙，为了统一，也称之为斜屋顶。斜屋顶的坡度如图 9-31 所示。

斜屋顶的形式有单坡屋顶、双坡屋顶、四坡屋顶、曼莎屋顶和拱型屋顶等几种，其中曼莎屋顶是折线或复折线屋顶的统称。屋面通过折线被分成上下两个表面，上屋面坡度小，下屋面坡度大，如图 9-32 所示。

② 斜屋顶的组成与构造

斜屋顶由承重结构层和屋面两部分组成。承重结构层是现浇钢筋混凝土梁和屋面板，它和其他屋顶相比，对建筑的整体性、防渗漏、抗震和延长使用寿命都有明显的优势。

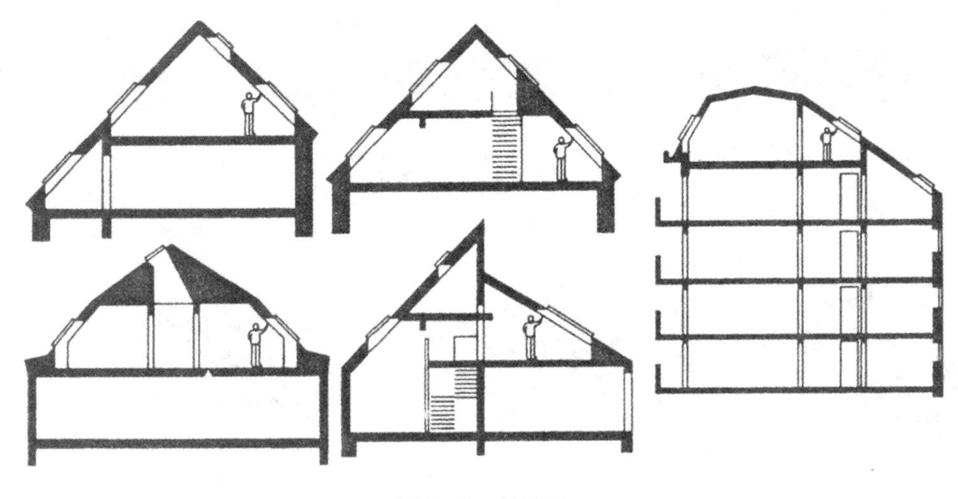

图 9-30　斜屋顶

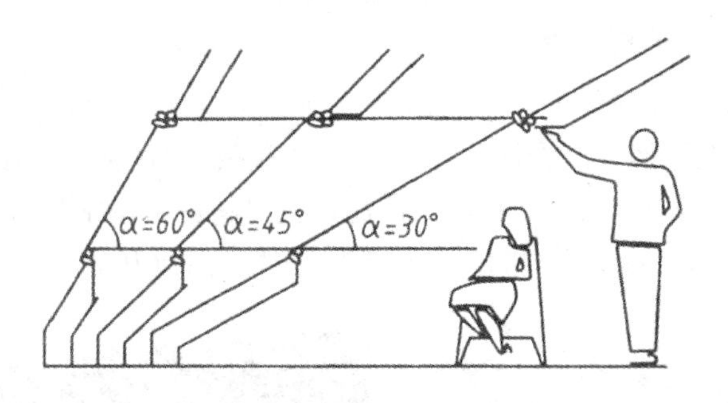

图 9-31　斜屋顶的坡度

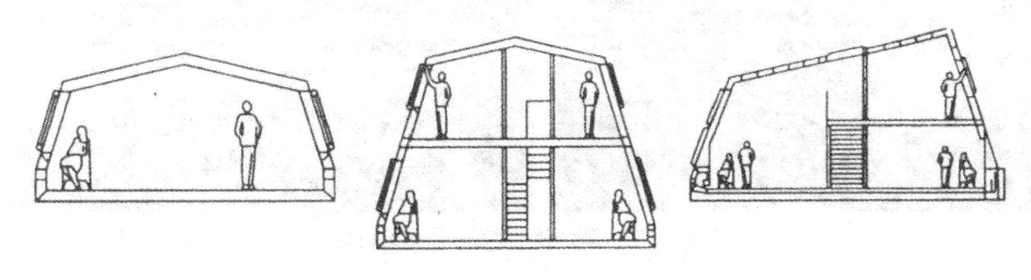

图 9-32　曼莎屋顶

屋面的构造组成有瓦材及瓦材铺设层、找平层、保温隔热层、卷材或涂膜防水层和隔汽层等。斜屋顶的屋面构造如图 9-33 所示。

瓦材：常用的屋面瓦材有块瓦、油毡瓦和钢板彩瓦等几种。块瓦包括彩釉面和素面的西式陶瓦、彩色水泥瓦以及传统的水泥平瓦、黏土平瓦等瓦材；油毡瓦是以玻璃纤维为胎基的彩色块瓦状的防水片材；钢板彩瓦是用厚度不小于 0.5 mm 的彩色薄钢板压成型呈连片块瓦形状的屋面防水板材。

屋面瓦材要求具有防水性能，瓦口上下左右都要有可靠的防水搭接，且要有一定的耐久年限。可以将屋面瓦材作为整个斜屋顶的第一道防水设防。

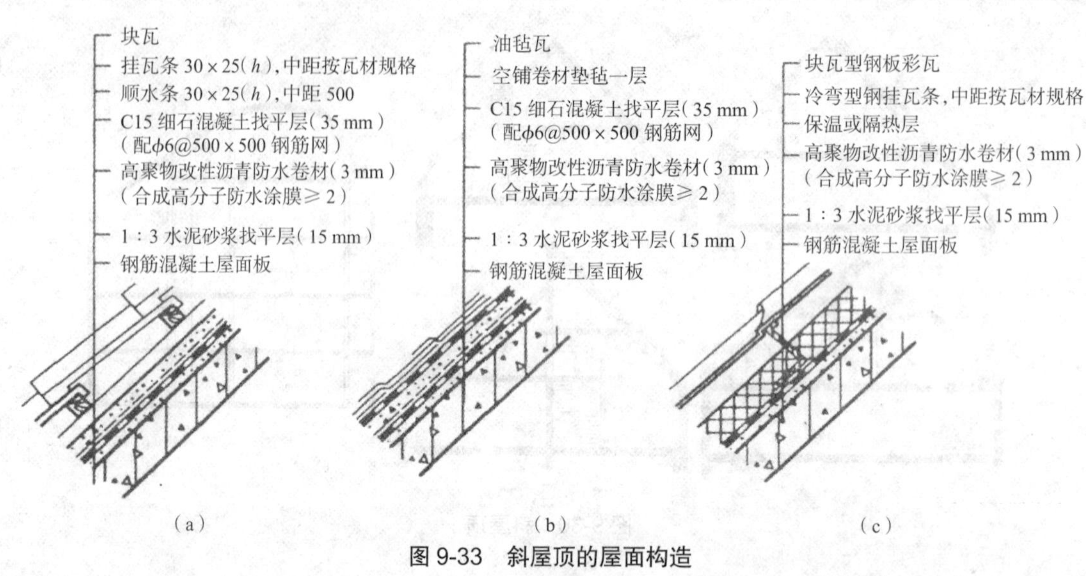

图 9-33 斜屋顶的屋面构造

(a)块瓦屋面构造(木挂瓦条);(b)油毡瓦屋面构造;(c)块瓦形钢板彩瓦屋面构造

屋面瓦材的固定方式同传统坡屋面,一般采用在防水层上做顺水条。顺水条的作用是架空挂瓦条,可钉牢在屋面上。在顺水条上再做挂瓦条,挂瓦条的作用是固定屋面瓦,可以用来栓瓦或用螺钉、钉子固定瓦。顺水条、挂瓦条的材料可采用木材、钢筋或型钢,并应做防腐处理,如图 9-34 所示。屋面瓦材的固定也可以采用砂浆卧瓦的方法。

图 9-34 现浇钢砼坡屋顶平瓦固定

找平层:找平层可用水泥砂浆或细石混凝土,并设分格缝,缝的间距宜为 3~4 mm。

保温隔热层:保温隔热层一般采用板状、毡状材料,如挤塑聚苯乙烯泡沫塑料板、岩棉或玻璃棉板(毡)、憎水膨胀珍珠岩板、沥青膨胀珍珠岩板等,如图 9-35 所示。

防水层:卷材和涂膜防水层可作为整个斜屋顶的第二道防水设防,应采用高聚物改性沥青防水卷材等新型防水卷材,如 SBS 或 APP 改性沥青防水卷材,涂膜防水层应采用合成高分子防水涂料,如聚氨酯防水涂料、丙烯酸酯防水涂料等。

③斜屋顶的细部构造

斜屋顶的屋面一般利用檐沟做有组织的排水,如图 9-36 所示。

图 9-35　坡屋顶的保温层

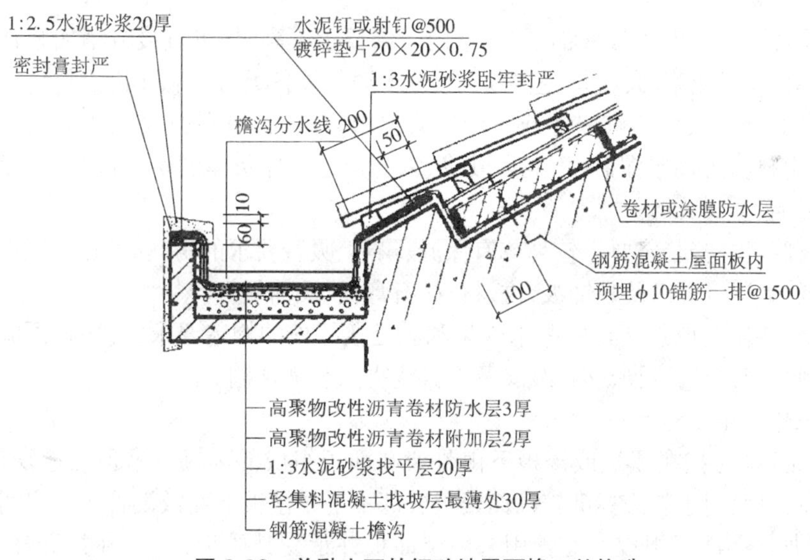

图 9-36　盖黏土瓦的钢砼坡屋面檐口处构造

④ 斜屋顶窗

斜屋顶间应有良好的天然采光和自然通风，因此斜屋顶上应设置我国传统的老虎窗或斜屋顶窗。玻璃面积相同的斜屋顶窗与老虎窗相比，视野更开阔，能提供更充足的采光。

斜屋顶窗是安装在斜屋顶上、平行于屋面且可开启的窗。为加强洞口周围屋面板的强度、屋面防水以及便于窗的安装，应在钢筋混凝土结构斜屋顶窗周围设置突出屋面的环状框架梁，称之为洞口反梁，如图 9-37 所示。为了增加采光，常把斜屋顶窗洞口的上下侧壁做成倒置喇叭口形状，即上侧壁平行于地面，下侧壁垂直于地面，通常把连接窗框与斜屋顶屋面板的构件称之为窗筒子板。

图 9-37 老虎窗、斜屋顶窗及洞口反梁

3. 顶棚构造

顶棚又称天花板,是楼板层下面的装修层。顶棚按构造方式不同有直接式顶棚和悬吊式顶棚两种类型。

①直接式顶棚

是指直接在楼板下做饰面层而形成的顶棚。这种顶棚构造简单、施工方便,造价较低,可以取得较高的室内净空,多用于大量性建筑工程中,用途较广,但凸出的梁和水平管线暴露在外,不利美观。

直接喷刷涂料顶棚:当板底面平整,室内装修要求不高时,可直接或稍加修补刮平后在其下喷刷涂料,如石灰浆、大白浆、色粉浆、彩色水泥浆等各类有机和无机涂料。

抹灰顶棚:当板底面不够平整或室内装修要求较高时,可在板底先抹灰再喷刷各种涂料。抹灰所用材料可用水泥砂浆、混合砂浆、纸筋灰等。抹灰厚度不宜过大,一般应控制在10~15 mm,不超过 20 mm。

粘贴顶棚:对一些装修要求较高或有保温、隔热、吸音要求的房间,可在板底面直接粘贴墙布、贴墙纸、铝塑板等以及装饰吸音板材,如石膏板,矿棉板等。

为在顶棚装修时取得一定的艺术效果和满足接缝处的构造要求,直接式顶棚常用各式线脚,如木制线脚、金属线脚、塑料线脚及石膏线脚来装饰顶棚。

② 悬吊式顶棚

也称吊顶,是悬挂在屋顶或楼板下由骨架和面板组成的顶棚。吊顶构造复杂,施工麻烦,造价较高,一般用于装修标准较高而楼板底部不平或楼板下面敷设管线的房间。

吊顶由龙骨和面板组成。龙骨用来固定面板并承受其质量,一般由主龙骨(又称主格栅)和次龙骨(又称次格栅)两部分组成。主龙骨通过吊筋与楼板相连,一般单向布置;次龙骨固定在主龙骨上。主龙骨现多采用轻钢龙骨和铝合金龙骨,按其截面形状可分为 V 形、T 形、H 形龙骨。

面板除了传统的胶合板、纤维板、刨花板等外,近年来新型板材不断涌现,如装饰石膏板、膨胀珍珠岩装饰吸声板、铝合金吊顶板、不锈钢吊顶板等。面板可直接搁放在龙骨上,或用自攻螺钉固定在龙骨上。吊顶构造如图 9-38 所示。

近年来,开敞式顶棚也颇为流行,其表面开口不完全封闭,具有既遮又透的感觉,减少了吊顶的压抑感。

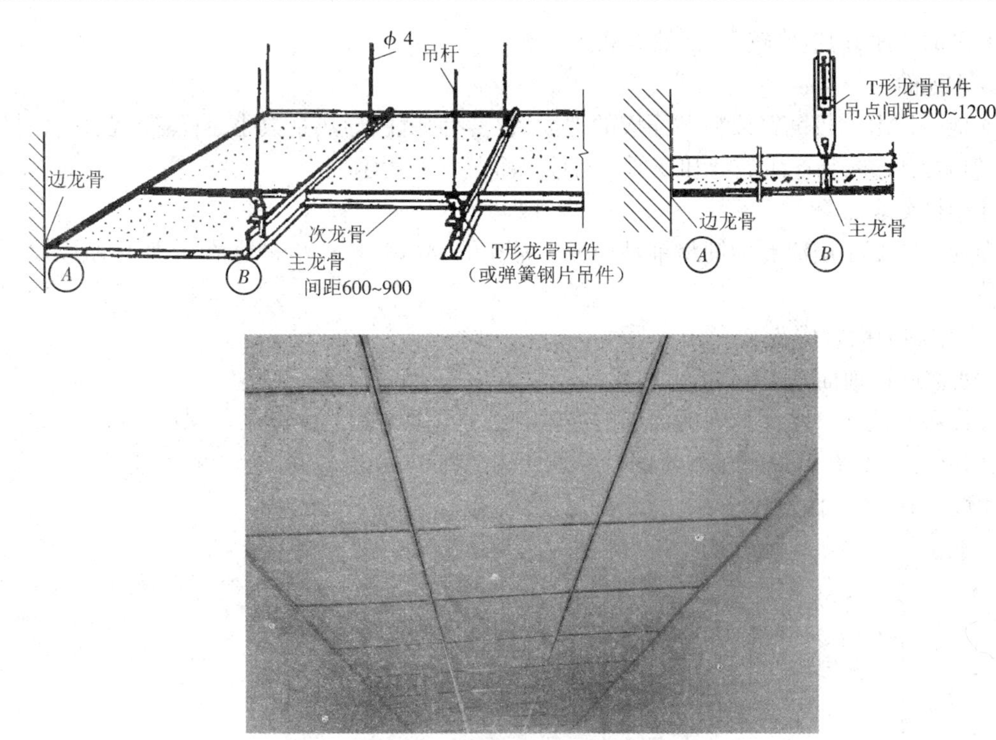

图 9-38　T 形轻金属龙骨吊顶构造

4. 楼地面构造

（1）楼地面的要求

楼板层和地坪层的面层统称楼地面。楼地面起着保护楼层、地层结构，改善房间的使用质量和增加美观的作用。要求楼地面具有以下的性能：

①具有足够的坚固性。

②具有良好的保温性。

③具有良好的隔声性和吸声性。

④具有一定的弹性。

⑤满足某些特殊要求。

⑥具有较强的装饰性和经济性。

（2）楼地面的类型

楼地面是人们在房屋中接触最多的部分，它的质量好坏对房屋使用影响很大，因此对楼地面的用料选材和构造要求必须充分重视。通常人们以面层材料的名称来给楼地面命名。按所用材料和施工方式的不同楼地面可分为以下四大类型。

①整体地面

整体地面是现场整浇而成的地面，它造价低，施工简便，可以通过加工处理获得装饰效果。它包括水泥砂浆地面、细石混凝土地面，水磨石地面等。

②块材类地面

块材类地面是由各种块材用胶结材料镶铺而成的地面，主要包括各种陶瓷地面砖、缸砖、大理石、花岗岩等。它耐磨损、强度高、易清洁、花色品种多，适用于人流活动大，地面磨损频率高的地面，但造价较高，工效偏低。

③木地面

木地面是由木板铺钉或粘贴而成的地面，它富有弹性、导热系数小，自然美观、耐磨、易清洁，但耐火性差，易产生裂缝和变形。目前家庭装饰常用木地面。

④卷材类地面

卷材类地面是用成卷的铺材铺贴而成。常见的卷材有各种塑料地毯，橡胶地毡以及各式地毯。

（3）常用地面的构造

①水泥砂浆地面

又称水泥地面。水泥地面的面层的做法一般是用 10~20 mm 厚 1：2 或 1：2.5 水泥砂浆抹面并压光，如图 9-39 所示。水泥砂浆地面构造简单，强度较高，防水性好，造价低，耐磨和起尘性一般，热工性能较差。

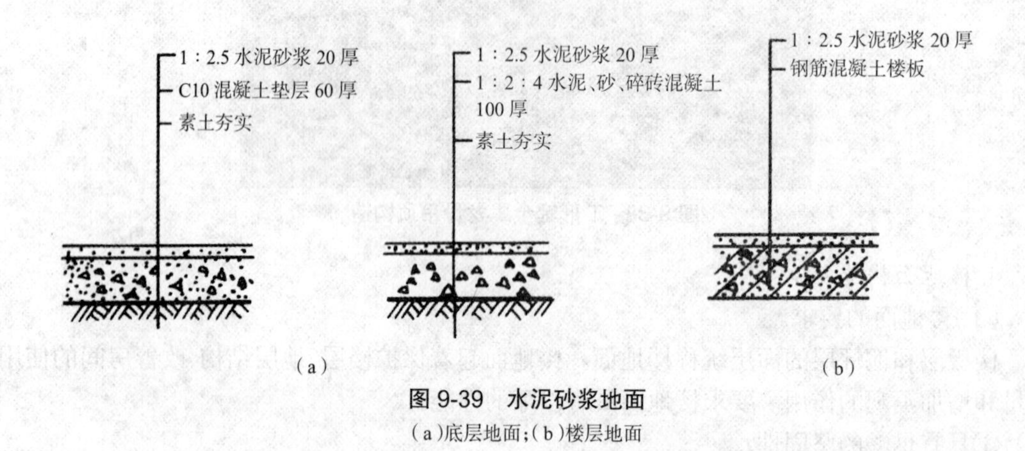

图 9-39 水泥砂浆地面

（a）底层地面；（b）楼层地面

水泥砂浆地面施工过程中，若加大砂浆中的水泥量，虽然能提高强度，增加耐磨度，但容易产生干缩裂缝。如砂浆中水泥含量过少，则砂浆的强度低，表面粗糙，易起砂。为提高水泥地面的舒适性，可在水泥地面上刷油漆或涂料。

②细石混凝土地面

细石混凝土地面是在结构层上浇捣 C20 细石混凝土 20~40 mm 厚。施工时用木板拍浆或铁滚压浆。为提高其表面耐磨性和光洁度，可洒 1：1 的水泥黄砂随洒随抹光，如图 9-40 所示。

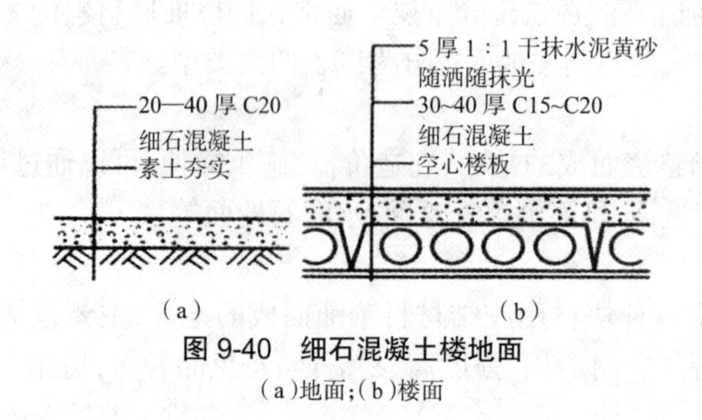

图 9-40 细石混凝土楼地面

（a）地面；（b）楼面

③水磨石地面

水磨石地面是在结构层上抹 10~15 mm 厚 1：3 水泥砂浆找平层，为了美观和防止面层出现裂缝，在找平层上有规则的镶嵌玻璃条或金属条，再用厚 10 mm 的 1：1.5~2.5 的水泥石子抹面，待结硬后用水磨石机加水磨光而成。其构造层次如图 9-41 所示。

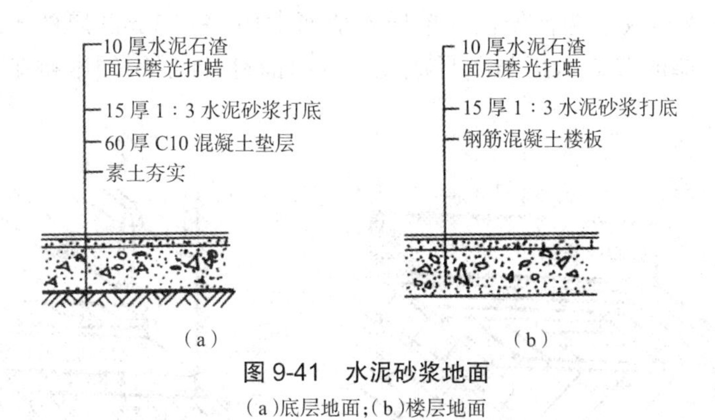

图 9-41　水泥砂浆地面

(a)底层地面；(b)楼层地面

④地面砖、陶瓷锦砖、缸砖地面

地面砖、锦砖、缸砖等陶瓷地面是在结构层找平的基础上，洒水润湿，刷素水泥浆一道，用 15~20mm 厚 1：2~4 干硬性水泥砂浆铺平拍实，砖块间灰缝宽度约 3mm，用水泥擦缝，如图 9-42 所示。

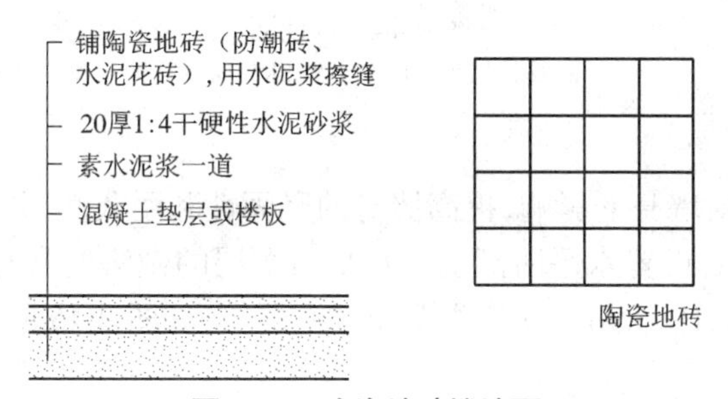

图 9-42　陶瓷地砖楼地面

⑤大理石、花岗岩地面

大理石、花岗岩地面是在结构层上洒水湿润并刷一道素水泥浆、用 20~30 mm 厚 1：3~4 干硬性水泥砂浆作结合层铺贴板材，如图 9-43 所示。

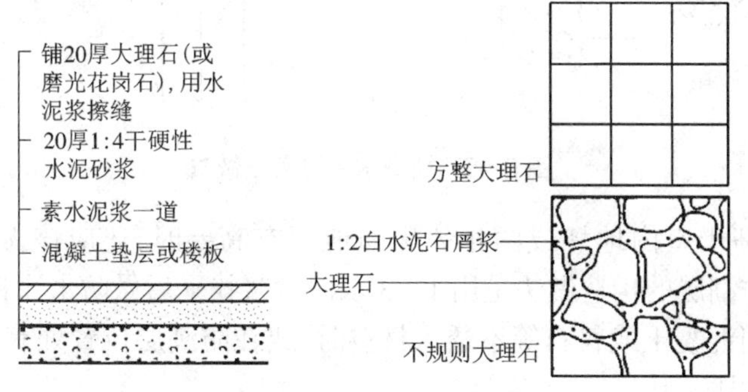

图 9-43　大理石楼地面

⑥木地面

木地面有空铺和实铺两种做法。空铺地面现在已很少采用。实铺地面是在结构层上设置木龙骨,在龙骨上钉木地板的地面。底层地面为了防潮,需在垫层上刷冷底子油和热沥青各一道。

木地面有单层和双层两种做法。单层木地面常用18~23 mm厚的木企口板:双层木地面是用20 mm厚的普通木板与龙骨成45°方向铺钉,面层用硬木拼花地板,如图9-44所示。

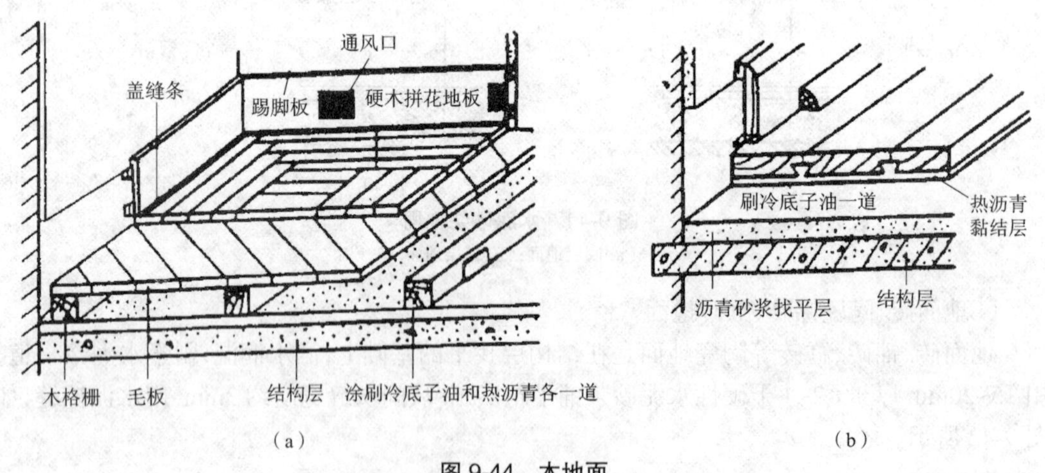

图9-44 木地面

(a)双层木地板;(b)粘贴式木地面(单层)

5. 墙身防潮层

为杜绝地下潮气对墙身的影响,提高墙身的坚固性和耐久性,并保证室内干燥卫生,砌体墙应该在勒脚处墙身设置水平防潮层。水平防潮层的做法通常有用防水砂浆砌筑三皮砖、防水砂浆防潮层、油毡防潮层、细石混凝土防潮层等,如图9-45所示。

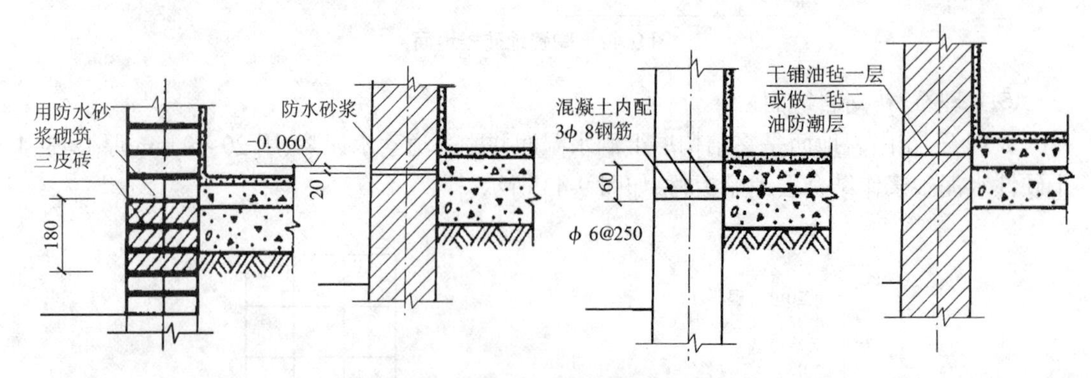

图9-45 墙身水平防潮层做法

当室外地坪高于室内地坪或两相邻房间地坪有高差时,还应该做垂直防潮层,如图9-46所示。垂直防潮层的构造做法是用1∶3水泥砂浆找平后做防水涂料或贴防水卷材。

如果墙脚采用混凝土或料石等不透水材料时,或在防潮层位置处有钢筋混凝土基础梁或地圈梁时,可不设防潮层。

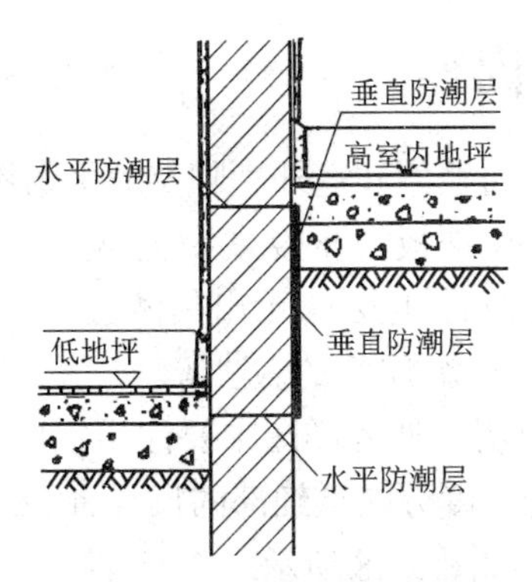

图 9-46　墙身垂直防潮层

6. 踢脚板、墙裙

踢脚板是室内地面与墙面相交处的构造处理。踢脚板的作用是遮盖楼地面与墙面的接缝，保护墙的根部以防止擦洗地面时弄脏墙面。踢脚板所用的材料，除陶瓷锦砖、混凝土等地面外，一般均与地面材料相同。踢脚板的高度为 100~150 mm。

墙裙是踢脚板的延伸。在厕所、厨房、盥洗室等房间，墙的下部容易污染，需经常清洗。为了保护墙面，使其免遭污染和潮气侵蚀，一般采用不透水的材料（如水泥砂浆、瓷砖等）做成墙裙，其高度为 900~1 800 mm。目前家庭装饰多把厕所、厨房的所有墙面均贴上了瓷砖。

9.2　外墙详图

9.2.1　外墙详图的图示方法

外墙详图实际上是建筑剖面图中外墙身的局部放大图。它主要表达了建筑物的屋面、檐口、楼面、地面的构造，楼板与墙身的关系，以及门窗顶、窗台、勒脚、散水、明沟等处的尺寸、材料、做法等构造情况。

外墙详图一般用较大的比例绘制，一般采用 1 : 20 的比例，必要时用 1 : 10。为节省图幅，常采用折断画法，往往在窗洞中间处断开，成为底层、顶层和一个中间层节点的组合。

外墙详图的线型和剖面图一样，剖到的墙身轮廓线用粗实线画出，因为采用了较大的比例，墙身应用细实线画出粉刷层，并在断面轮廓线内画上规定的材料图例，如图 9-47 所示。

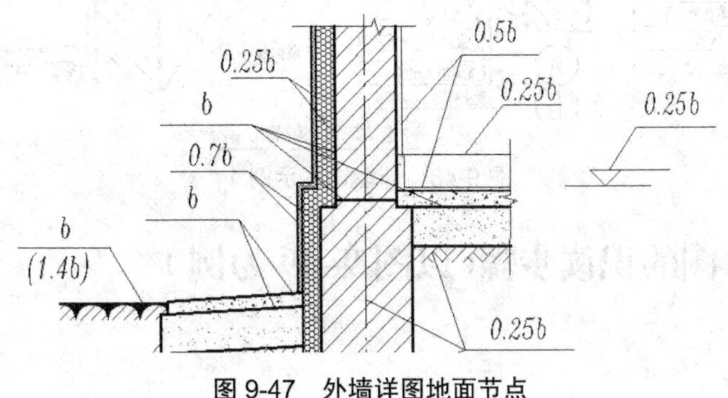

图 9-47　外墙详图地面节点

9.2.2 外墙详图的基本内容

1. 地面节点表示防潮层、室内地面和室外勒脚及散水的构造做法。

2. 中间节点表示墙体与圈梁、楼板的连接关系，还表示窗顶过梁的形式、窗台做法、踢脚板做法等；如有阳台、雨篷、遮阳板时，也要表示出其做法。

3. 檐口节点表示挑檐板、女儿墙、屋面的做法等。

4. 标高、尺寸标注和文字说明。外墙详图中要注出室内外地面、各层楼面、门窗洞口的顶面和底面的标高，要注出墙身高度方向上细部的尺寸，还要对地面、楼面、屋面的构造做法用多层构造说明的方法来说明，如图 9-48 所示。

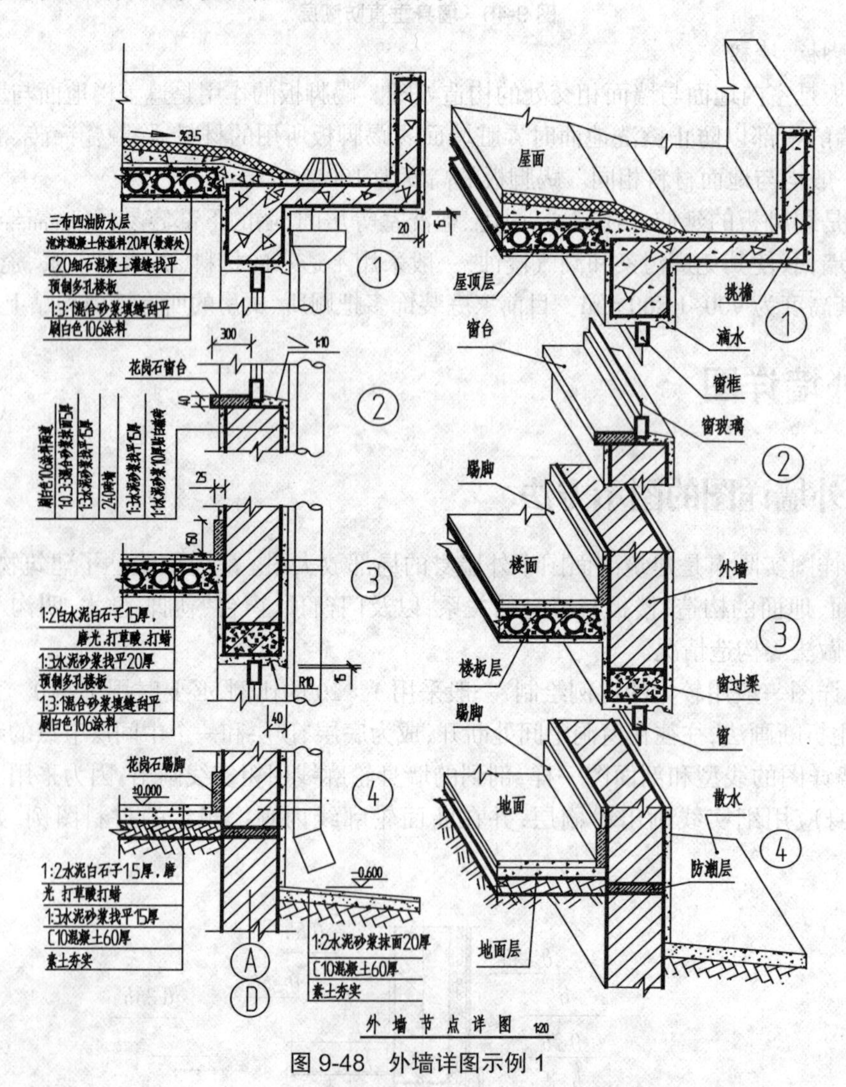

图 9-48 外墙详图示例 1

9.2.3 外墙详图的识读步骤（以图 9–49 为例）

1. 看比例、图名。

2. 看地面节点。

3. 看中间节点。
4. 看檐口节点。
5. 看标高、尺寸和文字说明。

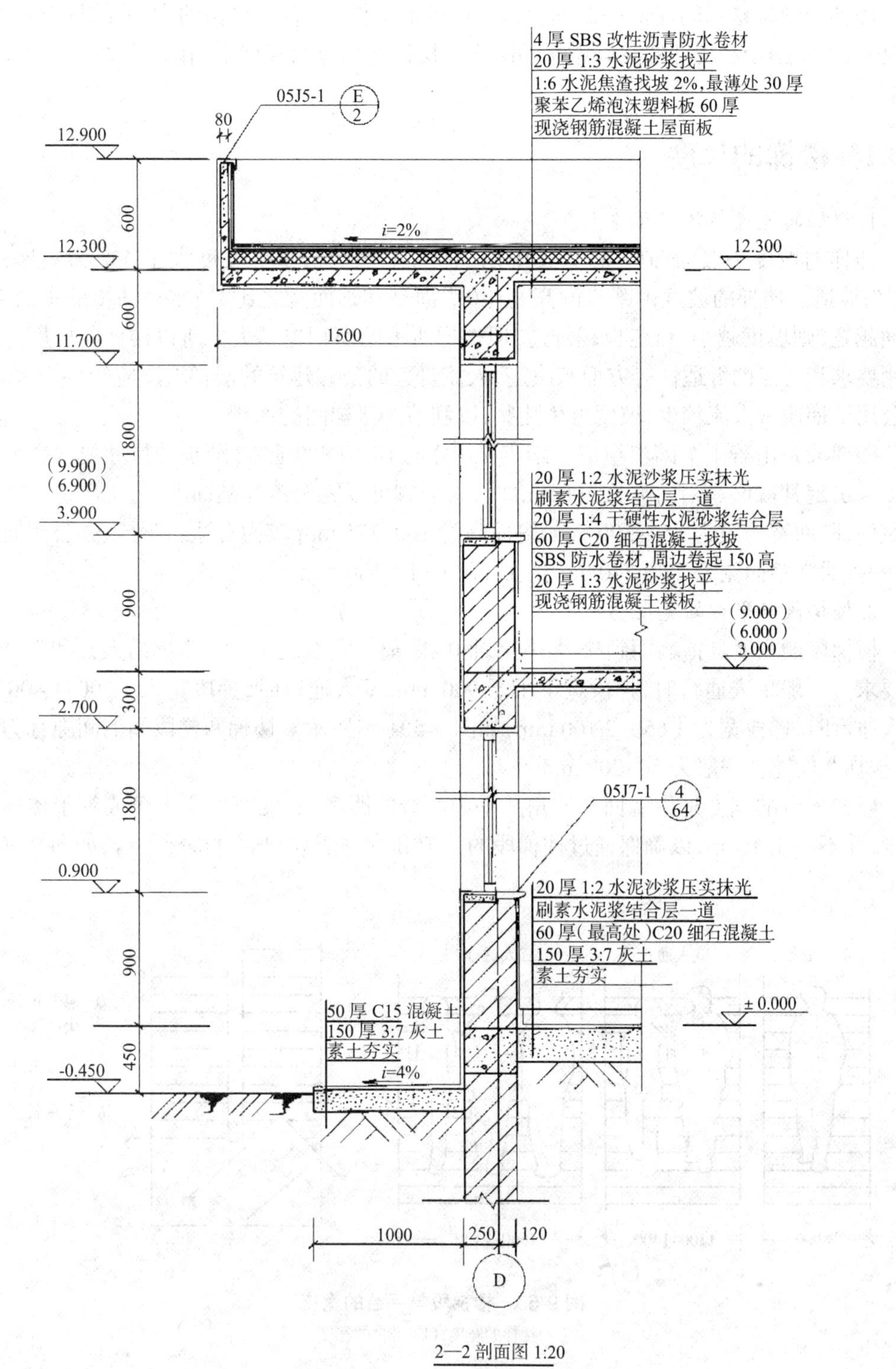

图 9-49　外墙详图示例 2

9.3 楼梯详图

楼梯详图是楼梯间局部平面图及剖面图的放大图，是表示楼梯的类型、结构形式、各部位尺寸，以及踏步和栏杆的装修做法的图样。楼梯详图包括楼梯平面图、楼梯剖面图和节点详图。

9.3.1 楼梯的尺度

1. 楼梯的坡度与踏步尺寸

楼梯的坡度一般为 20°~45°，其中以 30° 左右较为舒适。坡度大于 45° 为爬梯，小于 20° 为坡道。楼梯的坡度由踏步的高宽比（踢面高和踏面宽之比）决定。踏步的踢面越低，踏面越宽，则坡度越小，行走也越舒适，但楼梯所占的面积也越大。所以楼梯的坡度应根据使用要求和行走的舒适性等方面来决定，人流量大的公共建筑的楼梯坡度应较平缓，住宅中的公用楼梯通常人流较少，坡度可稍陡些，以利节约楼梯间的面积。

楼梯段是由若干个踏步组成。踏步是上下楼梯踏脚的地方，踏步的尺寸要根据人体的尺度来决定其取值。踏面宽为 300 mm 时，人的脚可以完全落在踏面上，行走舒适。在居住建筑中，踏面宽一般为 250~300 mm，踢面高为 160~175 mm 较为合适。学校、办公楼坡度应平缓些，通常踏面宽为 280~340 mm，踢面高为 140~160 mm。

2. 楼梯段与平台的宽度

楼梯段的宽度是指墙面到扶手中心线间的距离。它取决于通过楼梯的人数和安全疏散的要求。一般单人通行时，梯段宽不小于 900 mm，双人通行时，梯段宽为 1 100~1 400 mm，三人通行时，梯段宽为 1 650~2 100 mm，如图 9-50（a）所示。楼梯两梯段间的间隙称为楼梯井，楼梯井的宽度一般为 50~200 mm。

楼梯平台的宽度是指墙面到转角扶手中心线的距离，它的宽度应大于或等于楼梯段的宽度，并不小于 1.1 m，以确保通过楼梯段的人流和货物能顺利通过楼梯平台，如图 9-50（b）所示。

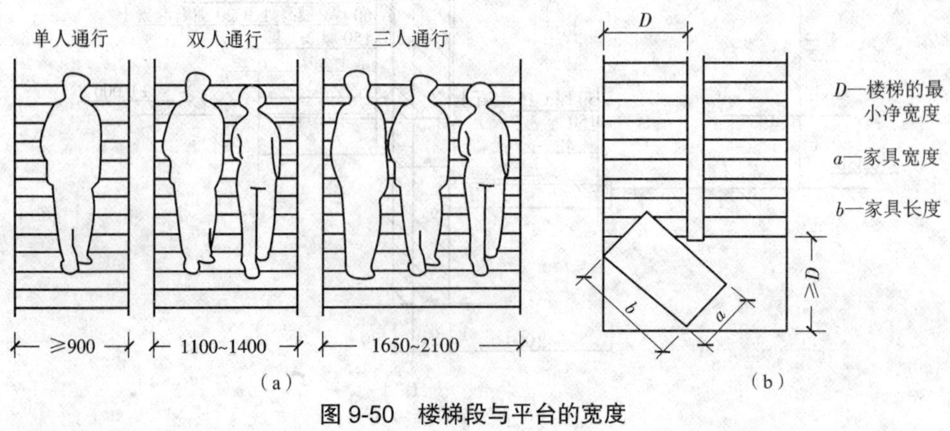

图 9-50 楼梯段与平台的宽度

（a）楼梯的宽度；（b）平台的宽度

3. 楼梯的净空高度

楼梯的净空高度包括平台过道处的净高和楼梯段的净高。为保证人流通行和家具搬运，平台过道处的净空高度应大于 2 m，楼梯段处的净空高度应大于 2.2 m，如图 9-51 所示。

当在双跑平行楼梯底层中间平台下需设置进出通道时，为保证平台下净高大于 2m，常采取将双跑梯做成长短跑或降低底层楼梯间室内标高的方法解决。

4. 楼梯栏杆(板)扶手高度

楼梯扶手的高度与楼梯的坡度和楼梯的使用要求有关。楼梯坡度大，扶手的高度可低一些，坡度越平，扶手高度越高。在一般情况下，扶手高度为 900 mm(以踏步踏面中心点垂直量到扶手上表面)，楼梯平台处和顶层楼梯平台处的水平栏杆(板)高度不小于 1 000 mm，如图 9-52 所示。

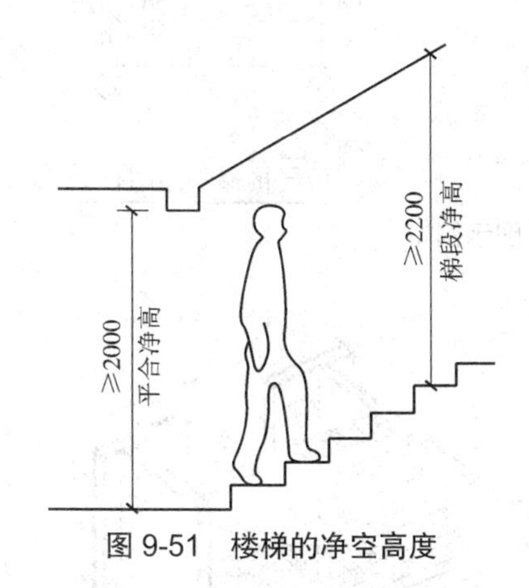

图 9-51　楼梯的净空高度

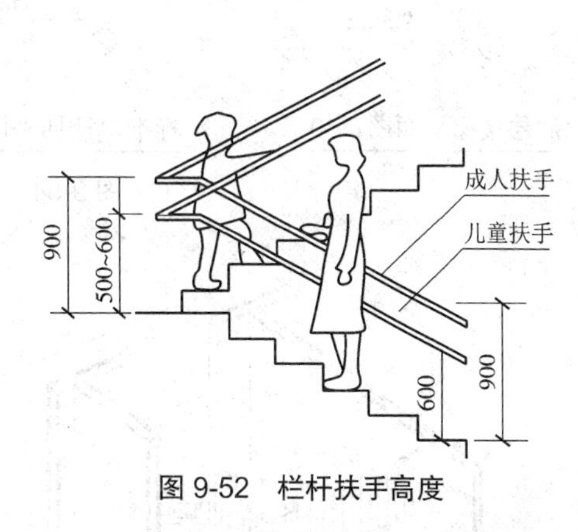

图 9-52　栏杆扶手高度

9.3.2　楼梯平面图

1. 楼梯平面图的形成和图示方法

用一个假想的水平剖切平面，通过每层向上的第一个梯段的中部(休息平台下)剖切后，向下作正投影所得到的投影图，称为楼梯平面图，如图 9-53 所示。

楼梯平面图实际上是建筑平面图中楼梯间的局部放大图。楼梯平面图的比例一般选用 1∶50。楼梯平面图采用的线宽有三种。剖切到的结构轮廓线用粗实线(b)，未剖切到的可见轮廓线用中实线($0.5b$)，尺寸标注、标高等用细实线($0.25b$)。

楼梯平面图一般每层有一个，对于相同的中间层楼梯平面图，可用一个标准层平面图表示，但要标注出多层标高，因此一般情况下，楼梯平面图由底层、顶层和标准层平面图组成。

2. 楼梯平面图的基本内容

用轴线编号表明楼梯间的位置，注明楼梯间的长度尺寸，楼梯跑数，每跑的宽度及踏步数，踏步的宽度，休息板的尺寸和标高等，如图 9-54 所示。

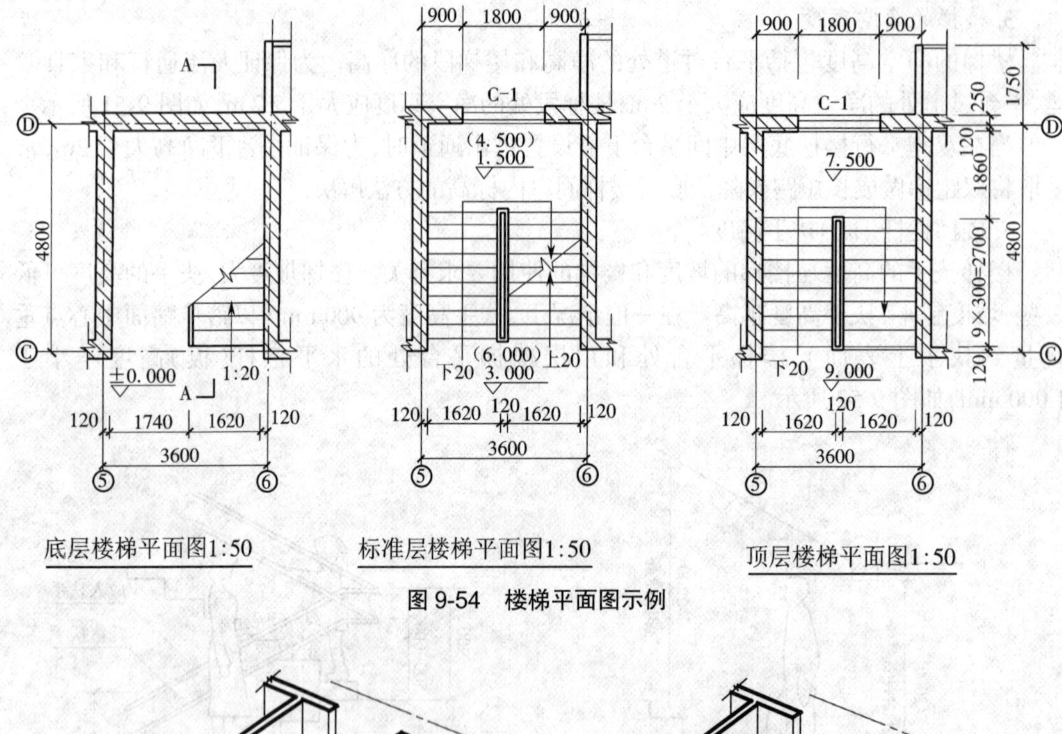

图 9-54 楼梯平面图示例

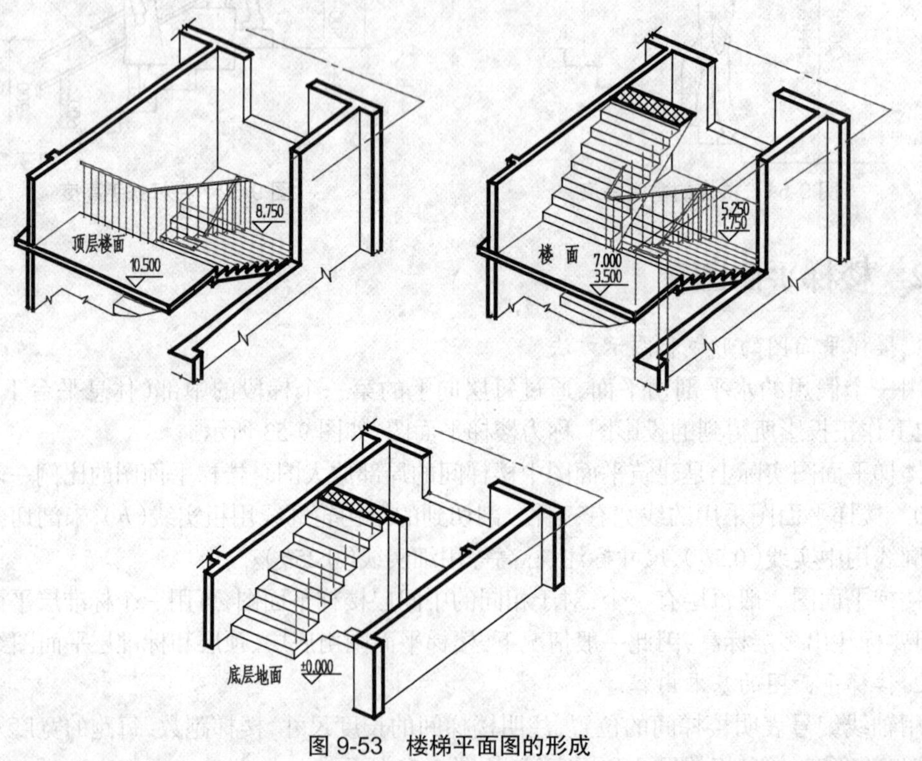

图 9-53 楼梯平面图的形成

9.3.3 楼梯剖面图

1. 楼梯剖面图的图示方法

比例和图线与楼梯平面图相同。在多层房屋中，如果中间层的楼梯间相同时，可以在中间层处用折断线符号断开,同时注出楼面和休息平台的多层标高。这时楼梯剖面图只画出底层、顶面和一个中间层的剖面图即可。

2. 楼梯剖面图的基本内容

表明各层楼层及休息平台的标高,楼梯踏步数,楼梯栏杆的形式及高度,楼梯间门窗洞口的标高及尺寸等,如图 9-55 所示。

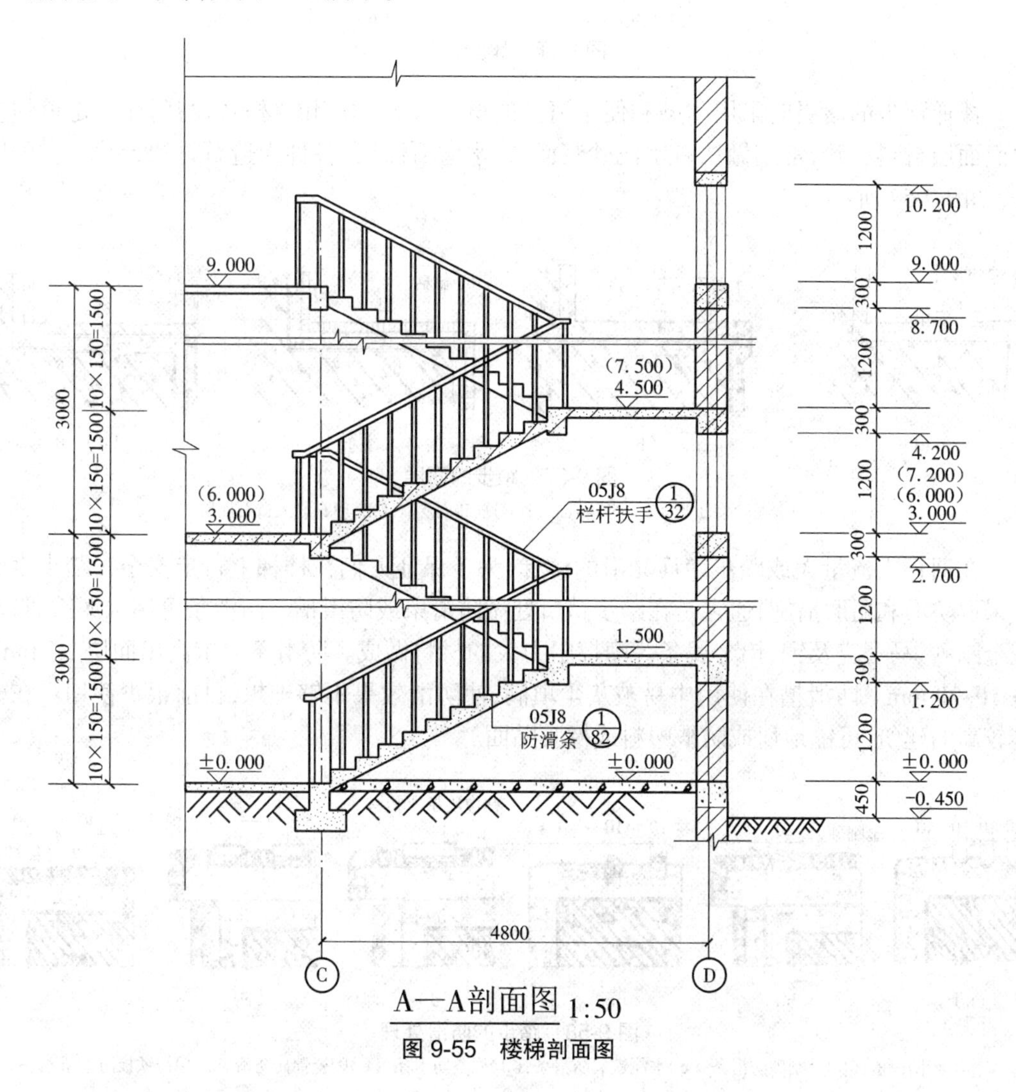

图 9-55　楼梯剖面图

9.3.4　楼梯节点详图

节点详图表示梯段的厚度、踏面宽、踢面高,表示楼梯梁、平台梁与梯段、楼面、平台的相对位置、材料做法和标高、尺寸等,表示栏板、扶手、防滑条等的做法。常采用较大比例,如 1∶20、1∶10、1∶5、1∶4,甚至 1∶1 等。

1. 踏步

踏步由踏面和踢面组成。踏步的断面呈三角形,一般情况下踏面与踢面的比例以 2∶1 为宜。为不增加楼梯长度,扩大踏面宽度,使行走舒适,常在踏步边缘突出 20 mm. 或向外倾斜 20mm,形成斜面,如图 9-56 所示。

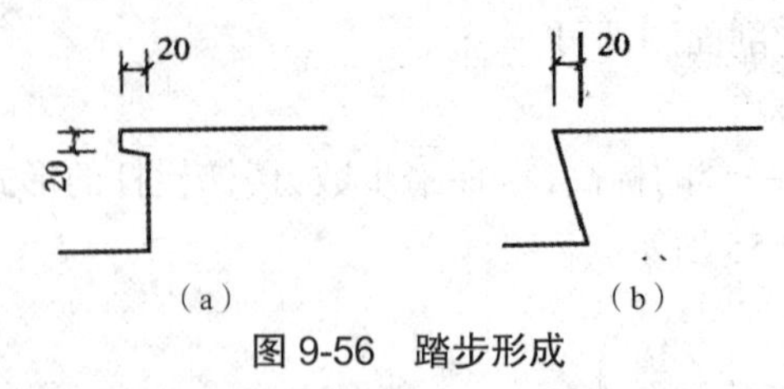

图 9-56 踏步形成

楼梯踏步的面层应采用耐磨和便于清洁的材料做成,采用的材料常与门厅或走道的楼地面面层材料一致,常用做法有水泥砂浆面层、水磨石面层,各种人造石材和天然石材面层等,如图 9-57 所示。

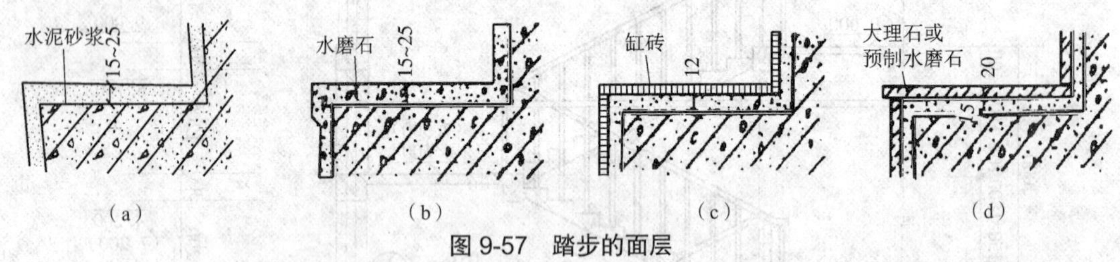

图 9-57 踏步的面层

(a)水泥砂浆面层;(b)水磨石面层;(c)缸砖面层;(d)大理石或人造石面层

在通行人流量大或踏步表面光滑的楼梯,为了保证人们在楼梯上行走安全,,踏步表面应采取防滑和耐磨措施,通常是在踏步踏口处做防滑条或防滑槽。防滑条可用水泥铁屑、水泥金刚砂、马赛克及铜、铝金属条等摩擦阻力大的材料做成。防滑条要求高出面层 2.3 mm,宽 10~20 mm。防滑槽在使用中易被灰尘填满,使防滑效果不够理想,目前很少使用。在标准较高的建筑,可铺地毯或防滑塑料或橡胶贴面。

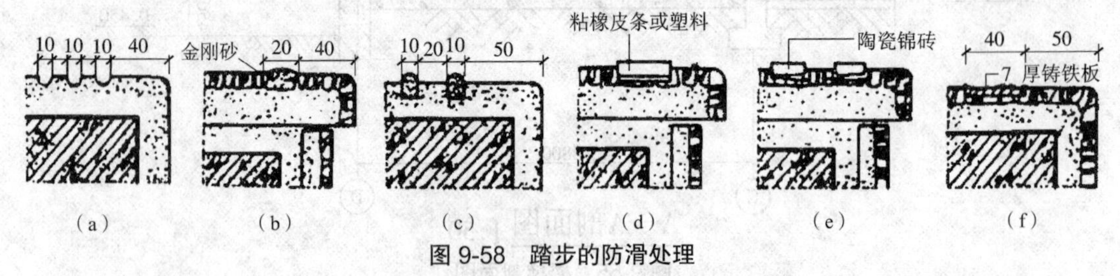

图 9-58 踏步的防滑处理

(a)防滑槽;(b)金刚砂防滑条;(c)水泥铁屑防滑条;(d)橡皮防滑条;(e)陶瓷锦砖防滑条;(f)铸铁板防滑条

2. 栏杆和栏板

栏杆和栏板是在楼梯段和平台临空一侧所设置的安全设施,同时还有一定的装饰作用,其高度不得小于 0.9 m。栏杆是透空构件,常用扁钢、方钢、圆钢等型材焊接或铆接成一定的图案,如图 9-59 所示。目前,不锈钢管栏杆和铸铁花饰栏杆在各地较为流行。栏杆垂直杆件的净空隙不应大于 110 mm。

栏板是不透空构件,常用砖砌筑或用预制或现浇钢筋混凝土板做成。

楼梯与栏杆的连接方式为在所需部位预埋铁件或预留孔洞,将栏杆焊在楼梯段的预埋铁件上或插入楼梯段的预留洞内,然后用细石混凝土固定,如图 9-60 所示。

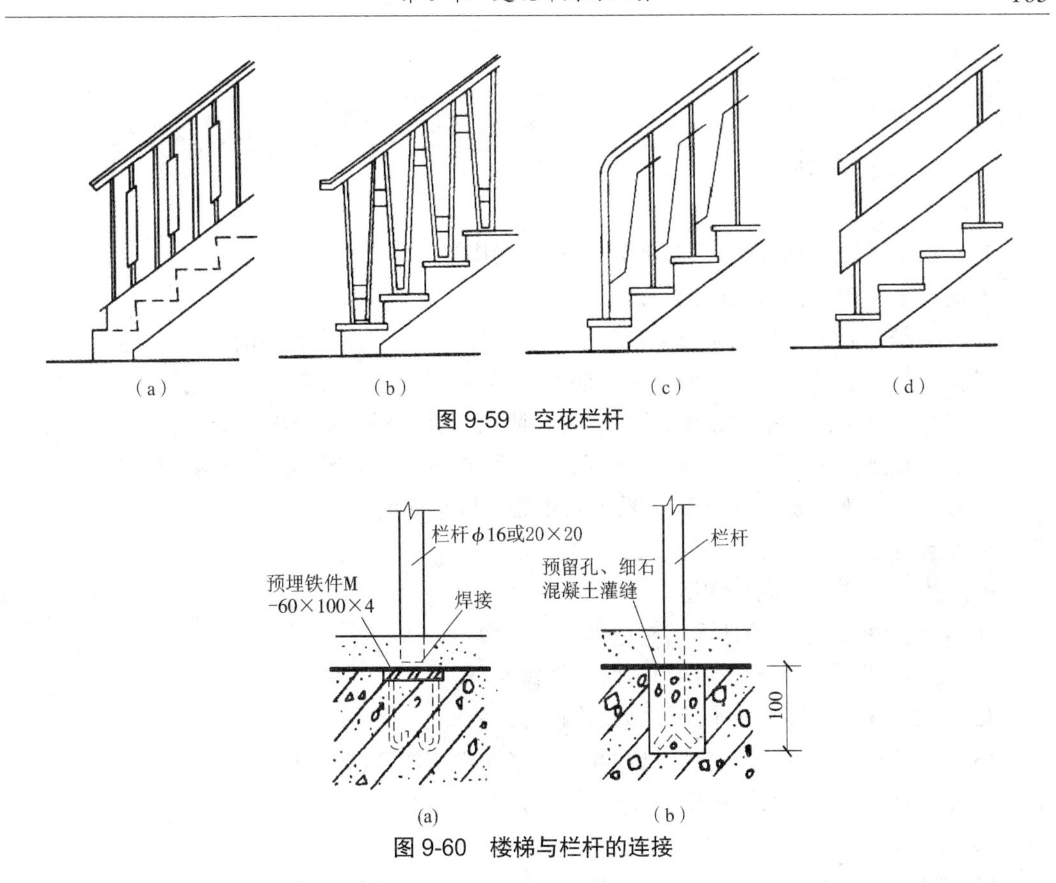

图 9-59　空花栏杆

图 9-60　楼梯与栏杆的连接

3. 扶手

栏杆和栏板的上部都要设置扶手，供人们上下楼梯时依扶之用。栏杆扶手一般用硬木，钢管、不锈钢管、塑料管、水磨石等材料做成，如图 9-61 所示。在栏板的上部可抹水泥砂浆或水磨石等，以制成栏板扶手。

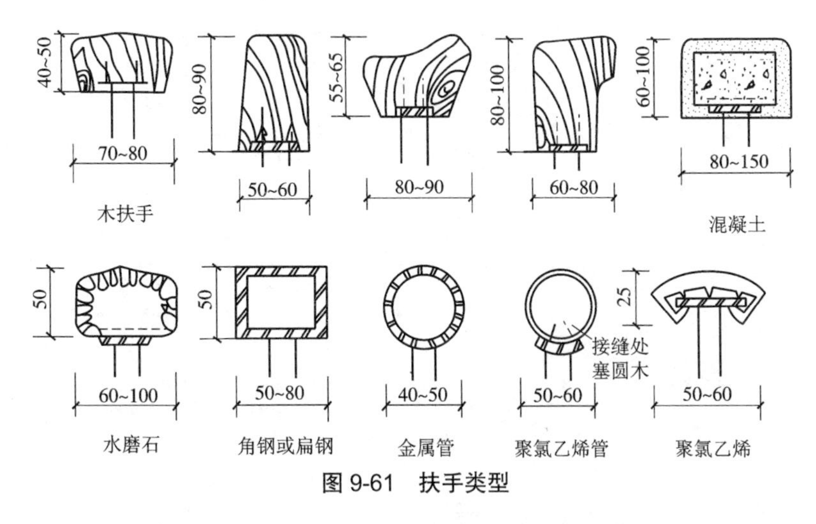

图 9-61　扶手类型

扶手与栏杆的固定方法很多，一般用木螺钉或螺栓结合，也可焊接。当楼梯较宽时，靠墙一侧应设置“靠墙扶手”以确保行走安全。

思考题

1. 楼板层由哪几部分组成,各部分起什么作用?
2. 简述平屋顶的排水坡度的形成及排水方式。
3. 什么是保温层?什么是隔热层?在平屋顶中,它们的位置如何确定?
4. 什么是柔性防水屋面?简述柔性防水屋面的作法。
5. 在卷材防水保温平屋顶中,为什么要设隔汽层,隔汽层的作法有哪几种?
6. 什么是刚性防水屋面?试述刚性防水屋面中细石混凝土防水层的构造作法。
7. 常用的顶棚有哪几种类型?悬吊式顶棚的构造如何?
8. 传统的坡屋顶有哪几部分组成?
9. 简述斜屋顶的组成与构造。
10. 简述几种常用的楼地面的构造做法。
11. 楼梯踏步的防滑措施有哪几种,具体做法如何?
12. 简述栏杆、栏板和扶手的类型及连接方式?
13. 墙身为什么要设防潮层?试述墙身水平防潮层的作法及其位置。
14. 什么是建筑详图,详图中主要反映哪些内容?
15. 楼梯详图包括哪些内容?
16. 绘图大作业:选用 A3 图幅,用 1∶50 比例绘制图 9-49 外墙详图、图 9-54 楼梯平面图。

作业要求:图面布置要合理,图线粗细分明.尺寸、标高标注正确。

第 10 章　结构施工说明及基础结构图的识读

10.1　地基与基础

10.1.1 地基

地基是建筑物基础下面的土层，直接承受着由基础传来的建筑物的全部荷袭，包括建筑物的自重和其他荷载。地基因此而产生应力和应变，并随土层深度的增加而减少，在到了一定的深度后就可以忽略不计。地基中直接承受荷载需要计算的土层称为持力层，持力层以下的土层称下卧层，如图 10-1 所示。

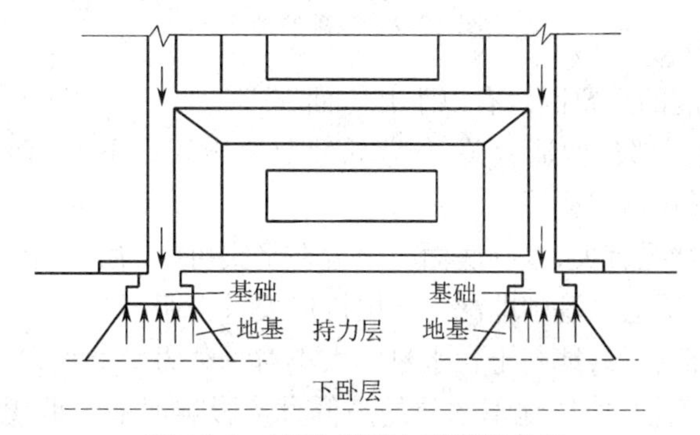

图 10-1　地基、基础与荷载的关系

地基在保持稳定的条件下，每平方米所能够承受的最大垂直压力称为地基的承载力（又称地耐力）。当基础对地基的压力超过地基承载力时基础将会出现加大的沉降变形，甚至产生地基土层滑动而破坏。为了保证建筑物的稳定与安全，必须将房屋基础与土层接触部分的底面尺寸适当扩大，以减少地基单位面积承受的压力。

地基分为天然地基和人工地基两类。凡天然土层具有足够的强度能承受建筑物的全部荷载，不需经过人工改良或加固，可以直接在上面建造房屋的地基叫作天然地基，如岩石、碎石土、砂土、黏性土等均可作为天然地基，当土层承袭力较差，如杂填土、冲填土、淤泥或其他走压缩性土层，必须经过人工加固处理使其强度提高后才能承受建筑物全部荷袭的地基叫作人工基。采用人工加固地基的方法有压实法、换土法、打桩法等几种。虽然地基不是建筑物的组成部分，但它和基础一样，对保证建筑物的坚固耐久具有非常重要的作用。

10.1.2　基础的埋深

基础是建筑物的地下部分，直接与土层接触，它承受建筑物的全部荷载，它的作用是将建筑物的自重及荷载传给下面的地基。

基础的埋置深度(简称埋深)是指室外设计地面到基础底面的距离,如图 10-2 所示。基础的埋置要有一个适当的深度,既要能保证建筑物的安全耐久。又要节约基础的用料,加快施工进度,做到经济合理。在一般情况下,基础的埋深应不小于 0.5 m。这是因为接近地表的土层常被"扰动",并带有大量植物根茎等易腐物质及灰渣垃圾等杂填物,又因地表面雨雪、寒署等外界因素影响较大,所以在 0.5 m 深度以内一般不作为地基。基础的埋深对建筑物的耐久性、造价、工期、材料和施工技术(措施)等影响较大。

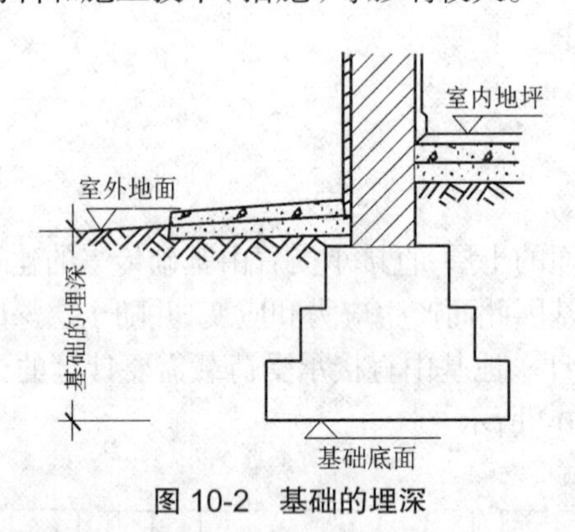

图 10-2 基础的埋深

影响基础埋置深度的主要因素有以下几方面:

1. 与建筑物的地下部分构造有关,如建筑物是否设置地下室,有无设备基础和地下设施,以及基础本身的形式和构造等。

2. 与地基的土质情况有关,基础底面应设置在坚实可靠的土层上,而不要设置在承载力低、压缩性高的软弱土层上。基础埋深与土层构造关系密切。

3. 与地下水位高低有关,地基土含水量的大小对承载力影响很大,含有侵蚀性物质的地下水对基础还将产生腐蚀,所以地下水位的高低直接影响地基的承载力。基础应尽量埋置在地下水位以上。当地下水位较高时,基础不得不埋置在地下水内,应注意基础底面应置于地下水位之下,如图 10-3 所示。

4. 与当地冰冻线深度有关,基础埋深最好设在当地冰冻线以下,这样不致因土壤冻胀而使地基破坏,如图 10-4 所示。但对岩石、砂砾、粗砂、中砂类的土质可不必考虑冰冻线的问题。

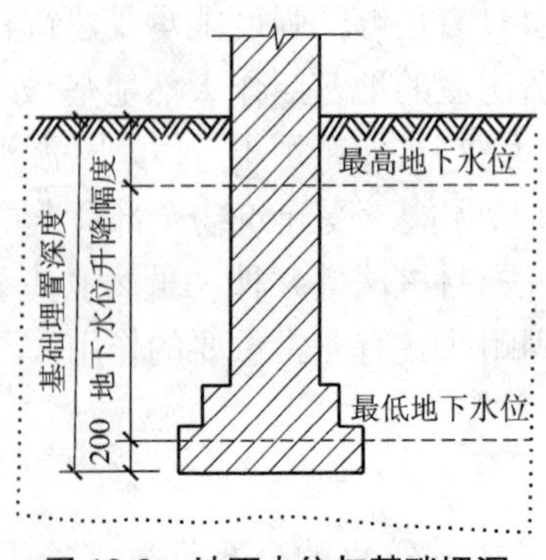

图 10-3 地下水位与基础埋深

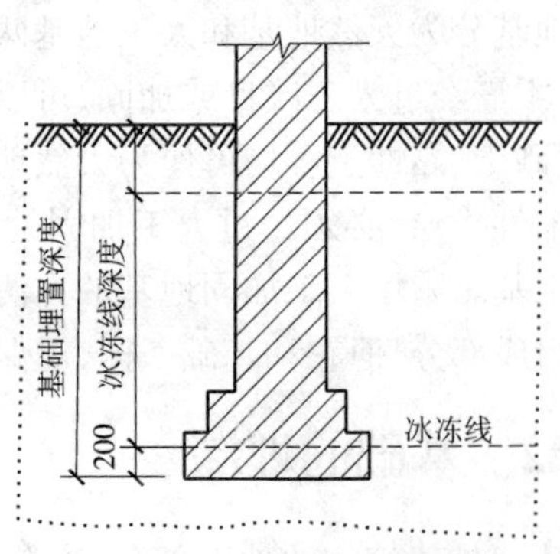

图 10-4 冰冻线与基础埋深

5. 与相邻建筑设施的基础有关，新建建筑物的基础埋深不宜深于相邻原有建筑物的基础。当新建基础深于原有建筑的基础时，则两基础间应保持一定的距离，一般取相邻两基础底面高差的 1~2 倍，即 $L=(1\sim2)H$，如图 10-5 所示。

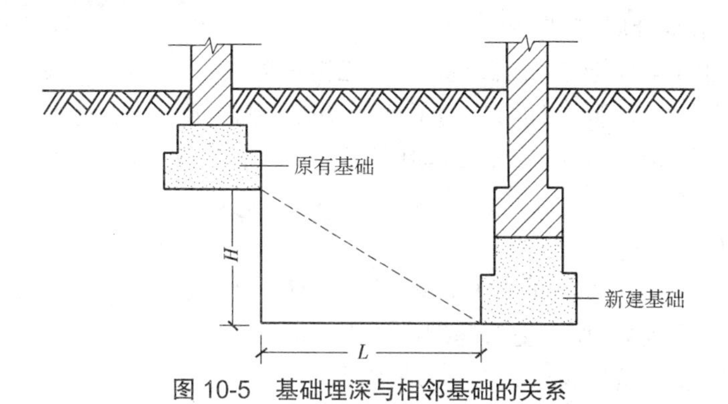

图 10-5　基础埋深与相邻基础的关系

10.1.3　基础的分类与构造

基础的构造类型与建筑物的上部结构形式、荷载大小、地基的承载能力以及它所选用的材料的性能等有密切的关系。

1. 按受力特点分

基础按受力特点分有刚性基础和非刚性基础（柔性基础）。

（1）刚性基础

用刚性材料，如砖、石、素混凝土等制作的基础，它们的抗压强度好，但抗拉、抗弯、抗剪等强度远低于其抗压强度。如图 10-6 所示，垫层与基础大放脚在地基反力的作用下，会产生很大的拉力。当这个拉力超过基础材料的允许拉应力时，垫层和大教脚就会被拉裂。如果将基础结构中的悬臂的宽度和高度控制在某一角度之内，基础中大放脚和垫层则不会被拉裂。这个角 α 就称为刚性角。刚性基础的底面宽度扩大受刚性角的限制。

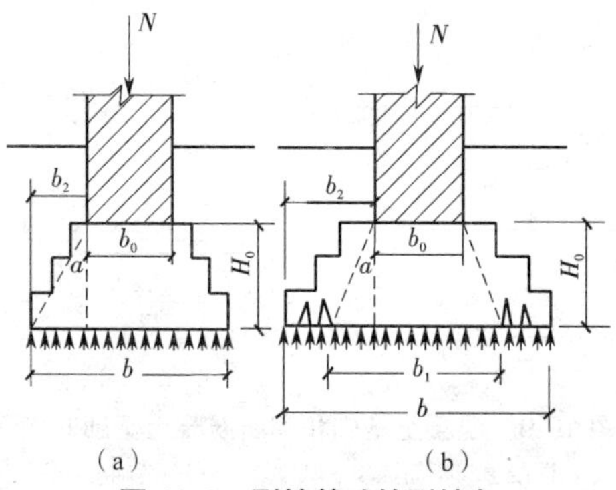

图 10-6　刚性基础的刚性角

（2）非刚性基础

用非刚性材料，如钢筋混凝土制作的基础。由于在钢筋混凝土基础中配置钢筋，利用钢筋承受拉力，基础承受弯曲的能力较大，故这种基础不受刚性角的限制，可以做得宽而薄，适用于上部荷载较大、地基承载能力较低的情况。

2. 按使用材料分

基础按使用材料分有砖基础、毛石基础、混凝土基础和钢筋混凝土基础等。

(1)砖基础

砖基础一般由基础墙、垫层和大放脚三部分组成。大放脚一般采用每二皮砖挑出 1/4 砖或每二皮砖挑出 1/4 砖与每一皮砖挑出 1/4 砖相间砌筑，前者称等高式，后者称间隔式，如图 10-7 所示。设置大放脚的目的，是为了增加基础底面宽度，以适应地基的承载能力。由于砖的强度、耐久性和抗冻性均较差，故多用于地基土质好、地下水位在基础底面以下、五层以下的混合结构建筑。

(2)毛石基础

毛石基础是由中部厚度不小于 150 mm 的未经加工的块石和水泥砂浆砌筑而成。石材强度高，抗冻、耐水性能好，所以毛石基础广泛用于地下水位高、冰冻线较深地区的低层和多层房屋。基础的剖面多为阶梯形，如图 10-8 所示。

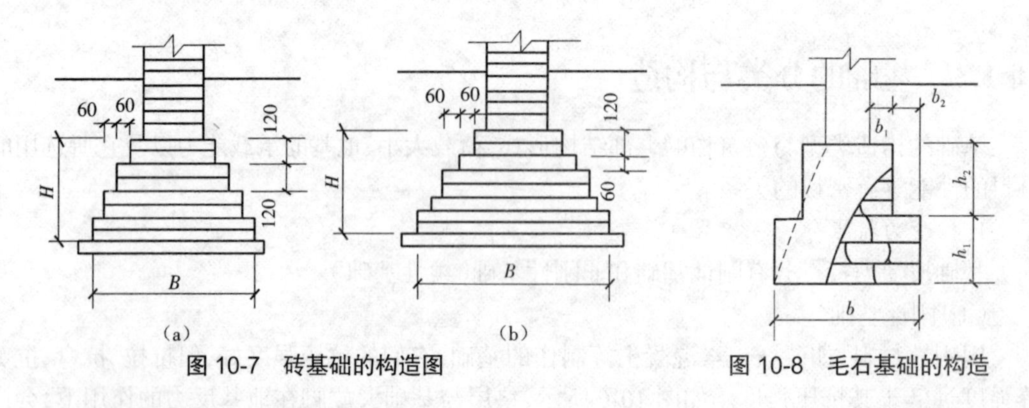

图 10-7 砖基础的构造图　　图 10-8 毛石基础的构造

(3)混凝土基础和钢筋混凝土基础

为了使基础与地基有良好的接触，以便均匀传递对基础的压力，钢筋混凝土基础下面常用强度等级为 C10 的混凝土做一个垫层，其厚度宜为 70~100 mm，如图 10-9 所示。混凝土具有坚固、耐久、不怕水等特点，常用于地下水位以下和有冰冻作用的基础。

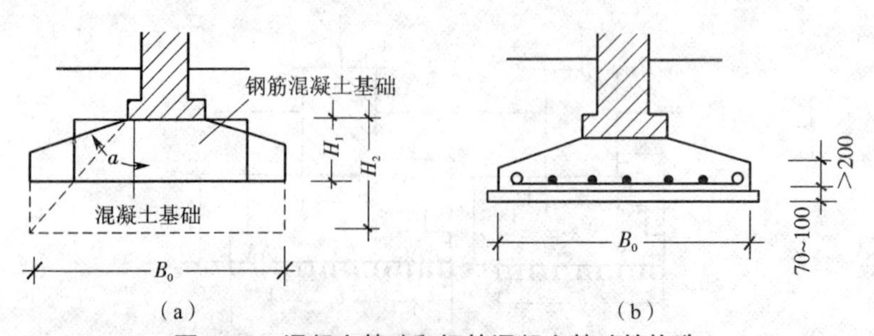

图 10-9 混凝土基础和钢筋混凝土基础的构造

(a)混凝土与钢筋混凝土基础比较；(b)基础配筋情况

3. 按构造形式分

基础按构造形式分有条形基础、独立基础、筏式基础、箱形基础和桩基础等。

(1)条形基础

条形基础又称带形基础，当建筑物的上部结构采用墙体承重时，下面的基础通常采用连续的条形基础；若上部建筑结构为柱子承重且地基软弱时，为了提高建筑物的整体性，避免不均匀沉降，基础也常做成带有地梁的条形基础，如图 10-10 所示。

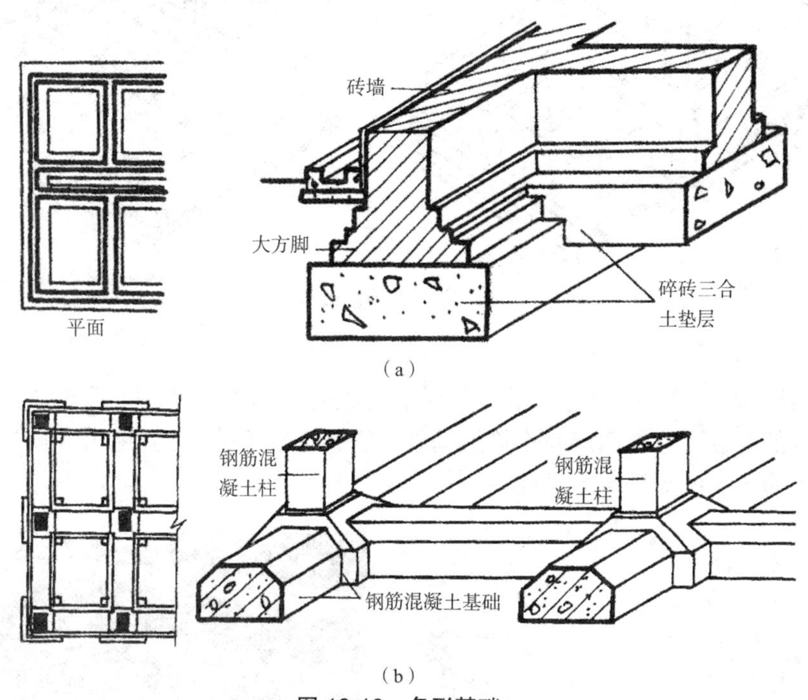

图 10-10　条形基础

(a)墙下条基；(b)柱下条基(可形成井格形)

(2)独立基础

当房屋为骨架承重结构或内骨架承重结构时，承重柱下扩大形成独立基础，如图 10-11 所示。建筑物上部为墙承重结构，但基础要求埋深较大时，也可采用独立基础。

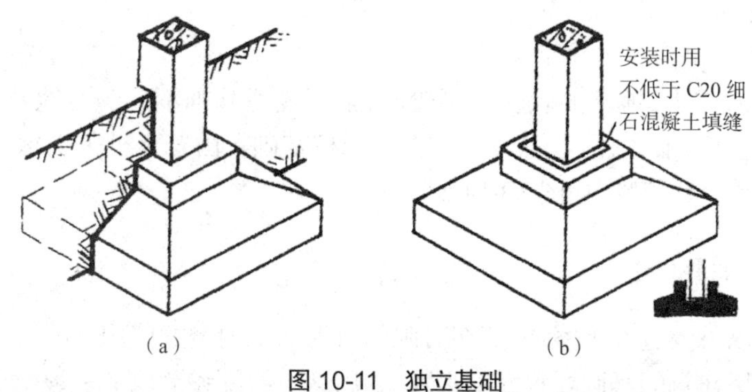

图 10-11　独立基础

(a)现浇基础；(b)杯形基础

(3)筏式基础

当地基承载能力低而建筑物上部结构传来的荷载又特别大，采用上述基础已不能适应地基变形的要求时，可采用整片的钢筋混凝土筏式基础。筏式基础有板式、梁板式两种，如图 10-12 所示。

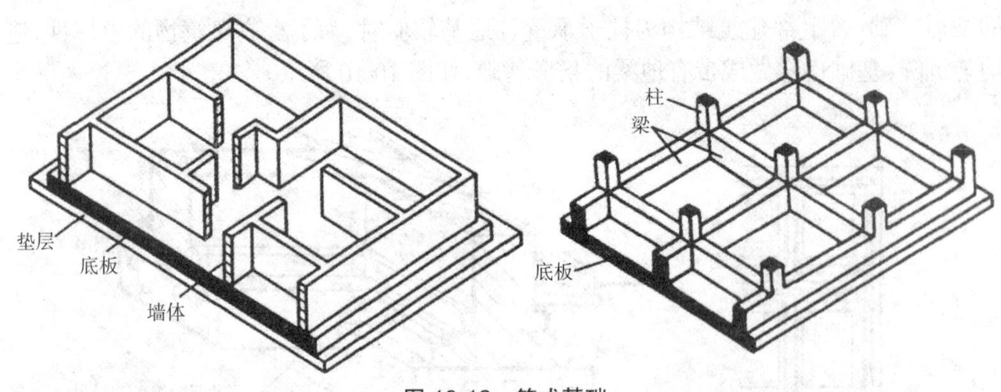

图 10-12 筏式基础

（4）箱形基础

由钢筋混凝土的底板、顶板和若干纵横墙组成的，形成空心箱体的整体结构，共同来承受上部结构的荷载。这种基础叫作箱形基础。它具有较大的强度和刚度，适用于高层建筑或有地下室的建筑，如图 10-13 所示。

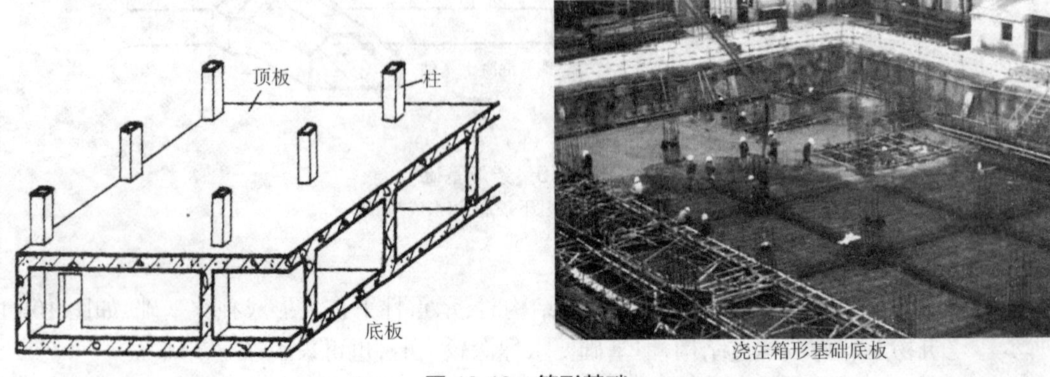

图 10-13 箱形基础

（5）桩基础

当建筑物荷载较大，地基的软弱土层较厚，采用浅埋基础不能满足地基强度和变形要求，做其他人工地基没有条件或不经济时，常采用桩基础。由若干桩来支承一个平台，然后由这个平台托住整个建筑物，如图 10-14 所示。

10.1.4 地下室构造

在房屋底层以下建造地下室，能够在有限的占地面积内增加使用空间，提高建筑用地的利用率。一些高层建筑的基础埋置深度很大，利用这一深度建造地下室，并不需要增加太多投资，比较经济。如果按照要求建筑地下室，还可供战争时期防御空袭之用。

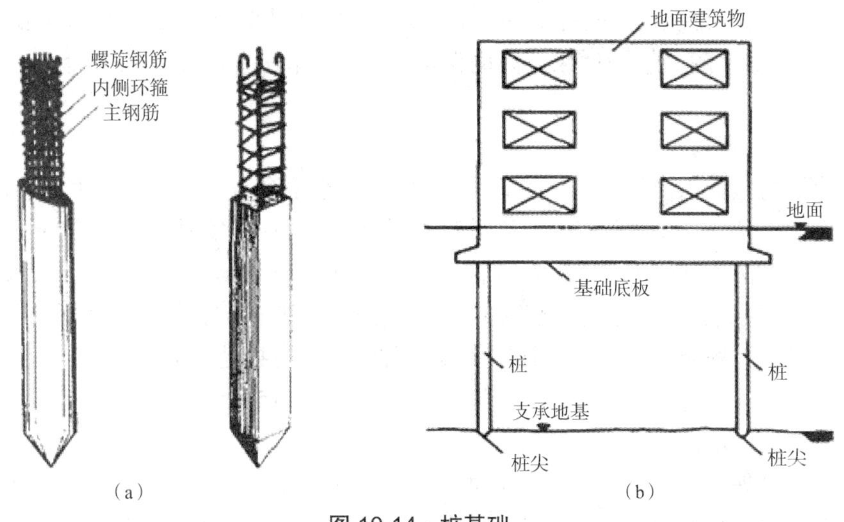

图 10-14　桩基础

(a)钢筋混凝土桩基础;(b)桩承台示意

1. 地下室的分类与组成

(1)地下室的分类

地下室的类型按功能分为普通地下室和人防地下室。普通地下室,可视为建筑地面层次向下的延伸。普通地下室可用以满足各种建筑功能的要求,如居住、办公、贮藏等。防空地下室除应按防空管理部门的要求建造外,还应考虑和平时期的利用,做到平战结合。

按构造形式可分为半地下室和全地下室,半地下室指地下室顶板底面标高高于室外地面标高的地下室。这种地下室一部分在地面以上,易于解决采光、通风等问题,普通地下室多采用这种类型。当地下室顶板的底面低于室外地面时,称全地下室。由于防空地下室有防止地面水平冲击破坏的要求,故多采用这种类型。

按结构材料分为砖墙结构和混凝土墙结构地下室。砖墙结构地下室,用于上部荷载不大及地下水位较低时的情况。当地下水位较高及上部荷载较大时,常采用混凝土墙结构地下室。

(2)地下室的组成

地下室一般由底板、顶板、墙、门和窗、采光井、楼梯等几部分组成。

在地下水位高于地下室地面时,地下室的底板不仅承受作用在它上面的垂直荷载,还承受地下水的浮力。此时应具有足够的强度、刚度和抗渗能力。地下室的顶板,多采用现浇混凝土楼板。地下室的墙不仅承受上部的垂直荷载,还要承受土、地下水及土壤冻结时产生的侧压力,所以地下室的墙的厚度,应经计算确定。当采用砖墙时,其厚度一般不小于490 mm。荷载较大或地下水位较高时,最好采用混凝土或钢筋混凝土墙。一般地下室的门和窗与地上部分相同。防空地下室的门,应符合相应等级的防护要求。防空地下室一般不允许设窗。地下室楼梯,可与地面部分的楼梯结合设置。由于地下室的层高较小,故多设单跑楼梯。

2. 地下室的防潮和防水

地下室的外墙和底板都埋在地下,受到土中含水和地下水的侵渗,如不采取构造措施,轻则因潮湿引起抹灰脱落、墙面霉变，影响健康；重则因渗漏时地下室充水，影响地下室的使用，并造成降低房屋耐久性的后果。因而保证地下室不潮湿、不透水，是地下室构造设计的重要任务。

（1）地下室的防潮

当设计最高地下水位低于地下室地面，由于地下水不会直接进入地下室，墙和地坪仅受到土层中潮湿的影响，这时只需作防潮处理。具体作法：在外墙外侧先抹 20 mm 厚 1：2.5 水泥砂浆（高出散水 300 mm 以上），然后涂冷底子油一道和热沥青两道（至散水底），最后在其外侧回填隔水层，如黏土、灰土等，并分层夯实。这部分回填土的宽度不小于 500 mm。同时，在地下室内、外墙与地面交接处及外墙与首层地面交接处，都应设置墙身水平防潮层，使整个地下室防潮层连成整体，以达到防潮目的，如图 10-15 所示。

（2）地下室的防水

当设计最高地下水位高于地下室地面时，地下室的底板和部分外墙将浸入水中。地下室的外墙受到地下水的侧压力，底板则受到浮力，此时地下室应做防水处理。地下室的外墙应做垂直防水处理，地板应做水平防水处理，如图 10-16 所示。目前常用的防水措施有卷材防水和混凝土自防水两种。其他的防水措施还有水泥砂浆防水和涂料防水等。

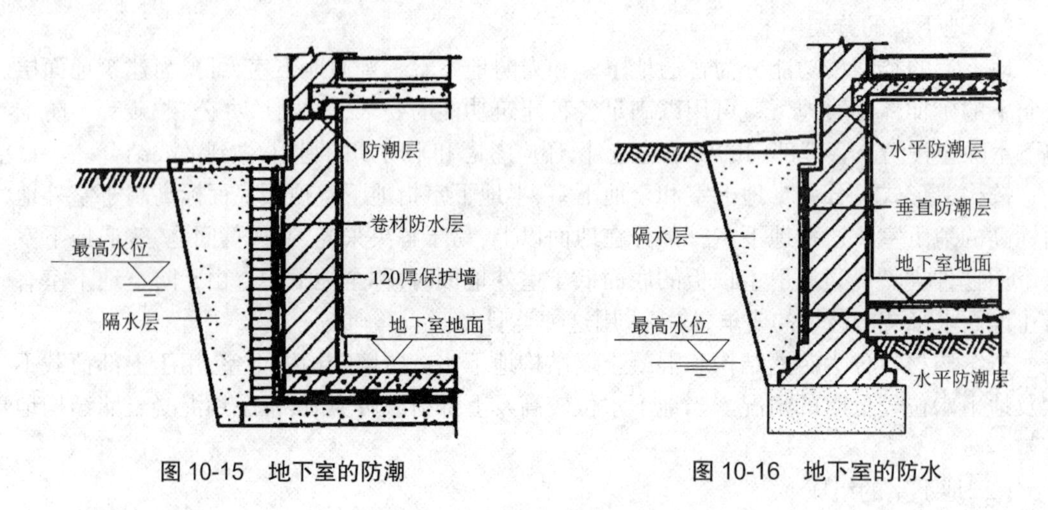

图 10-15 地下室的防潮　　图 10-16 地下室的防水

①卷材防水

卷材防水构造适用于受侵蚀性介质或受振动作用的地下工程。卷材应采用高聚物改性沥青防水卷材和合成高分子防水卷材，铺设在地下室混凝土结构主体的迎水面上。卷材防水层粘贴在结构层外表面时称外防水，粘贴在结构层内表面时称内防水。外防水的防水层直接粘贴在迎水面上，防水效果较好；内防水层是粘贴在背水面上，防水效果较差，但施工简便、便于维修，常用于修缮工程，如图 10-17 所示。

② 混凝土自防水

混凝土自防水是以具有防水性能的钢筋混凝土作为地下室的围护结构，使围护、承重、防水的作用三者合一。防水混凝土墙和板不能过薄，一般墙的厚度应为 200 mm 以上，板的厚度应在 150 mm 以上。

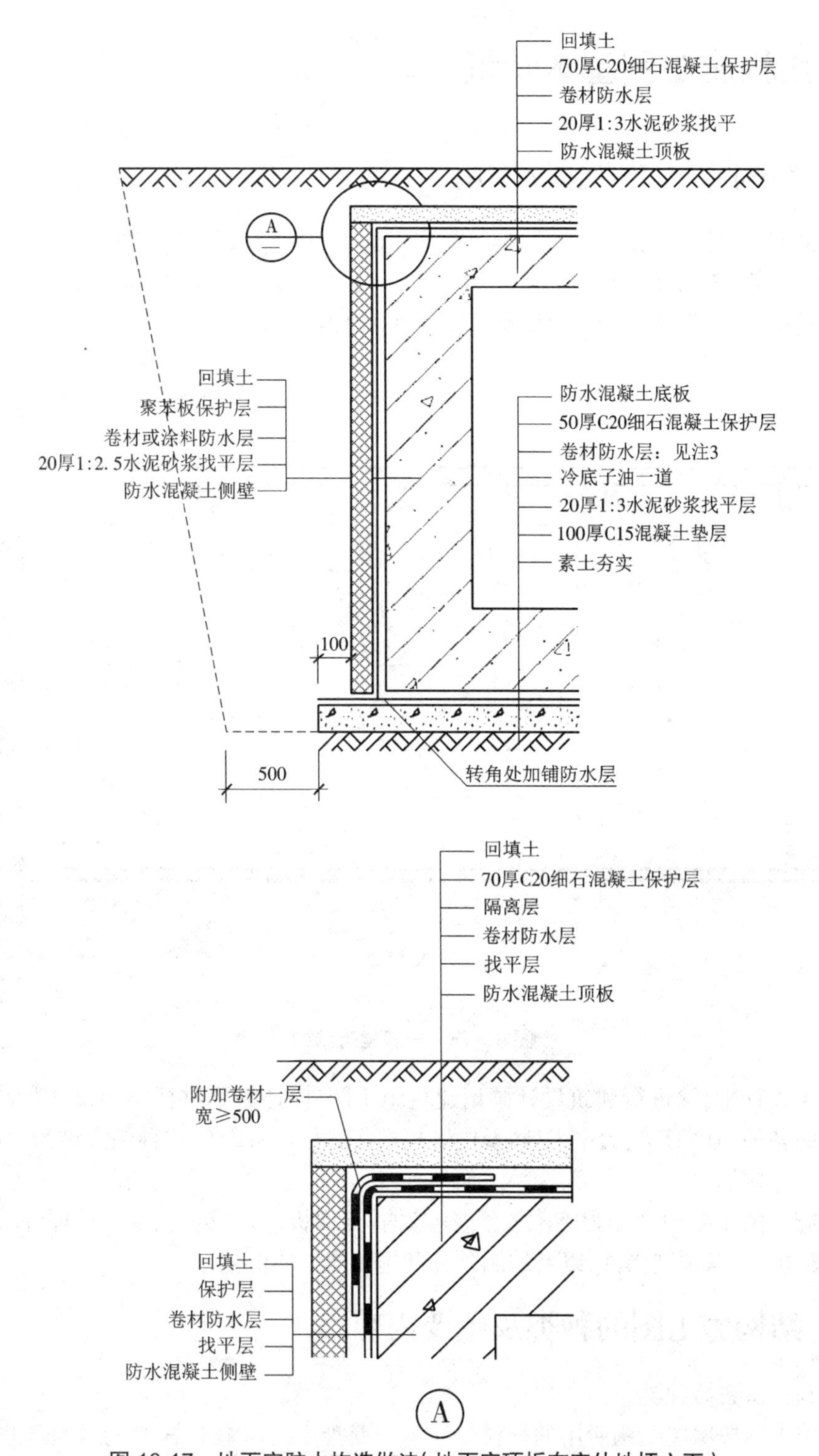

图 10-17　地下室防水构造做法（地下室顶板在室外地坪之下）

10.2 结构施工图基本知识

10.2.1 结构施工图概念及作用

房屋的基础、墙、柱、梁、楼板、屋架等是房屋的主要承重构件，它们构成支撑房屋自重和外载荷的结构系统，好象房屋的骨架，这种骨架称为房屋的建筑结构，简称结构。各种承重构件称为结构构件，简称构件。房屋结构组成如图 10-18 所示。

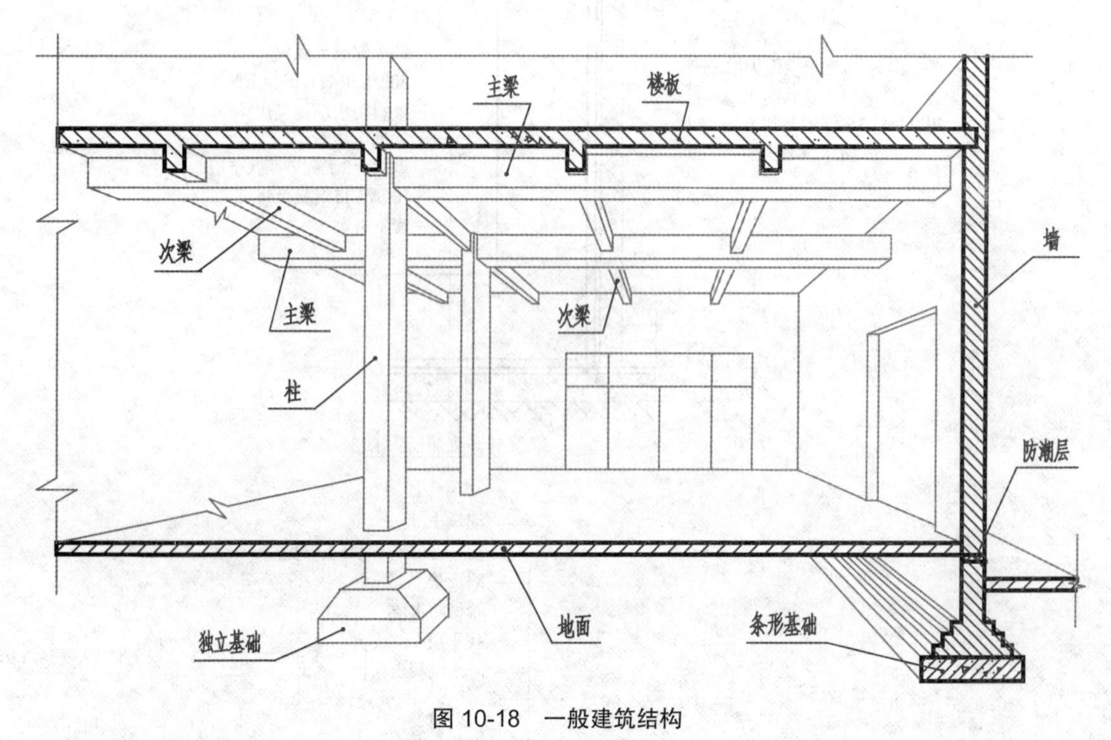

图 10-18 一般建筑结构

在房屋设计中，除进行建筑设计画出建筑施工图外，还需要进行结构设计和计算，从而决定房屋的各种构件形状、大小、材料及内部构造等，并绘制图样，这种图样称为房屋结构施工图，简称“结施”。

结构施工图主要用来作为施工放线、挖基槽、支模板、绑扎钢筋、设置预埋件、浇注混凝土，安装梁、板、柱等预制构件，以及编制预算和施工组织等的依据。

10.2.2 结构施工图的种类及主要内容

1. 结构施工图的种类

结构施工图按房屋结构所用的材料分为钢筋混凝土结构施工图、钢结构施工图、木结构施工图等。由于目前广泛使用的是钢筋混凝土承重构件，所以本书只介绍钢筋混凝土构件的结构施工图。

建筑施工图表达了房屋的外部造型、内部平面布置、建筑构件和内外装饰等建筑设计的内容。而结构施工图是表达房屋结构的整体布置和各承重构件的形状、大小、材料等结构设计的图样。

2. 结构施工图的主要内容

(1)结构设计说明

包括主要设计依据、自然条件及使用条件、施工要求、材料的质量要求等。

(2)结构布置平面图

包括基础平面图、楼层结构平面图、屋顶结构平面图。

(3)构件详图

包括梁、板、柱及基础结构详图,楼梯结构详图,屋架结构详图和其他详图等。

3. 常用构件代号

房屋结构的基本构件(如梁、板、柱等)品种繁多,布置复杂,为了图示简单明确,便于施工查阅,《建筑结构制图标准》规定了各种常用构件代号。常用构件代号用其名称的汉语拼音第一个字母来表示,见表 10-1。

表 10-1　常用构件代号

序号	名称	代号	序号	名称	代号	序号	名称	代号
1	板	B	15	吊车梁	DL	29	基础	J
2	屋面板	WB	16	圈梁	QL	30	基础设备	SJ
3	空心板	KB	17	过梁	GL	31	桩	ZH
4	槽形板	CB	18	连系梁	LL	32	柱间支撑	ZC
5	折板	ZB	19	基础梁	JL	33	垂直支撑	CC
6	密肋板	MB	20	楼梯梁	TL	34	水平支撑	SC
7	楼梯板	TB	21	檩条	LT	35	梯	T
8	盖板或沟盖板	GB	22	屋架	WJ	36	雨篷	YP
9	挡雨板或檐口板	YB	23	托架	TJ	37	阳台	YT
10	吊车安全走道板	DB	24	天窗架	CJ	38	梁垫	LD
11	墙板	QB	25	框架	KJ	39	预埋件	M
12	天沟板	TGB	26	刚架	GJ	40	天窗端壁	TD
13	梁	L	27	支架	ZJ	41	钢筋网	W
14	屋面染	WL	28	柱	Z	42	钢筋骨架	G

10.2.3　结构施工图的绘制方法

1. 详图法

它通过平、立、剖面图将各构件(梁、柱、墙等)的结构尺寸、配筋规格等"逼真"地表示出来。用详图法绘图的工作量非常大。

2. 梁柱表法

它采用表格填写方法将结构构件的结构尺寸和配筋规格用数字符号表达。此法比"详图法”要简单方便得多,手工绘图时,深受设计人员的欢迎。其不足之处是:同类构件的许多数据需多次填写,容易出现错漏,图纸数量多。

3. 结构施工图平面整体设计方法(以下简称“平法”)

它把结构构件的截面型式、尺寸及所配钢筋规格在构件的平面位置用数字和符号直接表示,再与相应的“结构设计总说明”和梁、柱、墙等构件的“构造通用图及说明”配合使用。平法的优点是图面简洁、清楚、直观性强,图纸数量少,设计和施工人员都很欢迎。“平法”目前已被广泛应用。

10.2.4 结构施工图识读的正确方法

1. 先看结构设计说明;再读基础平面图、基础结构详图;然后读楼层结构平面布置图、屋面结构平面布置图;最后读构件详图、钢筋详图和钢筋表。各种图样之间不是孤立的,应互相联系进行阅读。

2. 识读施工图时,应熟练运用投影关系、图例符号、尺寸标注及比例,以达到读懂整套结构施工图。

10.2.5 钢筋混凝土构件的基本知识

1. 基本概念

混凝土抗压强度高,抗压强度等级分为 C15~C80 共 14 个,数字越大,表示混凝土抗压强度越高。但混凝土的抗拉强度较低,容易受拉而断裂。为了提高混凝土构件的抗拉能力,常在混凝土构件的受拉区内配置一定数量的钢筋,两种材料黏结成一个整体,共同承受外力,这种配有钢筋的混凝土,称为钢筋混凝土。用钢筋混凝土制成的梁、板、柱、基础等构件称钢筋混凝土构件,如图 10-19 所示。全部用钢筋混凝土构件承重的结构称为钢筋混凝土结构。

2. 钢筋的名称和作用

(1)受力筋 构件中承受拉应力和压应力的钢筋。用于梁、板、柱等各种钢筋混凝土构件中。

(2)箍筋 构件中承受一部分斜拉应力(剪应力),并固定纵向钢筋的位置。用于梁和柱中。

(3)架立筋 与梁内受力筋、箍筋一起构成钢筋的骨架。

(4)分布筋 与板内受力筋一起构成钢筋的骨架,垂直于受力筋。

(5)构造筋 因构造要求和施工安装需要配置的钢筋。

3. 钢筋的弯钩及保护层

对于光圆外形的受力钢筋,为了增加它与混凝土的黏结力,在钢筋的端部做成弯钩,弯钩的形式有半圆弯钩、斜弯钩和直弯钩三种,如图 10-20 所示。对于螺纹等变形钢筋因为它们的表面较粗糙,能和混凝土产生很好的黏结力,故端部一般不设弯钩。

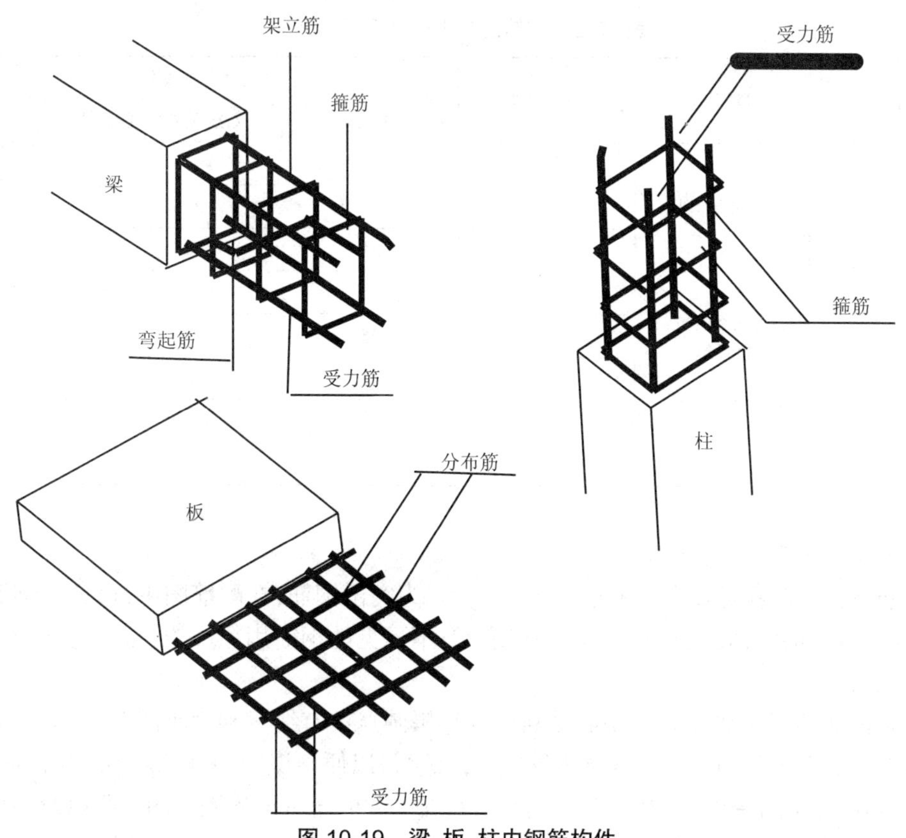

图 10-19　梁、板、柱内钢筋构件

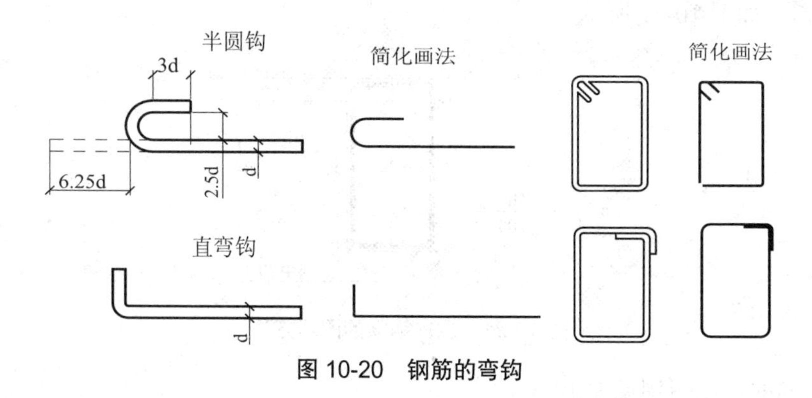

图 10-20　钢筋的弯钩

为了保证钢筋与混凝土的黏结力，并防止钢筋的锈蚀，在钢筋混凝土构件中，钢筋表皮至构件表面应保持有一定厚度的混凝土，称为保护层。混凝土保护层的厚度规定见表 10-2。

表 10-2 钢筋混凝土保护层最小厚度

单位:mm

钢筋名称	环境条件	构件类别	混凝土强度等级		
			≤C20	C25 及 C30	≥C35
受力筋	室内正常环境	板、墙	15		
		梁	25		
		柱	30		
	露天或室内高湿度环境	板、墙	35	25	15
		梁	45	35	25
		柱	45	35	30
箍筋	梁和柱		15		
分布筋	墙和板		10		

4. 钢筋的图示方法和图例

钢筋不按实际投影绘制,只用单线条表示。为突出钢筋,在配筋图中,可见的钢筋应用粗实线绘制;钢筋的横断面用涂黑的圆点表示;不可见的钢筋用粗虚线、预应力钢筋用粗双点画线绘制。

绘制钢筋的粗实线和表示钢筋横断面的涂黑圆点没有线宽和大小的变化,即它们不表示钢筋直径的大小。构件内的各种钢筋应予以编号,以便于识别。编号采用阿拉伯数字,写在直径为 6 mm 的细线圆圈中 。与钢筋代号写在一起的还有该号钢筋的直径以及在该构件中的根数或间距。例如④号钢筋是 I 级钢筋,直径是 8 mm,每 200 mm 放置一根,其中"@"为等间距符号,如图 10-21 所示。

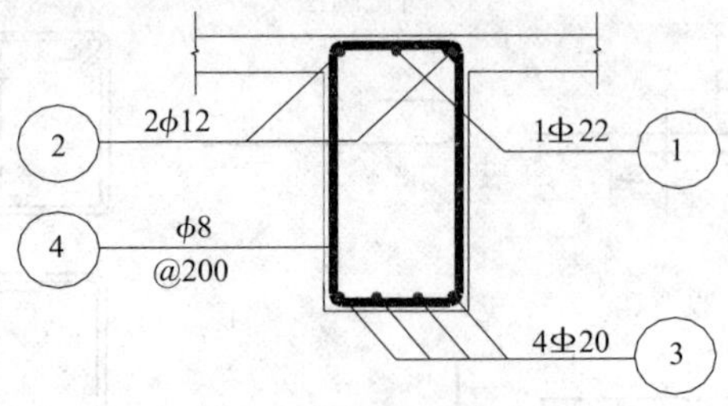

图 10-21 梁内钢筋的图示方法

一般钢筋的常用图例见表 10-3。

表 10-3 钢筋的常用图例

名　　称	图　　例
无弯钩的钢筋端部	
带半圆形弯钩的钢筋端部	
带直钩的钢筋端部	
无弯钩的钢筋搭接	

表 10-3(续)

名　称	图　例
带半圆弯钩的钢筋搭接	
带直钩的钢筋搭接	

10.3　基础结构施工图

基础是建筑物地面以下承受房屋全部荷载的构件,常用的型式有条形基础和独立基础,构造如图 10-22 所示。基础下面的土壤称为地基。基坑是为基础施工而在地面开挖的土坑。坑底是基础的底面,基坑边线即为放线的灰线。基础的埋置深度是指室外整平后地面到基础底面的深度。

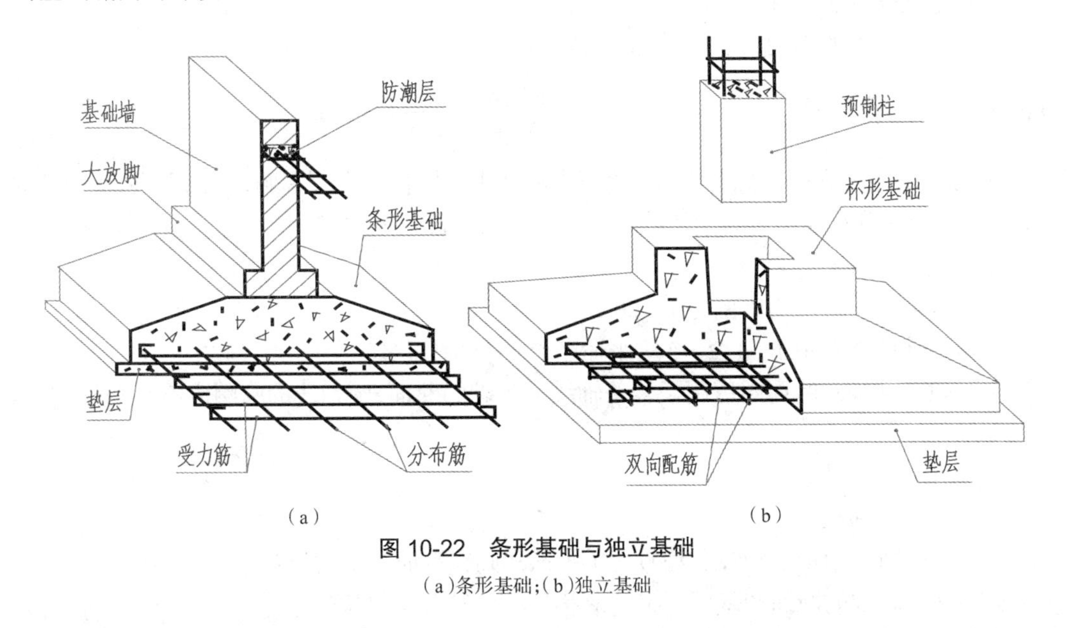

图 10-22　条形基础与独立基础

(a)条形基础;(b)独立基础

基础图表示建筑物室内地面以下基础部分的平面布置及详细构造,通常用基础平面图和基础详图表示。基础图是施工放线、开挖基槽、基础施工、计算基础工程量的依据。

10.3.1　基础平面图

基础平面图是假想用一个水平剖切平面沿房屋地面与基础之间把整幢房屋剖开后,移去地面以上的房屋及其基础周围的泥土后,所作出的基础水平投影图。

1. 基础平面图的图示特点及尺寸标注

基础平面图中,只画出基础墙(或柱)及基础底面的轮廓线,至于基础的细部轮廓都可省略不画。这些细部的形状,将具体反映在基础详图中。被剖切到的基础墙、柱的轮廓线为粗实线,基础底面是可见轮廓,则画成中实线。由于基础平面图常采用 1 : 100 或 1 : 200 的比例绘制,故材料图例的表示方法与建筑平面图相同,即剖到的基础墙可不画材料图例,钢筋混凝土柱涂成黑色。基础墙内设置基础圈梁时,应用粗点画线表示。

一幢房屋,由于各处有不同的荷载,基础的断面形状与埋置深度会有所不同,每一个不同的断面,都要画出其断面图,并在基础平面图上用1—1，2—2,…剖切符号表示该断面的位置与编号。

基础平面图中尺寸标注包括定形尺寸和定位尺寸。定形尺寸即基础墙的宽度、柱外形尺寸及它们的基础底面尺寸,这些尺寸是直接标注在基础平面图中,也可以用文字加以说明。定位尺寸指的是基础墙(或柱)的轴线间尺寸,基础平面图的定位轴线及其编号,必须与建筑平面图完全一致,如图10-23所示。

2. 基础平面图的内容

(1)图名、比例;

(2)基础的定位轴线编号及轴线间的尺寸;

(3)基础的平面布置、基础墙、柱,以及基础底面的形状、大小,基础的定形和定位尺寸;

(4)基础梁的位置和代号;

(5)基础断面的剖切线及编号、文字说明等。

10.3.2 基础详图

基础详图主要表明基础各组成部分的具体形状、大小、材料及基础埋深等。通常用断面图表示,并与基础平面图中被剖切的相应代号及剖切符号一致。

1. 基础详图的图示特点

(1)基础详图的常用比例为1∶20或1∶50。

(2)基础详图常用1—1,2—2等来命名,与平面图相对应。

(3)如果某基础断面图适用于多条轴线上基础的断面,则轴线的圆圈内不予编号,如图10-24所示。

2. 基础详图的内容

(1)图名、比例;

(2)基础断面图中的轴线和编号表示了该基础在平面图中的位置;

(3)表明基础的断面和基础圈梁的形状、大小、材料及配筋;

(4)标注基础各部分的详细尺寸和标高;

(5)表明防潮层的位置和做法。

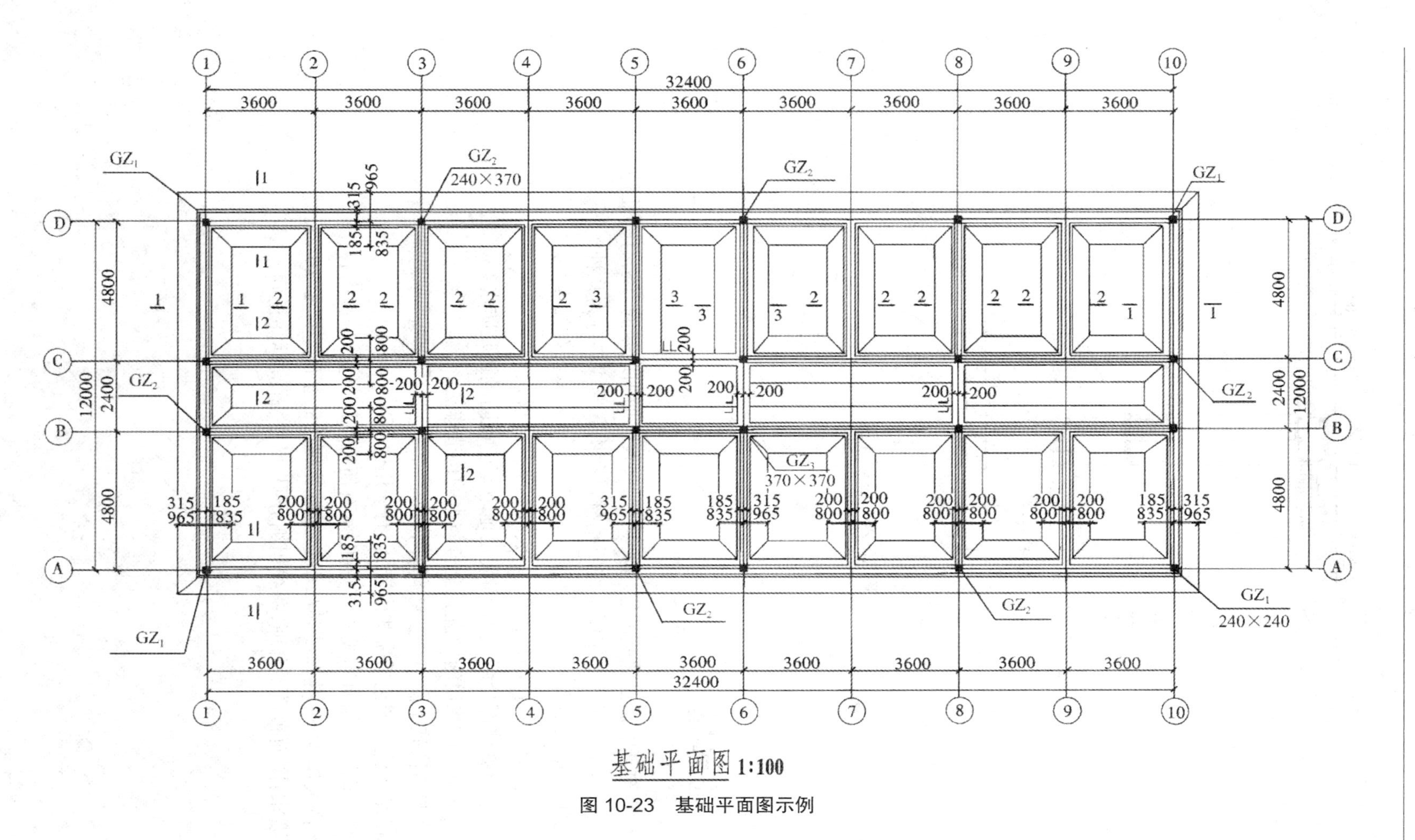

图 10-23　基础平面图示例

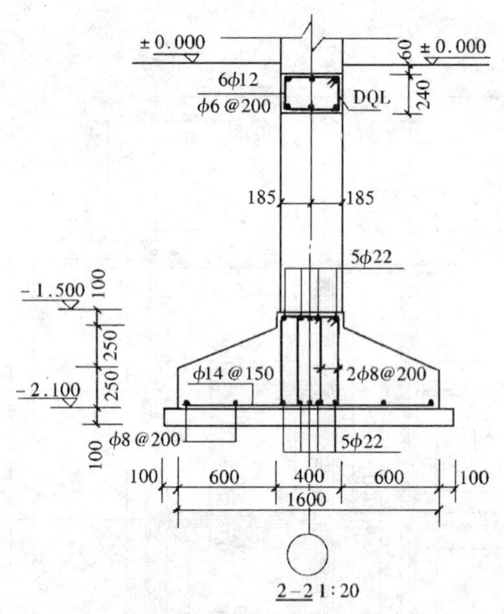

图 10-24 基础详图示例

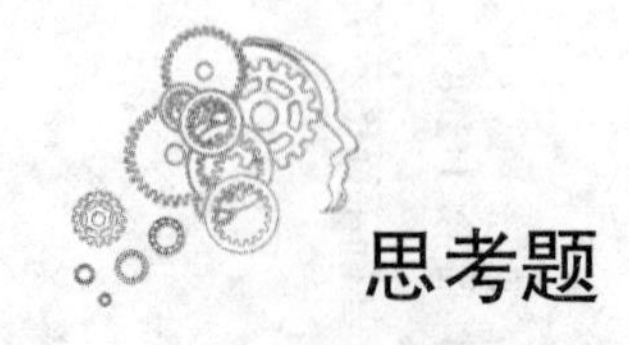

思考题

1. 什么是地基？试述地基的作用及其分类，人工加固地基的方法有哪几种？
2. 基础在房屋中起什么作用？按所用材料和构造形式各分为几种？
3. 何谓基础的埋置深度，影响基础埋置深度的主要因素有哪些？
4. 砖基础大放脚的作用是什么，大放脚有哪几种形式？
5. 地下室由哪些部分组成，如何确定地下室应该防潮还是防水？
6. 试述地下室防水措施中混凝土自防水的构造作法。
7. 什么叫结构施工图，它包括哪些内容？
8. 基础结构施工图包括哪些内容，它有何用途？
9. 基础平面图是如何形成的，它的图示有何特点，它包括哪些内容？
10. 绘图大作业：选用 A3 图幅，用 1∶100 比例绘制基础平面图 10-23。

作业要求：图面布置要合理，图线粗细分明，尺寸、标高标注正确。

第 11 章　楼面结构布置图及构件详图的识读

11.1　楼面结构布置图

11.1.1　楼面结构平面图的形成及用途

楼面结构平面布置图，是假想沿楼板顶面将房屋水平剖切后，移去上面部分，向下作水平投影而得到的水平剖面图。主要表示每层楼的梁、板、柱、墙的平面布置、现浇楼板的构造和配筋及它们之间的结构关系，一般采用 1∶100 或 1∶200 的比例绘制。

楼面结构平面图是施工时布置、安放各层承重构件的依据。

11.1.2　楼面结构平面图的图示特点

1. 图上的定位轴线与建施图一致，并标注编号及轴线尺寸，如图 11-1 所示。
2. 可见的墙、柱轮廓用中粗实线表示，被楼板挡住的墙、柱轮廓用中粗虚线表示。
3. 图中不画门窗洞口，只用粗点画线表示门窗过梁的位置，并标明过梁的类别代号。
4. 表明现浇板的平面位置及钢筋布置情况。
5. 圈梁的分布可用粗点画线表示，也可用较小比例另画圈梁平面布置图。
6. 楼梯间画两条交叉的细实线，表示另有结构详图。

11.1.3　楼面结构平面图的内容

1. 图名、比例。
2. 轴线的布置，楼面板的平面布置和组合。
3. 梁的平面布置及编号。
4. 现浇板的布置及编号。
5. 现浇板的配筋。
6. 圈梁的布置情况，轴线间的尺寸标注、现浇板的厚度等，如图 11-2 所示。

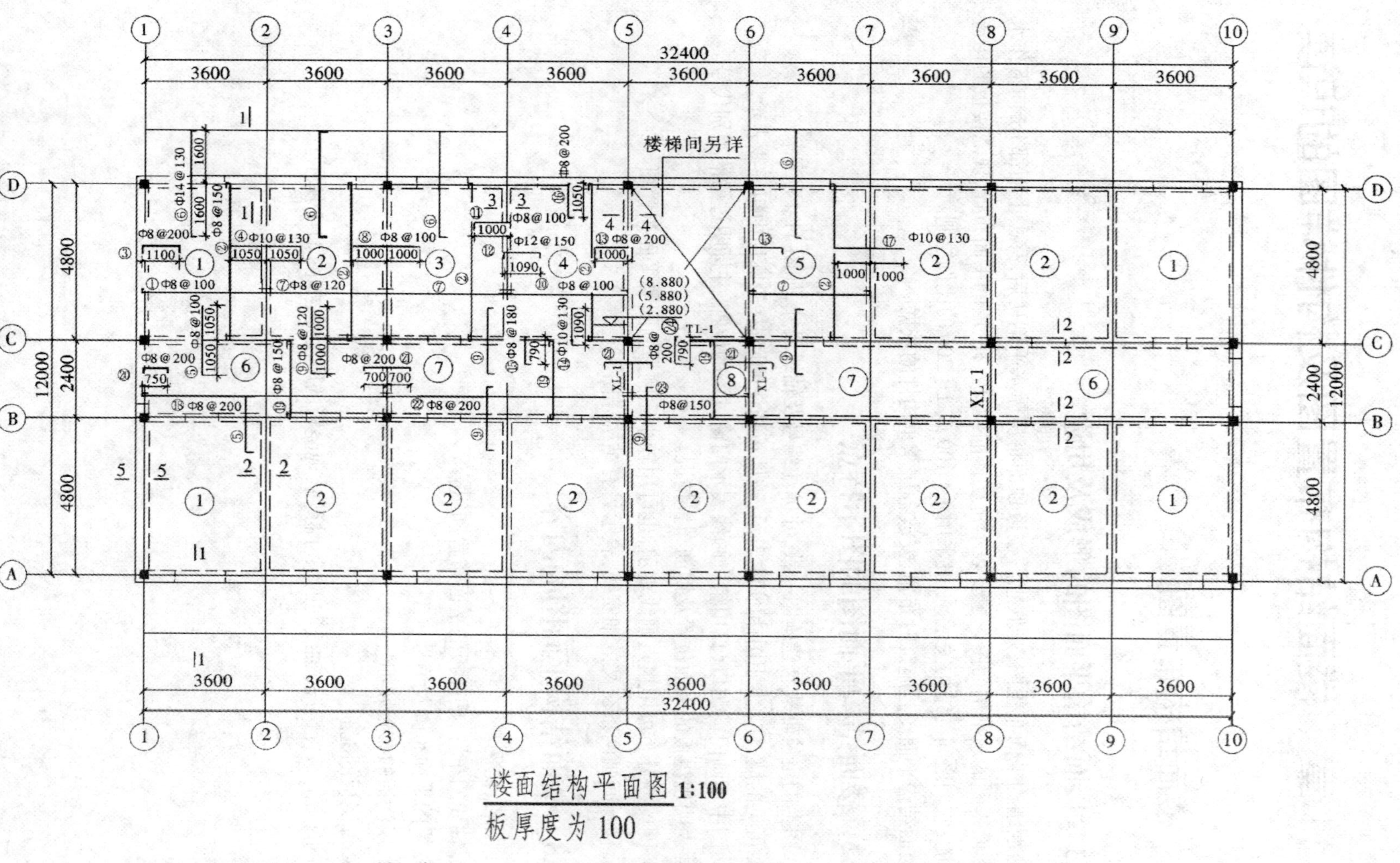

楼面结构平面图 1:100

板厚度为 100

图 11-1 楼层结构平面图示例 1

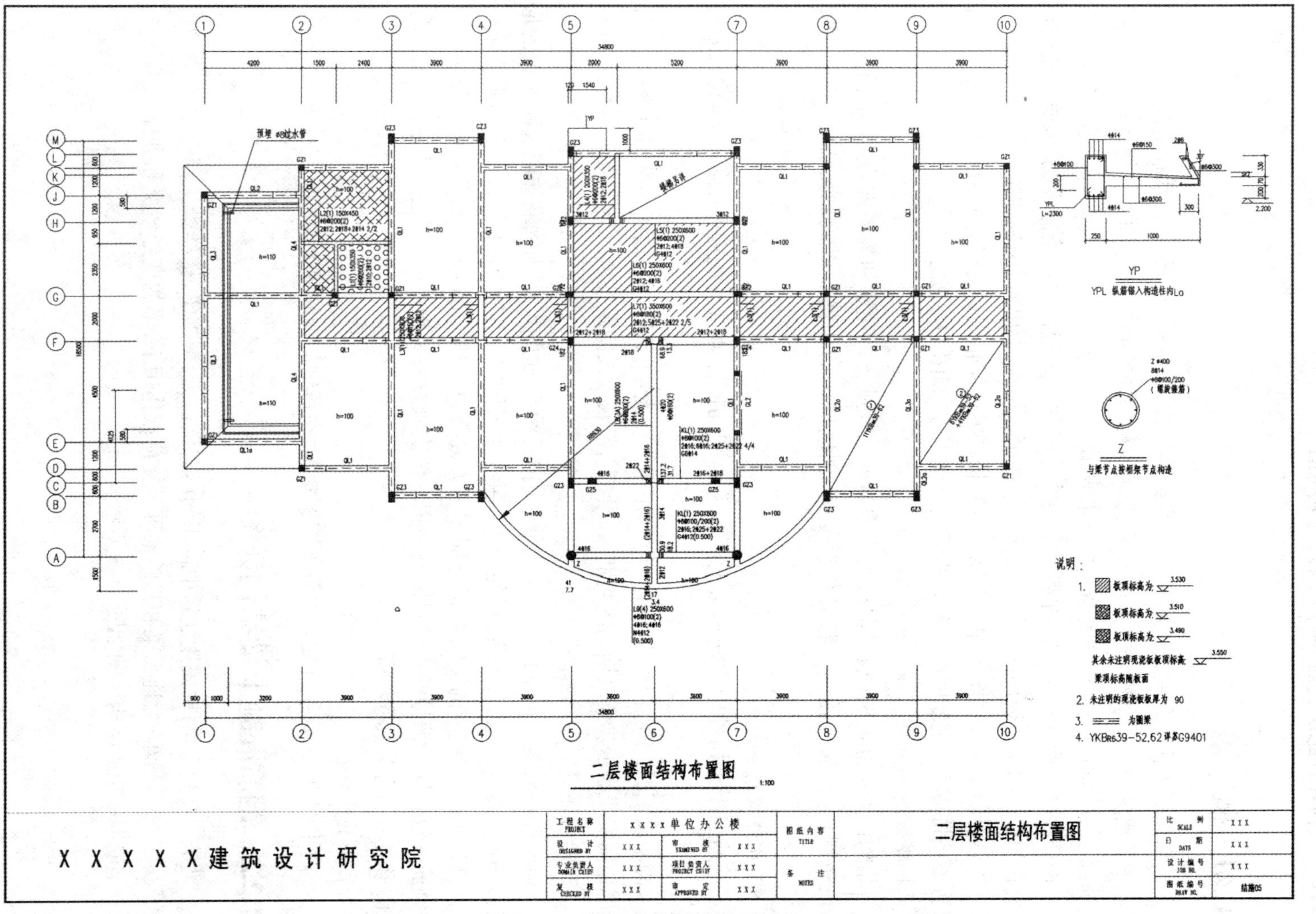

图 11-2　楼层结构平面图示例 2

11.2 钢筋混凝土构件结构详图

11.2.1 概　述

钢筋混凝土构件是建筑工程中的主要结构构件,包括梁、板、柱等。房屋的结构平面图只表示了建筑物各承重构件的布置情况,对于各种构件的形状、大小、材料、构造和连接情况等,则需要分别画出各种构件的结构详图来表示。

钢筋混凝土构件有定型构件和非定型构件两种。定型构件不绘制详图,可根据选用构件所在的标准图集或通用图集的名称、代号,便可直接查到相应的结构详图。

钢筋混凝土构件详图是加工钢筋和浇制构件的施工依据,其图形内容包括模板图、构件配筋图、钢筋详图、钢筋明细表及必要的文字说明等,如图 11-3 所示。

1. 模板图

指构件外形立面图(假设混凝土为透明体),反映梁的轮廓和梁内钢筋总的配置情况,供模板制作、安装之用。一般对外形复杂、预埋件多的构件需要绘制模板图,如图 11-3 所示。

2. 构件配筋图

钢筋混凝土构件中钢筋布置的图样称为配筋图。通常有配筋平面图、立面图、断面图等。

画配筋图时,不画混凝土图例。钢筋用粗实线表示;钢筋的断面用小黑圆点表示;构件轮廓用细实线表示。要对钢筋的类别、数量、直径、长度及间距等加以标注,如图 11-3 所示。

3. 钢筋详图

对于配筋较复杂的钢筋混凝土构件,应把每种钢筋抽出,另画钢筋详图表示钢筋的形状、大小、长度、弯折点位置等,以便加工。钢筋详图应按钢筋在梁中位置由上向下逐类抽出,用粗实线画在相应的梁(柱)的立面图下方或旁边,应用相同的比例,其长度与梁中相应的钢筋一致。同一编号的钢筋只需画一根。依次画好各类钢筋的详图后,并在每一类钢筋的图形上注明有关数据与符号。

4. 钢筋明细表

为了做施工预算,统计用料以及加工配料等,在传统的钢筋图上常画出钢筋表。

11.2.2 钢筋混凝土梁结构详图

梁是主要受弯构件,民用建筑中常用的梁有楼板梁、雨篷梁、楼梯梁、门窗洞口上方的过梁等,厂房中有吊车梁、连系梁和基础梁等。在荷载作用下,梁的变形情况和支撑方式有关。

钢筋混凝土梁结构详图如图 11-3 所示。

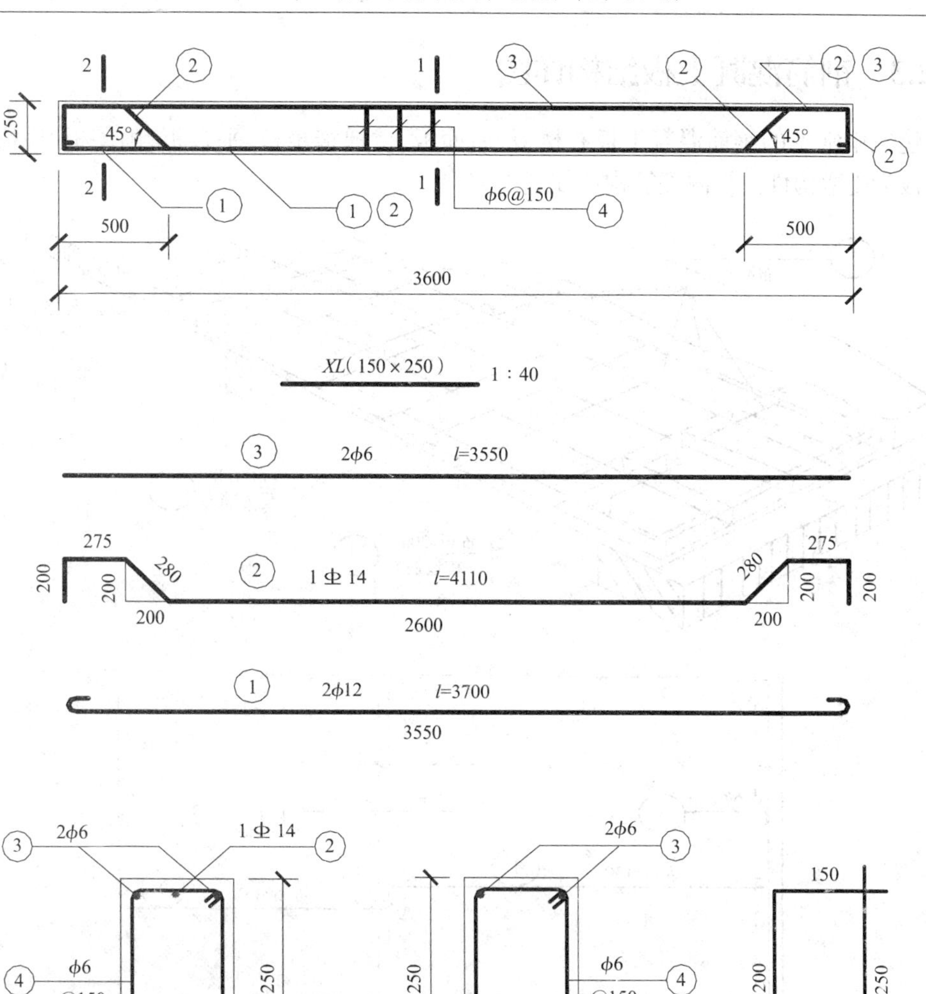

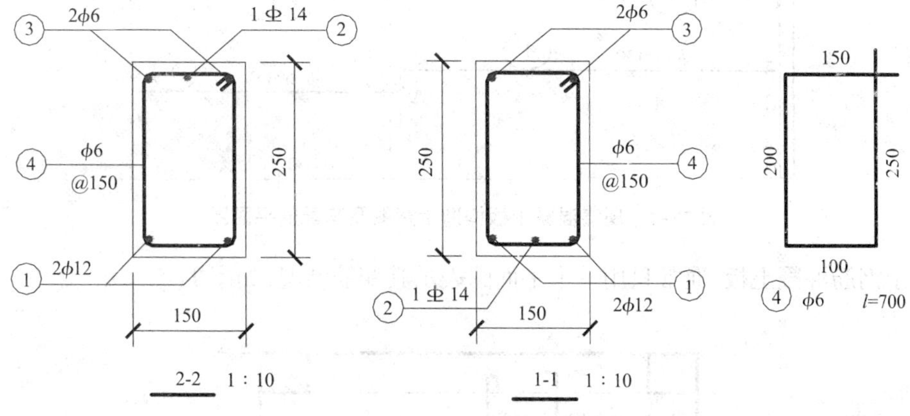

钢　筋　表

编号	规格	简　图	单根长度	根数	总长 /m	质量 /kg
①	⌀ 12		3700	2	7.40	7.53
②	⌀ 14		4110	1	4.11	4.96
③	ϕ6		3550	2	7.10	1.58
④	ϕ6		700	24	16.80	3.75

图 11-3　梁配筋图示例

11.2.3 钢筋混凝土板结构详图

建筑中常见的钢筋混凝土板有楼板、屋面板、楼梯踏步板、平台板、雨篷板、挑檐板等。多数板为受弯构件。板内配筋构造如图 11-4 所示。

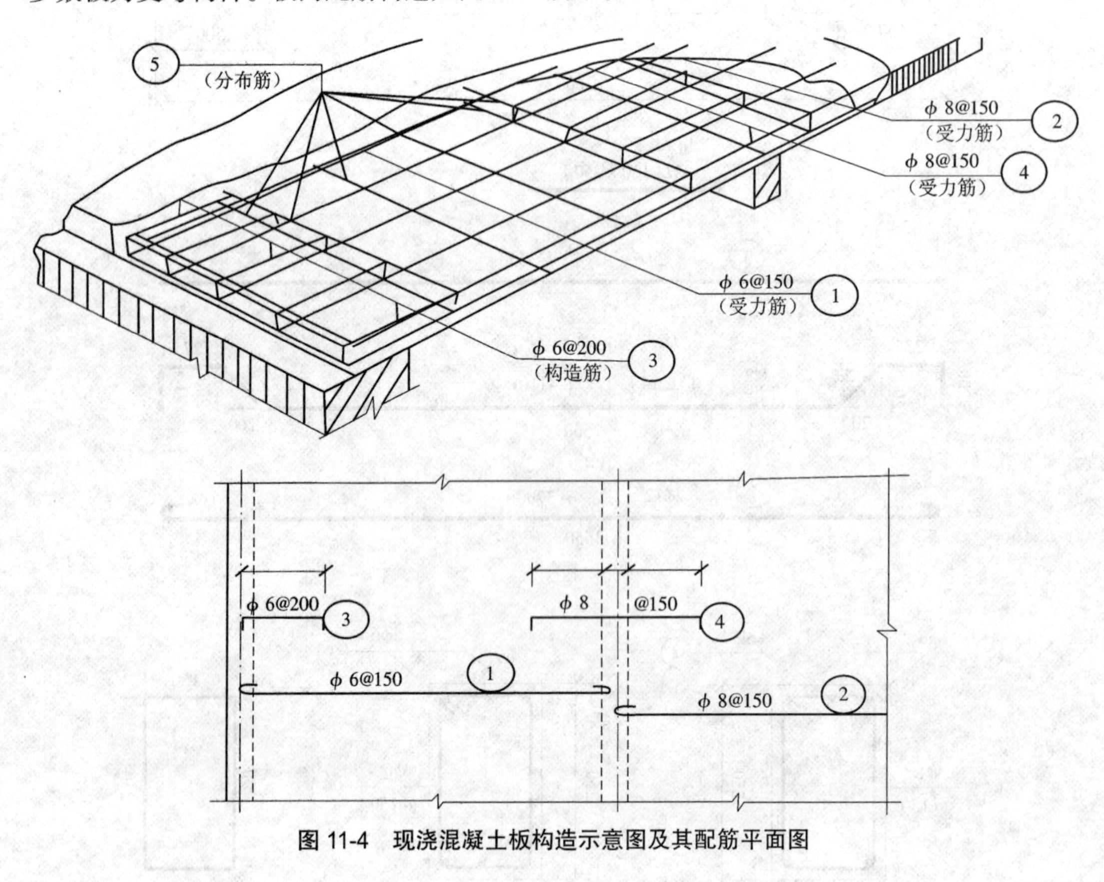

图 11-4 现浇混凝土板构造示意图及其配筋平面图

对于钢筋混凝土板，通常只用一个平面图表示其配筋情况，如图 11-5 所示。

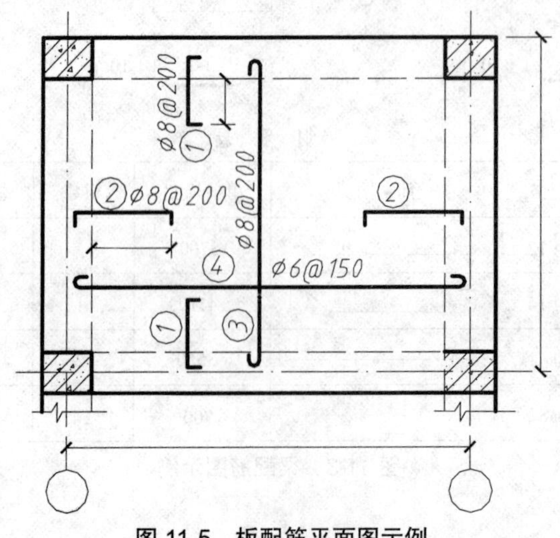

图 11-5 板配筋平面图示例

如上图所示的现浇钢筋混凝土双向配筋板,便仅用了一个配筋平面图来表达。图中①②号钢筋是支座处的构造筋,直径 8 mm,间距均为 200 mm;布置在板的上层, 90° 直钩向下弯(平面图上弯向下方或右方表示钢筋位于顶层)。③、④号钢筋是两端带有向上弯起的半圆弯钩的 I 级钢筋,③号钢筋直径为 8 mm,间距 200 mm;④号钢筋直径 6 mm,间距 150 mm。(平面图上弯向上方或左方表示钢筋位于底层)。

11.2.4　钢筋混凝土柱结构详图

柱是同时受压和受弯构件,钢筋混凝土柱的配筋主要有纵筋和箍筋两种。纵筋主要是承受压力和抵抗偏心受压时荷载对柱产生的拉力,箍筋是为了抵抗柱所受的水平荷载,并且起固定纵筋的作用,如图 11-6 所示。

思考题

1. 简述楼面结构平面图的形成及用途。
2. 楼层结构平面图的内容主要包括哪些?
3. 钢筋混凝土构件详图的主要内容是什么,表达方法如何?
4. 绘图大作业:选用 A4 图幅,用 1∶20 比例绘制梁配筋图 11-3。

作业要求:图面布置要合理,图线粗细分明,尺寸、标高标注正确。

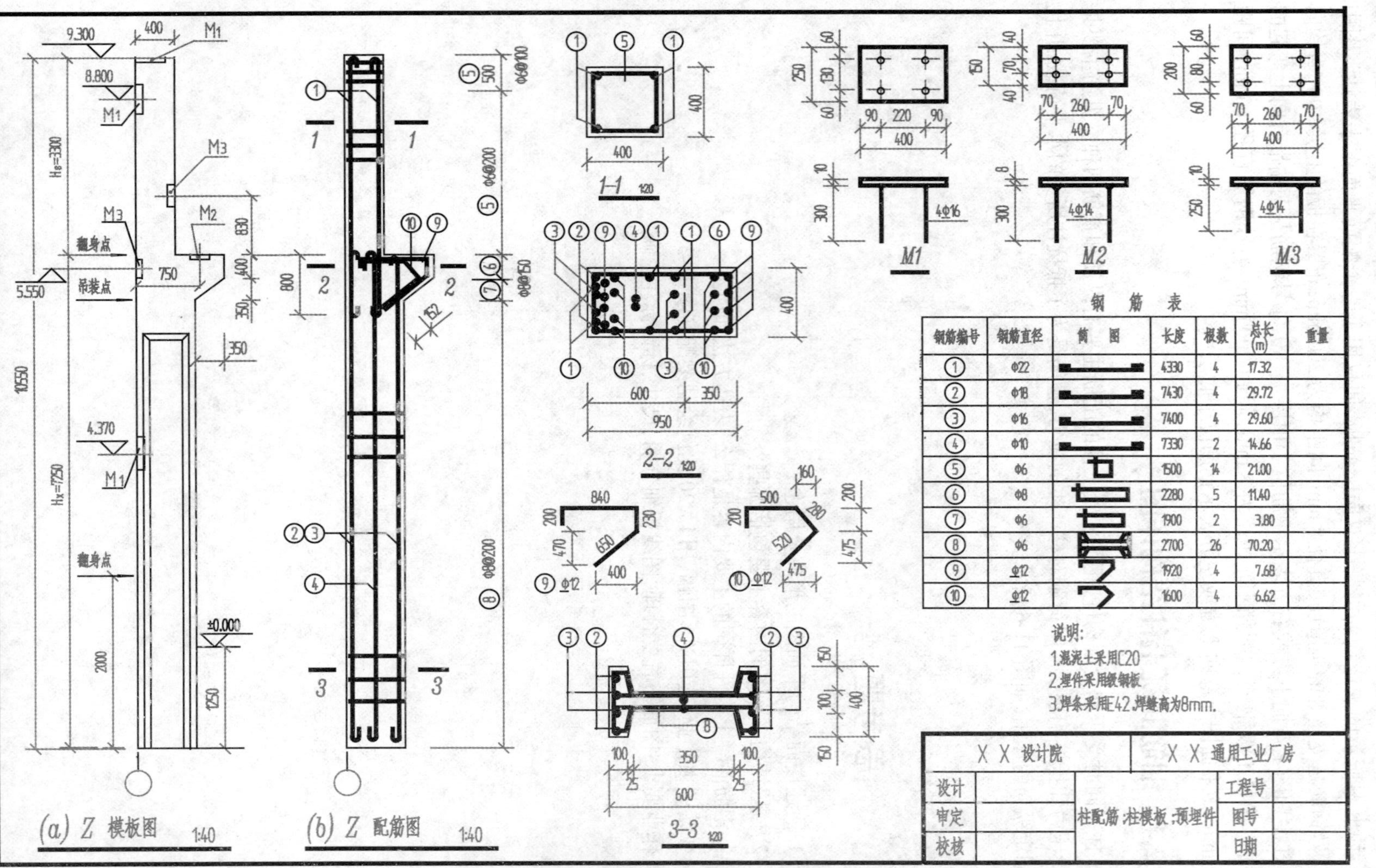

钢筋编号	钢筋直径	简图	长度	根数	总长(m)	重量
①	Φ22		4330	4	17.32	
②	Φ18		7430	4	29.72	
③	Φ16		7400	4	29.60	
④	Φ10		7330	2	14.66	
⑤	Φ6		1500	14	21.00	
⑥	Φ8		2280	5	11.40	
⑦	Φ6		1900	2	3.80	
⑧	Φ6		2700	26	70.20	
⑨	Φ12		1920	4	7.68	
⑩	Φ12		1600	4	6.62	

图 11-6　钢筋混凝土柱的配筋图示例

第 12 章　混凝土结构平法施工图的识读

建筑结构施工图平面整体设计方法（以下简称平法）对我国混凝土结构施工图的设计表示方法作了重大改革。平法是把结构构件的尺寸和配筋等，按照平面整体表示方法的制图规则，直接表达在各类构件的结构平面布置图上，并与标准构造详图相配合，形成一套表达顺序与施工一致且利于施工质量检查的结构设计。这就改变了传统的那种将构件从结构平面布置图中索引出来，再逐个绘制配筋详图的烦琐方法。

按平法设计绘制的施工图，一般由各类结构构件的平法施工图和标准构造详图两大部分构成，且在结构平面布置图上直接表示了各构件的尺寸、配筋和所选用的标准构造详图。

12.1　梁平法施工图

梁平法施工图是在梁的结构平面布置图上，采用平面注写方式或截面注写方式表达的梁配筋图。

12.1.1　平面注写方式

平面注写方式，是在梁平面布置图上，分别在不同编号的梁中各选一根梁，在其上注写梁的截面尺寸和配筋的具体数值。

平面注写包括集中标注和原位标注。集中标注表达梁的通用数值，原位标注表达梁的特殊数值。当集中标注中的某项数值不适用于梁的某部位时，则将该项数值用原位标注。使用时，原位标注取值优先，如图 12-1 所示。

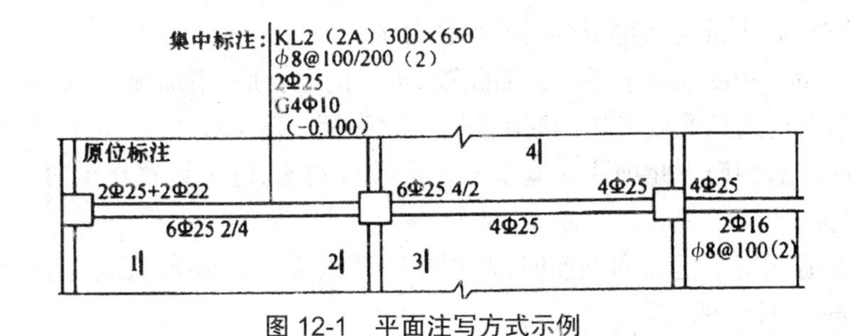

图 12-1　平面注写方式示例

1. 集中标注

集中标注可从梁的任意一跨引出。集中标注的内容，包括五项必注值和一项选注值。

五项必注值包括梁编号、梁截面尺寸、梁箍筋、梁上部通长筋或架立筋配置、梁侧面纵向构造钢筋或受扭钢筋配置；一项选注值为梁顶面标高高差。

梁编号：由梁类型、代号、序号、跨数及有无悬挑几项组成，如表 12-1 所示。

表 12-1 梁的类型及代号

梁类型	代号	序号	跨数及是否带有悬挑
楼层框架梁	KL	××	(××)、(××A)或(××B)
屋面框架梁	WKL	××	(××)、(××A)或(××B)
框支梁	KZL	××	(××)、(××A)或(××B)
非框架梁	L	××	(××)、(××A)或(××B)
悬挑梁	XL	××	(××)、(××A)或(××B)
井字梁	JZL	××	(××)、(××A)或(××B)

注:(××A)为一端悬挑,(××B)为两端悬挑,悬挑不计入跨数。

例:KL2(2A)表示第 2 号框架梁,2 跨,一端悬挑;L9(7B)表示第 9 号非框架梁,7 跨,两端有悬挑。

梁截面尺寸:等截面梁用 $b \times h$ 表示;悬挑梁当根部和端部不同时,同 $b \times h_1/h_2$ 表示(其中 h_1 为根部高,h_2 为端部高)。

梁箍筋:包括钢筋级别、直径、加密区与非加密区间距及肢数。箍筋加密区与非加密区的不同间距及肢数需用斜线"/"分隔,箍筋肢数写在括号内。箍筋加密区长度按相应抗震等级的标准构造详图采用。

例 12-1 ϕ8@100/200(2)表示Ⅰ级钢筋、直径 8 mm、加密区间距 100 mm、非加密区间距 200 mm,均为双肢箍。

梁上部通长筋或架立筋配置:所注规格及根数应根据结构受力要求及箍筋肢数等构造要求而定。当同排纵筋中既有通长筋又有架立筋时,应用加号"+"将通长筋和架立筋相联。注写时须将角部纵筋写在加号的前面,架立筋写在加号后面的括号内,以示不同直径及与通长筋的区别。

例 12-2 2ϕ22 用于双肢箍;2ϕ22+(4ϕ12)用于 6 肢箍,其中 2ϕ22 为通长筋,4ϕ12 为架立筋。

当梁的上部纵筋和下部纵筋均为全跨相同,且多数跨配筋相同时,可加注下部纵筋的配筋值,用分号";"将上部与下部纵筋的配筋值分隔。

例 12-3 2ϕ14;3ϕ18 表示梁的上部配置 2ϕ14 的通长筋,下部配置 3ϕ18 的通长筋。

梁侧面纵向构造钢筋或受扭钢筋配置:当梁腹板高度 hw ≥ 450 mm 时,须配置符合规范规定的纵向构造钢筋。此项注写值以大写字母 G 打头,注写设置在梁两个侧面的总配筋值,且对称配置。

当梁侧面需配置受扭纵向钢筋时,此项注写值以大写字母 N 打头,注写配置在梁两个侧面的总配筋值,且对称配置。

例 12-4 G4ϕ12,表示梁的两个侧面共配置 4ϕ12 的纵向构造钢筋,两侧各配置 2ϕ12。

当梁侧面需配置受扭纵向钢筋时,此项注写值以大写字母 N 打头,接续注写配置在梁两个侧面的总配筋值,且对称配置。

例 12-5 N6ϕ18,表示梁的两个侧面共配置 6ϕ18 的受扭纵向钢筋,两侧各配置 3ϕ18。

当配置受扭纵向钢筋时,不再重复配置纵向构造钢筋,但此时受扭纵向钢筋应满足规范对梁侧面纵向构造钢筋的间距要求。

梁顶面标高高差:此项为选注值。当梁顶面标高不同于结构层楼面标高时,需要将梁顶面标高相对于结构层楼面标高的高差值注写在括号内,无高差时不注。高于楼面为正值,低于楼面为负值。

2. 原位标注

原位标注的内容包括梁支座上部纵筋、梁下部纵筋、附加箍筋或吊筋。

梁支座上部纵筋:原位标注的梁支座上部纵筋应为包括集中标注的通长筋在内的所有钢筋。多于一排时,用斜线“/”将各排纵筋自上而下分开;同排纵筋有两种直径时,用加号“+”将两种直径的纵筋相联,且角部纵筋写在前面,如图 12-2 所示。

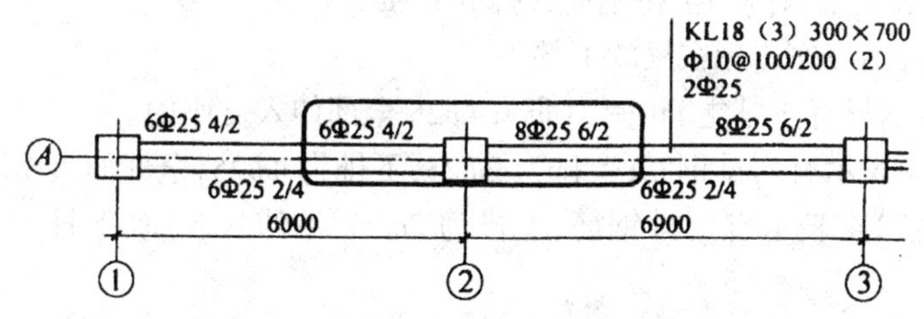

图 12-2　梁支座上部纵筋原位标注示例

例 12-6　6ϕ25 4/2 表示支座上部纵筋共两排,上排 4ϕ25,下排 2ϕ25。

2ϕ25+2ϕ22 表示支座上部纵筋共四根一排放置,其中角部 2ϕ25,中间 2ϕ22。

当梁中间支座两边的上部纵筋相同时,仅在支座的一边标注配筋值;否则,须在两边分别标注。

梁下部纵筋:与上部纵筋标注类似,多于一排时,用斜线“/”将各排纵筋自上而下分开。同排纵筋有两种不同直径时,用加号“+”将两种直径的纵筋相联,且角部纵筋写在前面。

例 12-7　6ϕ25 2/4 表示下部纵筋共两排,上排 2ϕ25,下排 4ϕ25,全部伸入支座。

当梁下部纵筋不全伸入支座时,将梁支座下部纵筋减少的数量写在括号内。

例 12-8　6ϕ25 2(—2)/4 表示上排纵筋 2ϕ25,不伸入支座,下排纵筋 4ϕ25,全部伸入支座。

附加箍筋或吊筋:直接画在平面图中的主梁上,用线引注总配筋值。附加箍筋的肢数注在括号内。当多数附加箍筋或吊筋相同时,可在图中统一说明,少数与统一说明不一致者,在原位引注,如图 12-3 所示。

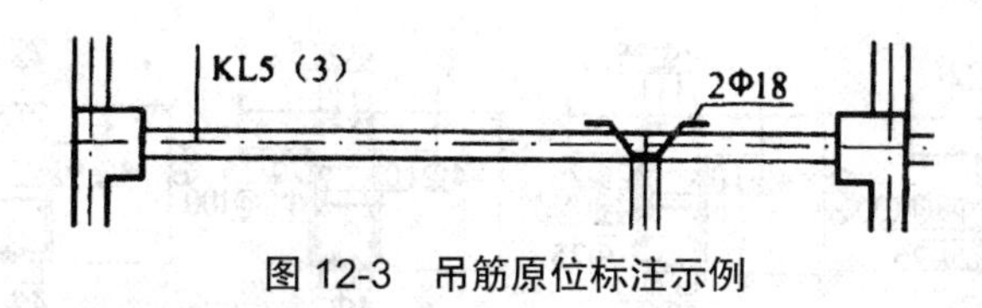

图 12-3　吊筋原位标注示例

3. 梁的钢筋表示方法汇总

梁上主筋和梁下部筋的表示方法:

(1)3ϕ22;3ϕ20 表示上部钢筋为 3ϕ22,下部钢筋为 3ϕ20。

(2)3ϕ25;5ϕ25 表示上部钢筋为 3ϕ25,下部钢筋为 5ϕ25。

梁上部钢筋表示方法(标在梁上支座处):

(1)2ϕ20 表示两根ϕ20 的钢筋,通长布置,用于双支箍。

(2)2ϕ22+(4ϕ12)表示2ϕ22为通长,4ϕ12架立筋,用于四肢箍。

(3)6ϕ25 4/2表示上部钢筋上排为4ϕ25,下排为2ϕ25。

(4)2ϕ22+2ϕ22表示只有一排钢筋,两根在角部,两根在中部,均匀布置。

梁腰中钢筋表示方法:

(1)G2ϕ12表示梁两侧的构造钢筋,每侧一根ϕ12。

(2)G4ϕ14表示梁两侧的构造钢筋,每侧两根ϕ14。

(3)N2ϕ22表示梁两侧的抗扭钢筋,每侧一根ϕ22。

(4)N4ϕ18表示梁两侧的抗扭钢筋,每侧两根ϕ18。

梁下部钢筋表示方法(标在梁的下部):

(1)4ϕ25表示只有一排主筋(受力筋),4ϕ25全部伸入支座内。

(2)6ϕ25 2/4表示有两排钢筋,上排为2ϕ25,下排为4ϕ25,全部伸入支座。

(3)6ϕ25(-2)/4表示有两排钢筋,上排为2ϕ25,不伸入支座,下排为4ϕ25,全部伸入支座。

(4)2ϕ25+3ϕ22(-3)/5ϕ25表示有两排钢筋,上排为5根,2ϕ25,伸入支座,3ϕ22,不伸入支座,下排为5ϕ25,通长布置,全部伸入支座。

箍筋的表示方法:

(1)ϕ10@100/200(2)表示箍筋为ϕ10,加密区间为100,非加密区间为200,全为双支箍。

(2)ϕ10@100/200(4)表示箍筋为ϕ10,加密区间为100,非加密区间为200,全为四支箍。

(3)ϕ8@100(2)表示箍筋为ϕ8,全为双支箍。

(4)ϕ8@100(4)/150(2)表示箍筋为ϕ8,加密区间为100,且全部用于四肢箍,非加密区间为200,且全部用于双支箍。

12.1.2 截面注写方式

在梁平面布置图上,分别在不同编号的梁中各选择一根梁,用剖面号引出配筋图,并在其上注写梁的截面尺寸和配筋具体数值,如图12-4所示。

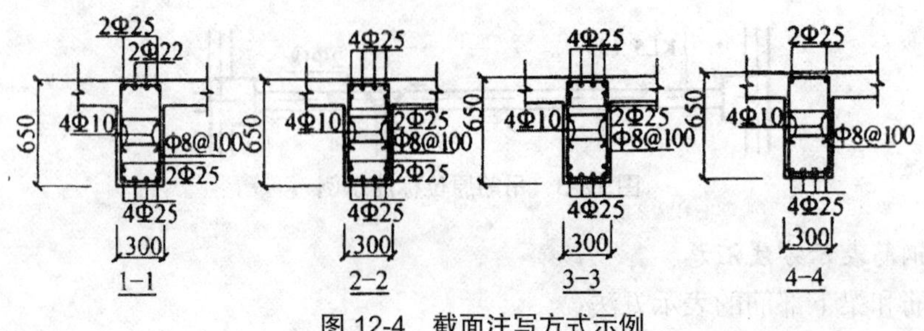

图12-4 截面注写方式示例

12.1.3 梁平法施工图识读

识读图12-5梁平法施工图。

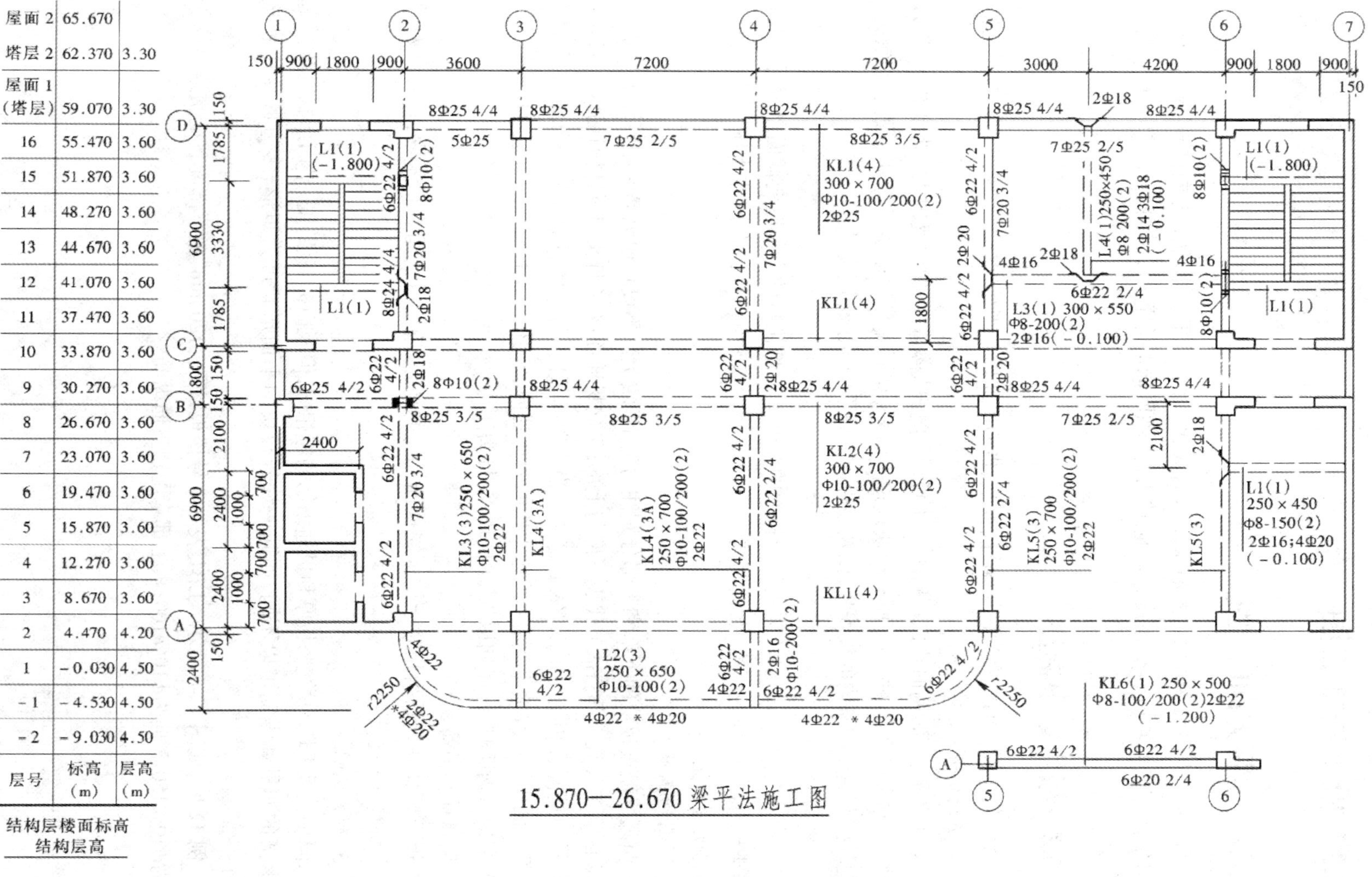

层号	标高(m)	层高(m)
屋面 2	65.670	
塔层 2	62.370	3.30
屋面 1（塔层）	59.070	3.30
16	55.470	3.60
15	51.870	3.60
14	48.270	3.60
13	44.670	3.60
12	41.070	3.60
11	37.470	3.60
10	33.870	3.60
9	30.270	3.60
8	26.670	3.60
7	23.070	3.60
6	19.470	3.60
5	15.870	3.60
4	12.270	3.60
3	8.670	3.60
2	4.470	4.20
1	-0.030	4.50
-1	-4.530	4.50
-2	-9.030	4.50

结构层楼面标高
结构层高

图 12-5　梁平法施工图示例

12.2 板平法施工图

12.2.1 坐标方向的规定

当两向轴网正交布置时,图面从左至右为 *X* 方向,从下至上为 *Y* 方向;当轴网转折时,局部坐标方向顺轴网转折角度做相应转折;当轴网向心布置时,切向为 *X* 方向,径向为 *Y* 方向。

12.2.2 板块集中标注

板块集中标注的内容为板块编号、板厚、贯通纵筋以及当板面标高不同时的标高高差。

1. 板块编号

对于普通楼面,两向均以一跨为一块板;对于密肋楼盖,两向主梁(框架梁)均以一跨为一块板(非主梁密肋不计)。所有板块应逐一编号,相同编号的板块可择其一做集中标注,其他仅注写置于圆圈内的板编号,以及当板面标高不同时的标高高差。

2. 板厚

板厚注写为 *h*=×××(为垂直于板面的厚度);当悬挑板的端部改变截面厚度时,用斜线分隔根部与端部的高度值,注写为 *h*=×××/×××;当设计已在图注中统一注明板厚时,此项可不注。

3. 贯通纵筋

贯通纵筋按板块的下部和上部分别注写(当板块上部不设贯通纵筋时则不注),并以 B 代表下部,T 代表上部;B&T 代表下部与上部;*X* 向贯通筋以 X 打头,*Y* 向贯通筋以 Y 打头,两向贯通筋配置相同时则以 X&Y 打头。当为单向板时,另一向贯通筋的分布筋可不必注写,而在图中统一注明。当在某些板内(例如在延伸悬挑板 YXB,或纯悬挑板 XB 的下部)配置有构造钢筋时,则 *X* 向以 X_c,*Y* 向以 Y_c 打头注写。

4. 板面标高高差

板面标高高差系指相对于结构层楼面标高的高差,应将其注写在括号内,且有高差时注,无高差时不注。

5. 有关说明

同一编号板块的类型、板厚和贯通纵筋均应相同,但板面标高、跨度、平面形状以及板支座上部的非贯通纵筋可以不同,如同一编号板块的平面形状可为矩形、多边形及其他形状等。

例 12-9 如图 12-6 所示,LB1 表示 1 号楼板,板厚 120 mm,板下部配置的贯通纵筋 *X* 向为ϕ10@150,*Y* 向为ϕ10@100;板上部未配置贯通纵筋。

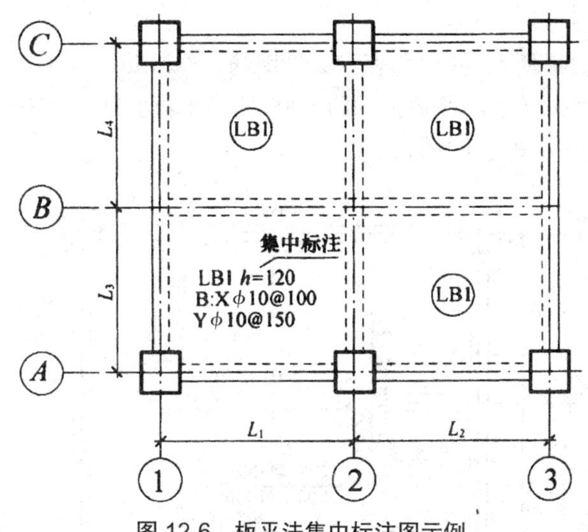

图 12-6　板平法集中标注图示例

例 12-10　如图 12-7 所示，YXB1 表示延伸悬挑板的编号，h=150/100 表示板的根部厚度为 150 mm,板的端部厚度为 100 mm,下部构造钢筋 X 方向为ϕ8@150，Y 方向为ϕ8@200，上部 X 方向为 8@150,Y 方向按 1 号筋布置。

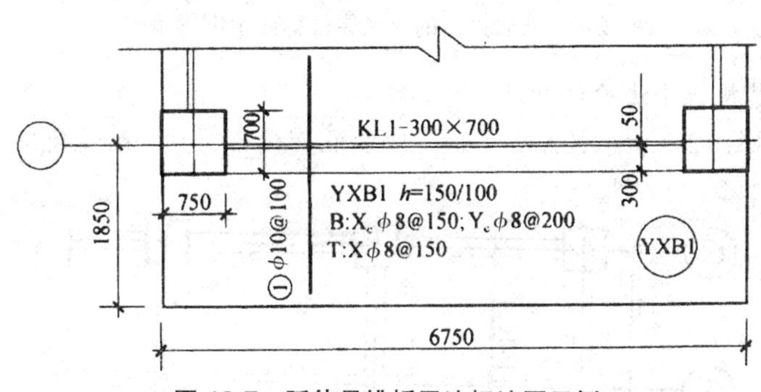

图 12-7　延伸悬挑板平法标注图示例

12.2.3　板支座原位标注

板支座原位标注的内容为板支座上部非贯通纵筋和纯悬挑板上部受力钢筋。

板支座原位标注的钢筋,应在配置相同跨的第一跨表达(当在梁悬挑部位单独配置时,则在原位表达)。在配置相同跨的第一跨(或梁悬挑部位),垂直于板支座(梁或墙)绘制一段适宜长度的中粗实线(当该筋通长设置在悬挑板或短跨板上部时,实线段应画至对边或贯通短跨),以该线段代表支座上部非贯通纵筋;并在线段上方注写钢筋编号(如①②等)、配筋值、横向连续布置的跨数(注写在括号内,且当为一跨时可不注),以及是否横向布置到梁的悬挑端。

例如(××)为横向布置的跨数,(××A)为横向布置的跨数及一端的悬挑部位,(××B)为横向布置的跨数及两端的悬挑部位。

1. 非悬挑板的平法原位标注

例 12-11 如图 12-8 所示,图中②表示 2 号钢筋, 8@150 表示直径为圆 8 的钢筋,间距为 150 mm,(2)表示连续布置的跨数为两跨, 900、1000 表示自梁支座中线向跨内延伸的长度,两边对称延伸时,另一侧可不标注。

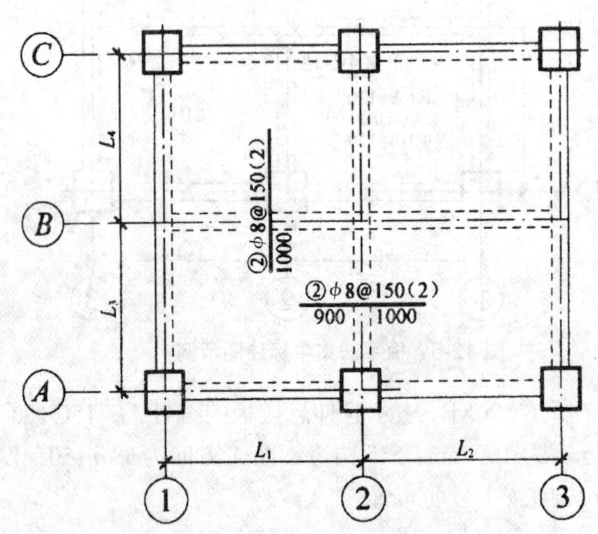

图 12-8 非悬挑板的平法原位标注示例图示例

2. 一端延伸悬挑板平法原位标注

例 12-12 如图 12-9 所示,2A 表示板支座负筋连续布置到一端悬挑部位。

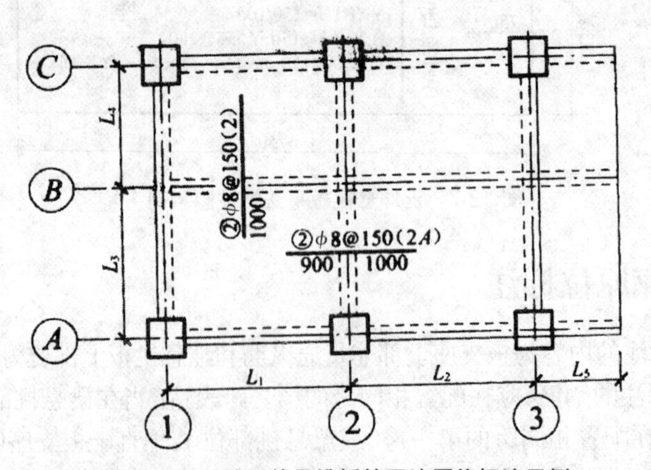

图 12-9 一端延伸悬挑板的平法原位标注示例

3. 两端延伸悬挑板平法原位标注

例 12-13 如图 12-10 所示,2B 表示支座负筋连续布置到两端悬挑部位。

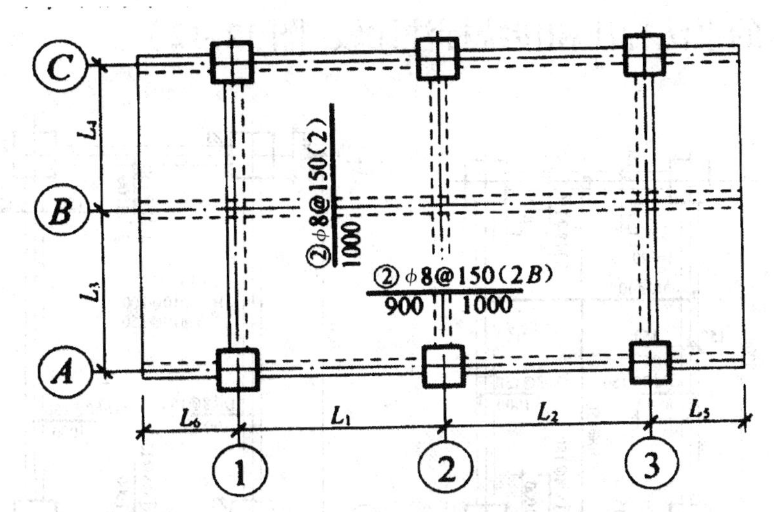

图 12-10　两端延伸悬挑板的平法原位标注示例图示例

4. 支座单边平法原位标注

例 12-14　如图 12-11 所示，板负筋尺寸 1000 表示自支座中线到跨内延伸的长度。

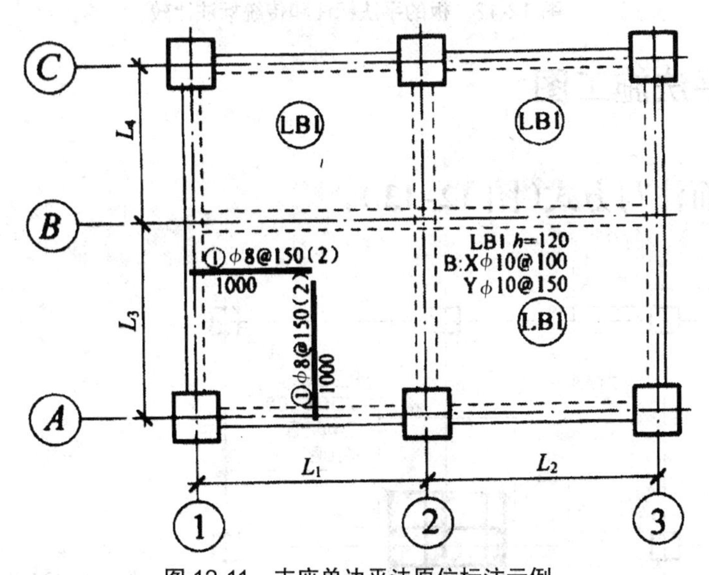

图 12-11　支座单边平法原位标注示例

12.2.4　隔一布一筋方式

当板的上部已配置有贯通纵筋，但需增配板支座上部非贯通纵筋时，应结合已配置的同向贯通纵筋的直径与间距采取“隔一布一筋”方式配置。

“隔一布一筋”方式，为非贯通纵筋的标注间距与贯通纵筋相同，两者组合后的实际间距为各自标注间距的 1/2。当设定贯通纵筋为纵筋总截面面积的 50% 时，两种钢筋应取相同直径；当设定贯通纵筋大于或小于总截面面积的 50% 时，两种钢筋则取不同直径。

12.2.5 板的平法标注和传统标注比较(图 12–12)。

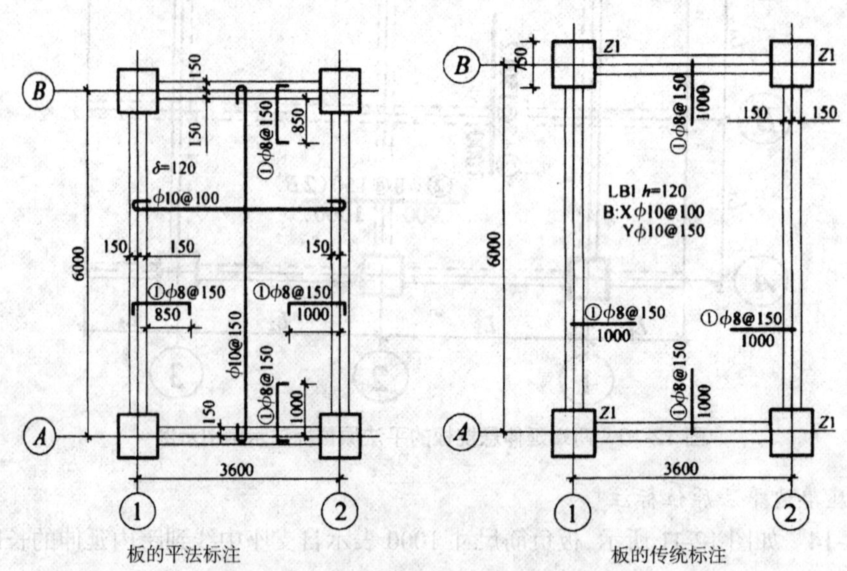

图 12-12 板的平法标注和传统标注比较

12.3 柱平法施工图

12.3.1 截面注写方式(图 12–13)。

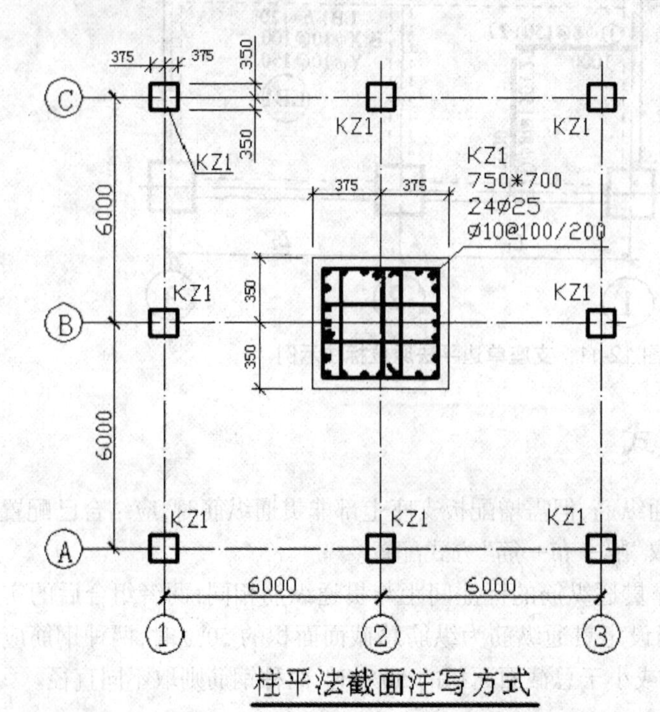

屋面	15.870	
4	12.270	3.6
3	8.670	3.6
2	4.470	4.2
1	-0.030	4.5
-1	-4.530	4.5
层号	标高(m)	层高

图 12-13 柱截面注写方式示例

12.3.2　列表注写方式(图 12-14)。

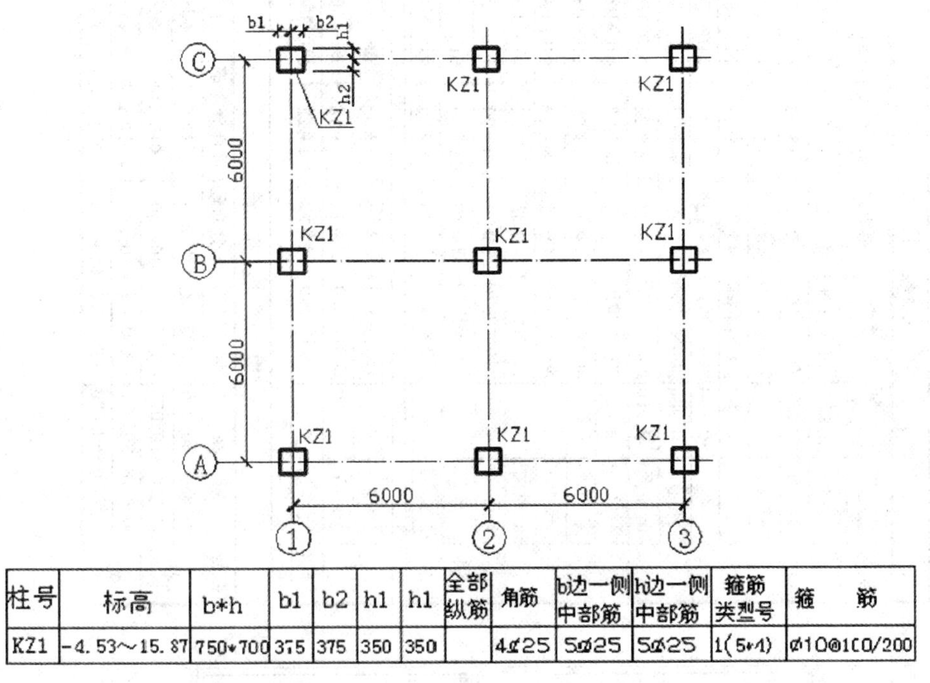

柱号	标高	b*h	b1	b2	h1	h1	全部纵筋	角筋	b边一侧中部筋	h边一侧中部筋	箍筋类型号	箍　筋
KZ1	-4.53～15.87	750*700	375	375	350	350		4⌀25	5⌀25	5⌀25	1(5*4)	⌀10@100/200

-4.530～15.870柱平法施工图（列表注写方式）

图 12-14　柱列表注写方式示例

12.4　剪力墙平法施工图

剪力墙的平面表示方法有两种：列表注写方式和截面注写方式。

12.4.1　列表注写方式

列表注写方式，是分别在剪力墙梁表、剪力墙身表和剪力墙柱表中，对应于剪力墙平面布置图上的编号，用绘制截面配筋图并注写几何尺寸与配筋具体数值的方式来表示剪力墙平法施工图，如图 12-15 所示。

12.4.2　截面注写方式

截面注写方式，是在剪力墙平面布置图上，在相同的编号中选择一根墙柱、一道墙身、一根墙梁，放大到适当的比例，直接注写墙柱、墙身、墙梁的截面尺寸和配筋具体数值的方式来表达剪力墙平法施工图，如图 12-16 所示。

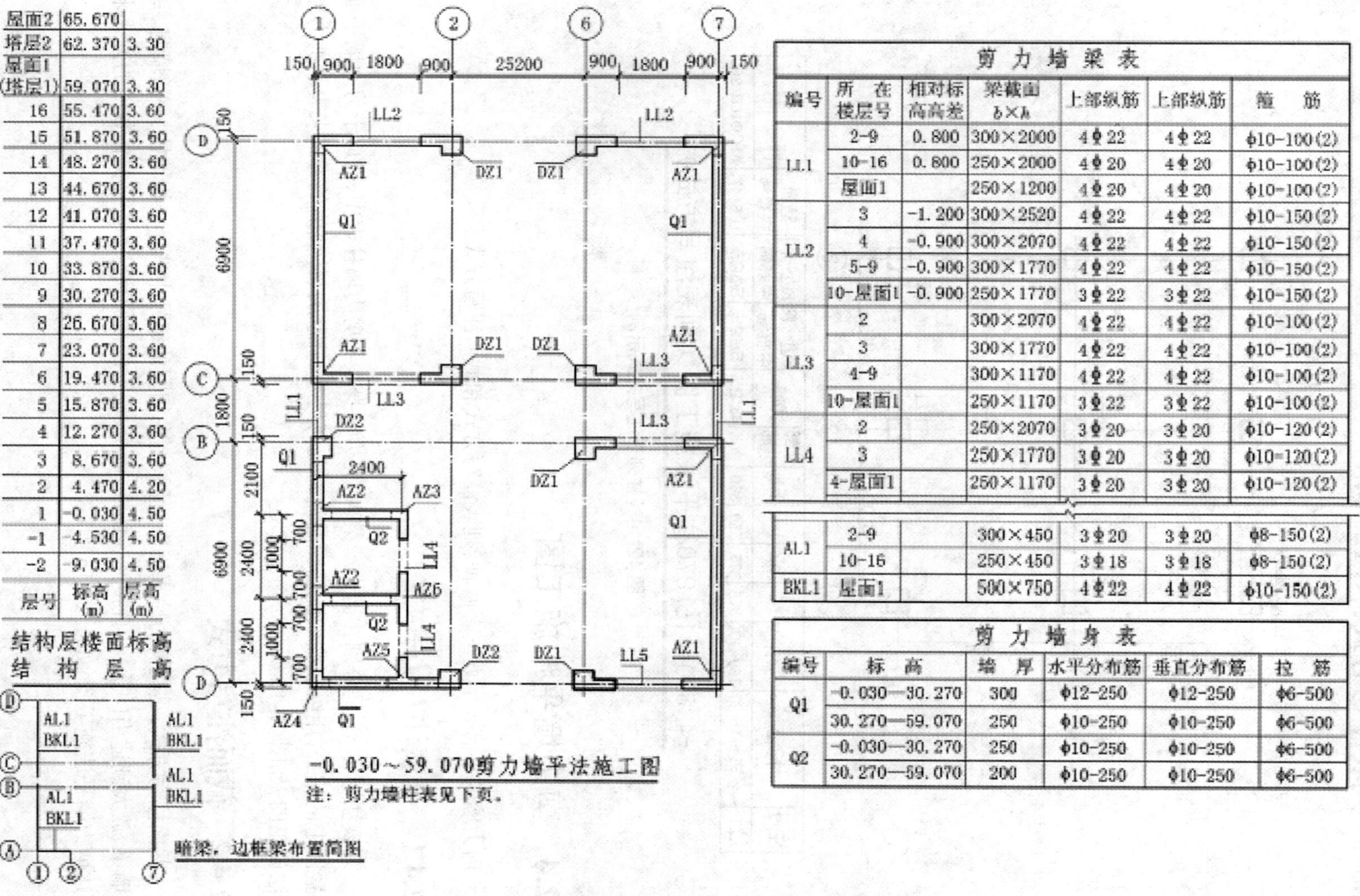

层号	标高(m)	层高(m)
屋面2	65.670	
塔层2	62.370	3.30
屋面1(塔层1)	59.070	3.30
16	55.470	3.60
15	51.870	3.60
14	48.270	3.60
13	44.670	3.60
12	41.070	3.60
11	37.470	3.60
10	33.870	3.60
9	30.270	3.60
8	26.670	3.60
7	23.070	3.60
6	19.470	3.60
5	15.870	3.60
4	12.270	3.60
3	8.670	3.60
2	4.470	4.20
1	-0.030	4.50
-1	-4.530	4.50
-2	-9.030	4.50

剪力墙梁表

编号	所在楼层号	相对标高高差	梁截面 $b \times h$	上部纵筋	上部纵筋	箍筋
LL1	2-9	0.800	300×2000	4⌀22	4⌀22	ϕ10-100(2)
	10-16	0.800	250×2000	4⌀20	4⌀20	ϕ10-100(2)
	屋面1		250×1200	4⌀20	4⌀20	ϕ10-100(2)
LL2	3	-1.200	300×2520	4⌀22	4⌀22	ϕ10-150(2)
	4	-0.900	300×2070	4⌀22	4⌀22	ϕ10-150(2)
	5-9	-0.900	300×1770	4⌀22	4⌀22	ϕ10-150(2)
	10-屋面1	-0.900	250×1770	3⌀22	3⌀22	ϕ10-150(2)
LL3	2		300×2070	4⌀22	4⌀22	ϕ10-100(2)
	3		300×1770	4⌀22	4⌀22	ϕ10-100(2)
	4-9		300×1170	4⌀22	4⌀22	ϕ10-100(2)
	10-屋面1		250×1170	3⌀22	3⌀22	ϕ10-100(2)
LL4	2		250×2070	3⌀20	3⌀20	ϕ10-120(2)
	3		250×1770	3⌀20	3⌀20	ϕ10-120(2)
	4-屋面1		250×1170	3⌀20	3⌀20	ϕ10-120(2)
AL1	2-9		300×450	3⌀20	3⌀20	ϕ8-150(2)
	10-16		250×450	3⌀18	3⌀18	ϕ8-150(2)
BKL1	屋面1		500×750	4⌀22	4⌀22	ϕ10-150(2)

剪力墙身表

编号	标高	墙厚	水平分布筋	垂直分布筋	拉筋
Q1	-0.030—30.270	300	ϕ12-250	ϕ12-250	ϕ6-500
	30.270—59.070	250	ϕ10-250	ϕ10-250	ϕ6-500
Q2	-0.030—30.270	250	ϕ10-250	ϕ10-250	ϕ6-500
	30.270—59.070	200	ϕ10-250	ϕ10-250	ϕ6-500

图 12-15　剪力墙平法施工图列表注写方式示例

层号	标高(m)	层高(m)
屋面2	65.670	
塔层2	62.370	3.30
屋面1(塔层1)	59.070	3.30
16	55.470	3.60
15	51.870	3.60
14	48.270	3.60
13	44.670	3.60
12	41.070	3.60
11	37.470	3.60
10	33.870	3.60
9	30.270	3.60
8	26.670	3.60
7	23.070	3.60
6	19.470	3.60
5	15.870	3.60
4	12.270	3.60
3	8.670	3.60
2	4.470	4.20
1	-0.030	4.50
-1	-4.530	4.50
-2	-9.030	4.50

结构层楼面标高
结构层高

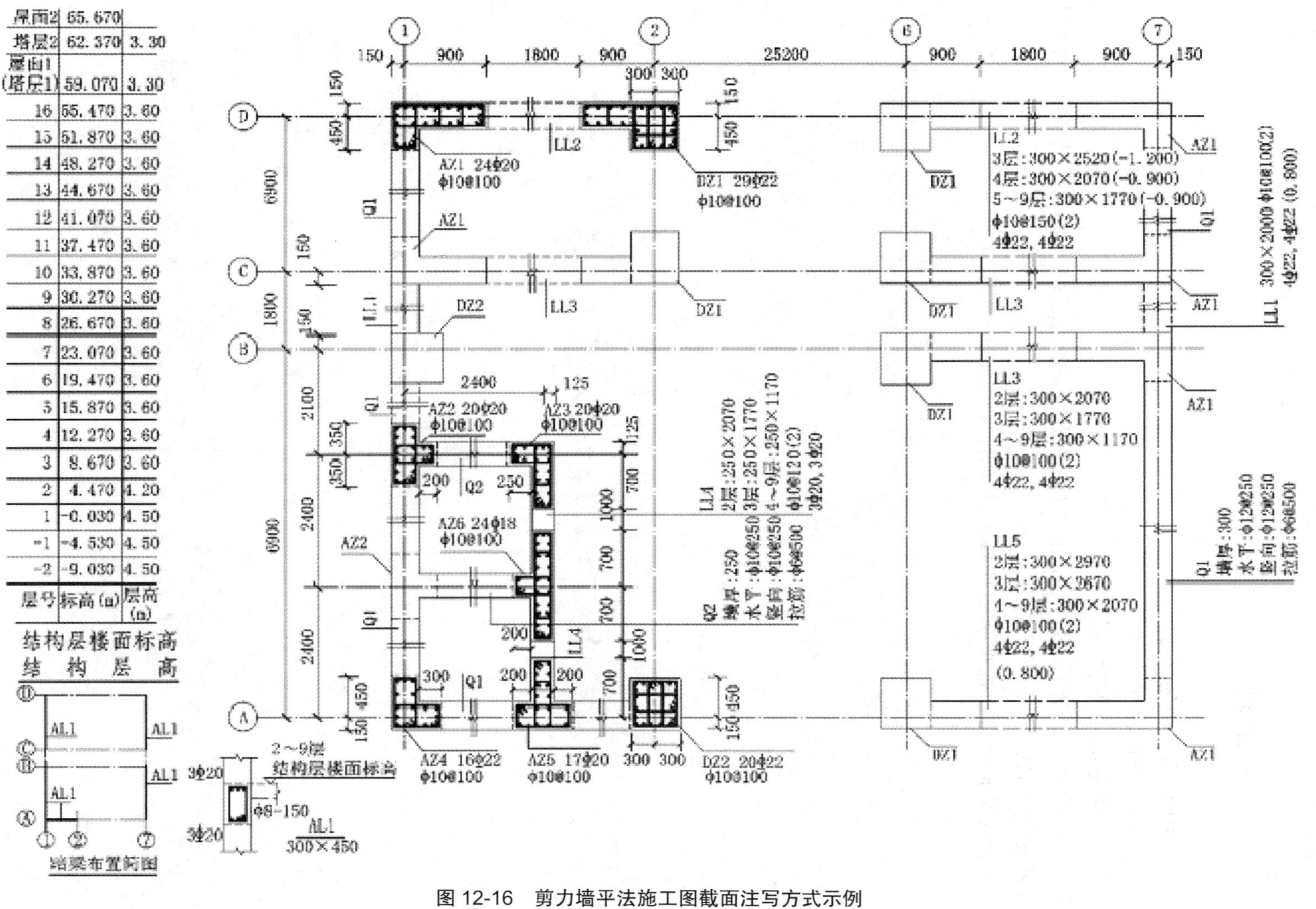

图 12-16　剪力墙平法施工图截面注写方式示例

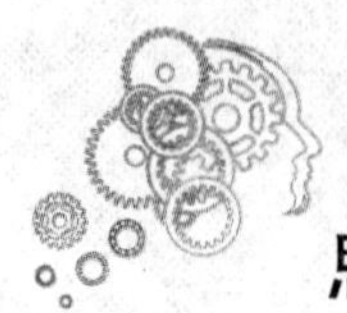

思考题

1. 何谓平法？简述其特点。

2. 举例说明梁的平法识读。

3. 举例说明柱的平法识读。

4. 绘图大作业：选用 A4 图幅，用 1∶100 比例绘制图 12-13 柱截面注写方式和图 12-14 柱列表注写方式。

作业要求：图面布置要合理，图线粗细分明，尺寸、钢筋标注正确。

第 13 章　楼梯结构详图的识读

楼梯的结构一般比较复杂,各部分的尺寸比较小,因此需要用较大比例如 1：20 画出结构详图。

楼梯结构详图由结构平面图、结构剖面图和构件详图组成,如图 13-1 所示。

13.1　楼梯结构平面图

楼梯结构平面图一般是在休息平台的上方所作的水平剖面图;楼梯结构平面图应分层画出,即应分别画出底层、中间层和顶层的结构平面图,当中间几层的结构布置和构件类型相同时,可画出一个标准层楼梯结构平面图。

13.2　楼梯结构剖面图

楼梯结构剖面图是用假想的竖直剖切平面沿楼梯段方向作剖切后得到的剖面图,它反映了楼梯结构沿竖向的布置和构造关系,如图 13-2 所示。

现浇钢筋混凝土楼梯的配筋一般都画在结构平面图和结构剖面图上;对于装配式楼梯如所用构件为通用构件,只需注明构件的结构代号和所用通用图集名称,若为非通用构件还应画出构件的配筋图。

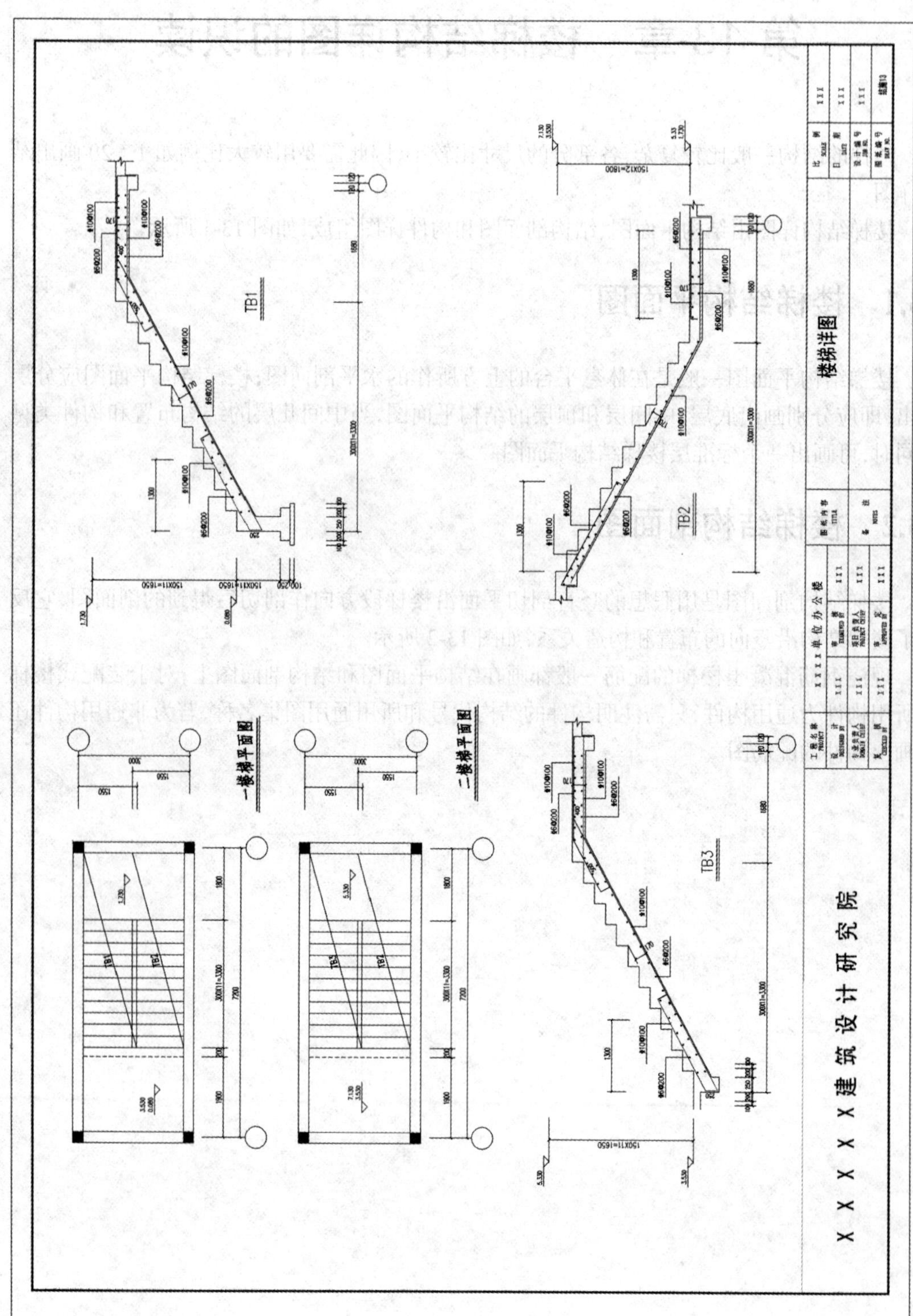

图 13-1 楼梯结构详图示例

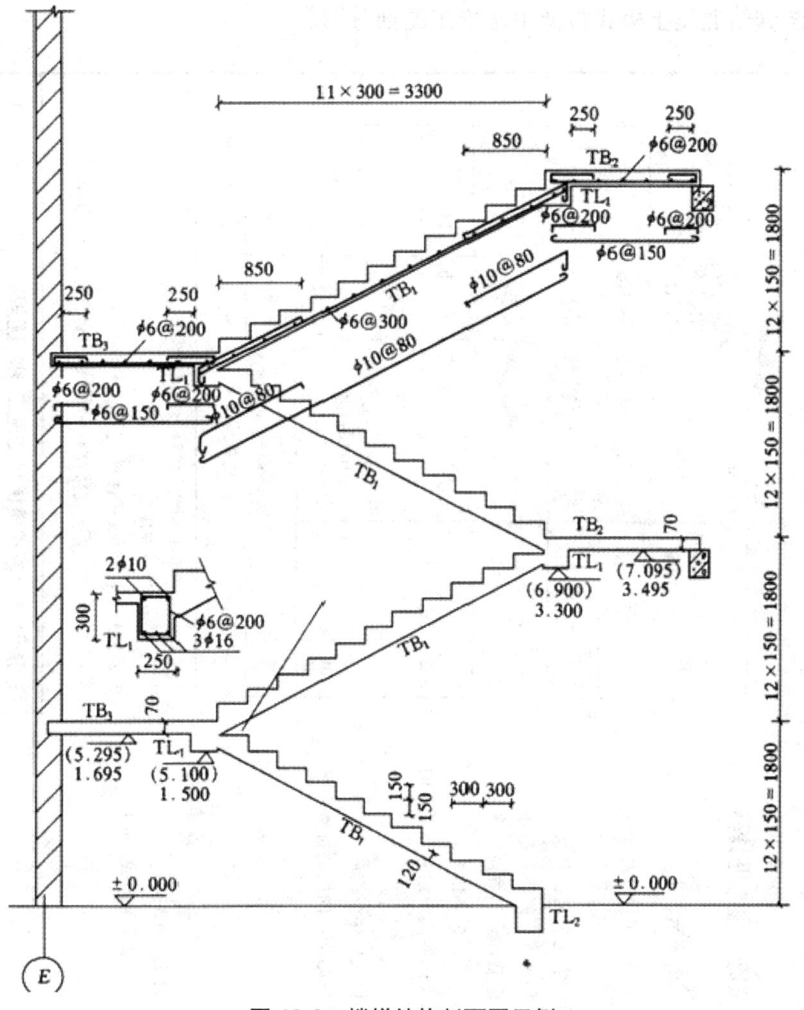

图 13-2　楼梯结构剖面图示例

附：现浇钢筋混凝土板式楼梯平法施工图部分图集

2 现浇混凝土板式楼梯平法施工图制图规则

2.1 现浇混凝土板式楼梯平法施工图的表示方法

2.1.1 现浇混凝土板式楼梯平法施工图有平面注写、剖面注写和列表注写三种表达方式。

本图集制图规则主要表述梯板的表达方式，与楼梯相关的平台板、梯梁、梯柱的注写方式参见国家建筑标准设计图集16G101-1《混凝土结构施工图平面整体表示方法制图规则和构造详图（现浇混凝土框架、剪力墙、梁、板）》。

2.1.2 楼梯平面布置图，应采用适当比例集中绘制，需要时绘制其剖面图。

2.1.3 为方便施工，在集中绘制的板式楼梯平法施工图中，宜按本规则第1.0.6条的规定注明各结构层的楼面标高、结构层高及相应的结构层号。

2.2 楼梯类型

2.2.1 本图集楼梯包含12种类型，详见表2.2.1。各梯板截面形状与支座位置示意图见本图集第11～16页。

2.2.2 楼梯注写：楼梯编号由梯板代号和序号组成；如AT××、BT××、ATa××等。

表2.2.1 楼梯类型

梯板代号	适用范围		是否参与结构整体抗震计算	示意图所在页码	注写及构造图所在页码
	抗震构造措施	适用结构			
AT	无	剪力墙、砌体结构	不参与	11	23、24
BT				11	25、26
CT	无	剪力墙、砌体结构	不参与	12	27、28
DT				12	29、30
ET	无	剪力墙、砌体结构	不参与	13	31、32
FT				13	33、34、35、39
GT	无	剪力墙、砌体结构	不参与	14	36、37、38、39
ATa	有	框架结构、框剪结构中框架部分	不参与	15	40、41、42
ATb			不参与	15	40、43、44
ATc			参与	15	45、46
CTa	有	框架结构、框剪结构中框架部分	不参与	16	47、41、48
CTb			不参与	16	47、43、49

注：ATa、CTa低端设滑动支座支承在梯梁上；ATb、CTb低端设滑动支座支承在挑板上。

2.2.3 AT～ET型板式楼梯具备以下特征：

1. AT～ET 型板式楼梯代号代表一段带上下支座的梯板。

现浇混凝土板式楼梯平法施工图制图规则						图集号	16G101-2
审核	王文栋	校对	张 明	设计	付国顺	页	6

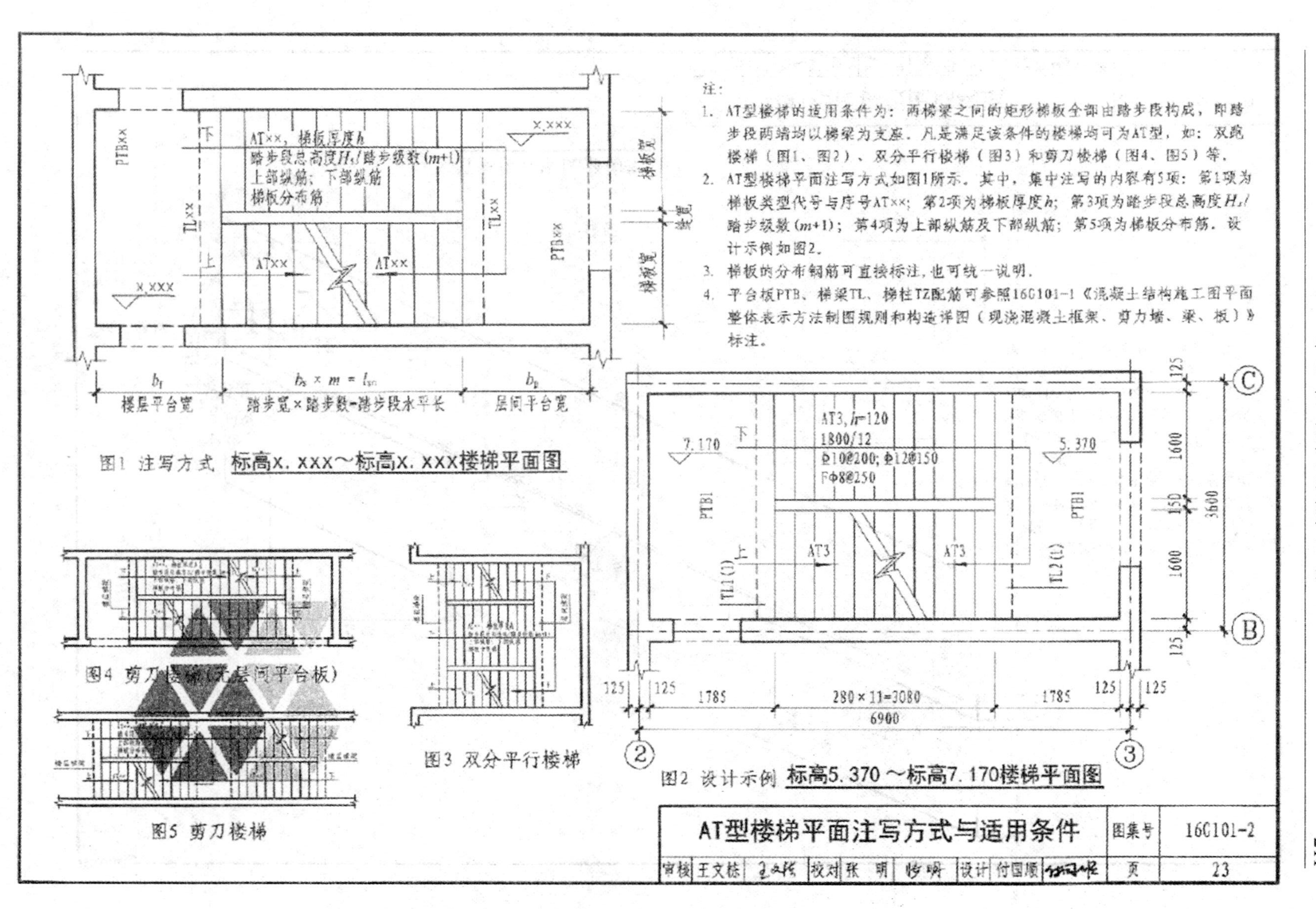

注：

1. AT型楼梯的适用条件为：两梯梁之间的矩形梯板全部由踏步段构成，即踏步段两端均以梯梁为支座。凡是满足该条件的楼梯均可为AT型，如：双跑楼梯（图1、图2）、双分平行楼梯（图3）和剪刀楼梯（图4、图5）等。
2. AT型楼梯平面注写方式如图1所示。其中，集中注写的内容有5项：第1项为梯板类型代号与序号AT××；第2项为梯板厚度h；第3项为踏步段总高度H_s/踏步级数（m+1）；第4项为上部纵筋及下部纵筋；第5项为梯板分布筋。设计示例如图2。
3. 梯板的分布钢筋可直接标注，也可统一说明。
4. 平台板PTB、梯梁TL、梯柱TZ配筋可参照16G101-1《混凝土结构施工图平面整体表示方法制图规则和构造详图（现浇混凝土框架、剪力墙、梁、板）》标注。

图1　注写方式　标高x.xxx～标高x.xxx楼梯平面图

图2　设计示例　标高5.370～标高7.170楼梯平面图

图3　双分平行楼梯

图4　剪刀楼梯(无层间平台板)

图5　剪刀楼梯

AT型楼梯平面注写方式与适用条件

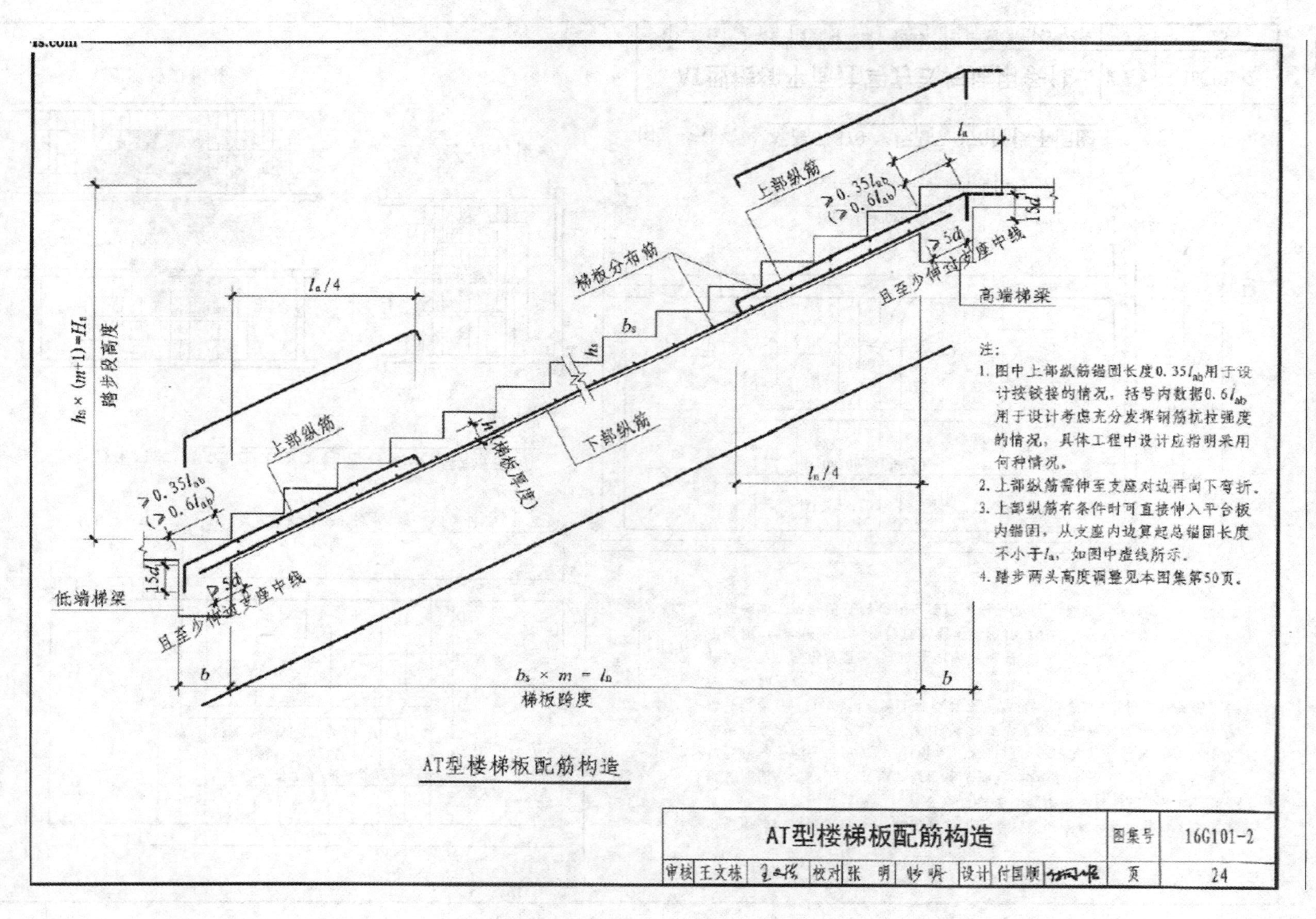

上部纵筋
l_a
$\geqslant 0.35l_{ab}$
$(\geqslant 0.6l_{ab})$
15d
$\geqslant 5d$
且至少伸过支座中线
高端梯梁
梯板分布筋
b_s
h_s
下部纵筋
h（梯板厚度）
$l_n/4$
$l_n/4$
上部纵筋
$h_s\times(m+1)=H_s$
踏步段高度
$\geqslant 0.35l_{ab}$
$(\geqslant 0.6l_{ab})$
15d
$\geqslant 5d$
且至少伸过支座中线
低端梯梁
b
$b_s\times m=l_n$
梯板跨度
b
注：
1. 图中上部纵筋锚固长度0.35l_{ab}用于设计按铰接的情况，括号内数据0.6l_{ab}用于设计考虑充分发挥钢筋抗拉强度的情况，具体工程中设计应指明采用何种情况。
2. 上部纵筋需伸至支座对边再向下弯折。
3. 上部纵筋有条件时可直接伸入平台板内锚固，从支座内边算起总锚固长度不小于l_a，如图中虚线所示。
4. 踏步两头高度调整见本图集第50页。
AT型楼梯板配筋构造
图集号 16G101-2
审核 王文林 校对 张明 设计 付国顺 页 24

AT型楼梯板配筋构造

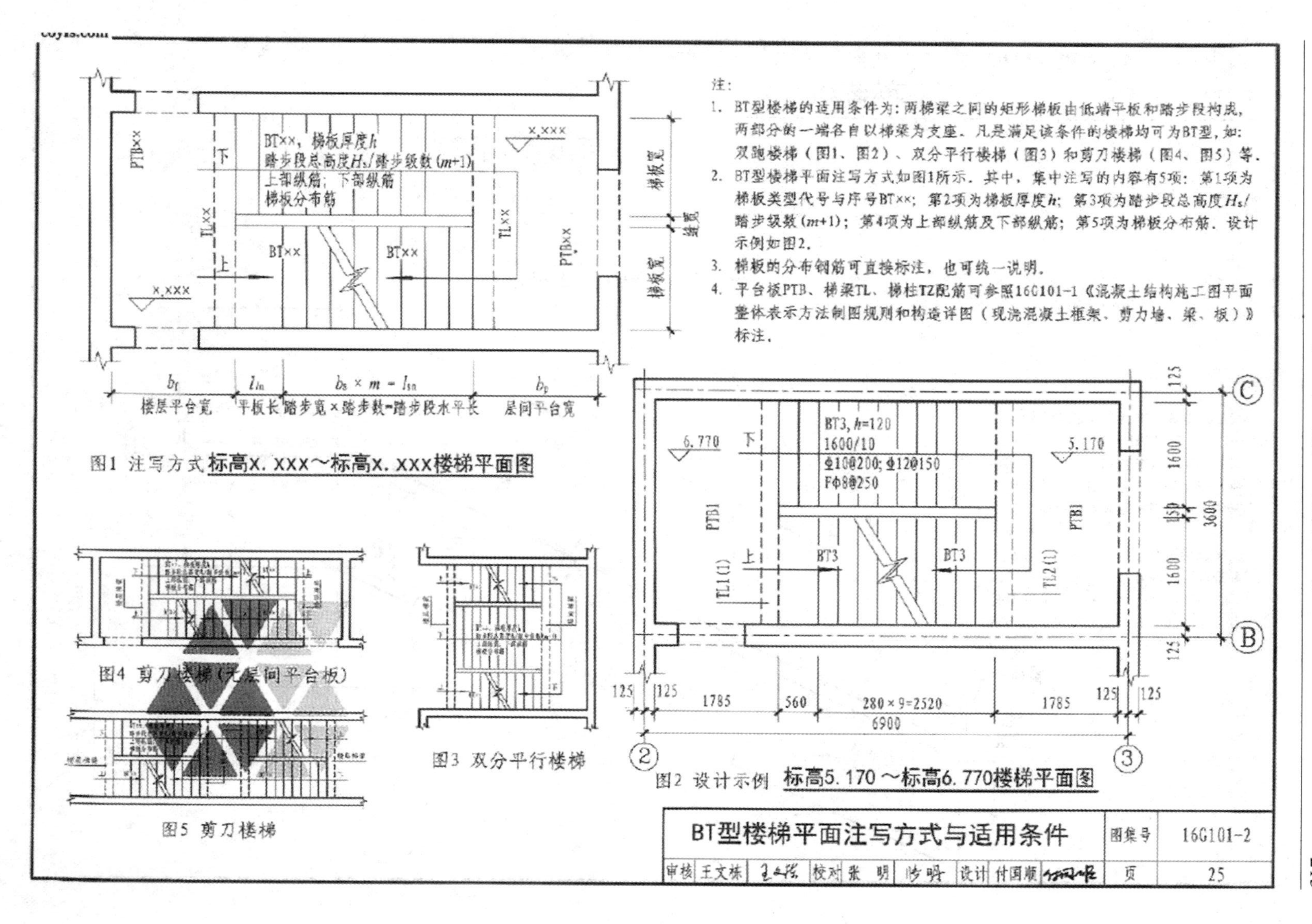

图1 注写方式 标高X.XXX～标高X.XXX楼梯平面图

图2 设计示例 标高5.170～标高6.770楼梯平面图

图3 双分平行楼梯

图4 剪刀楼梯（无层间平台板）

图5 剪刀楼梯

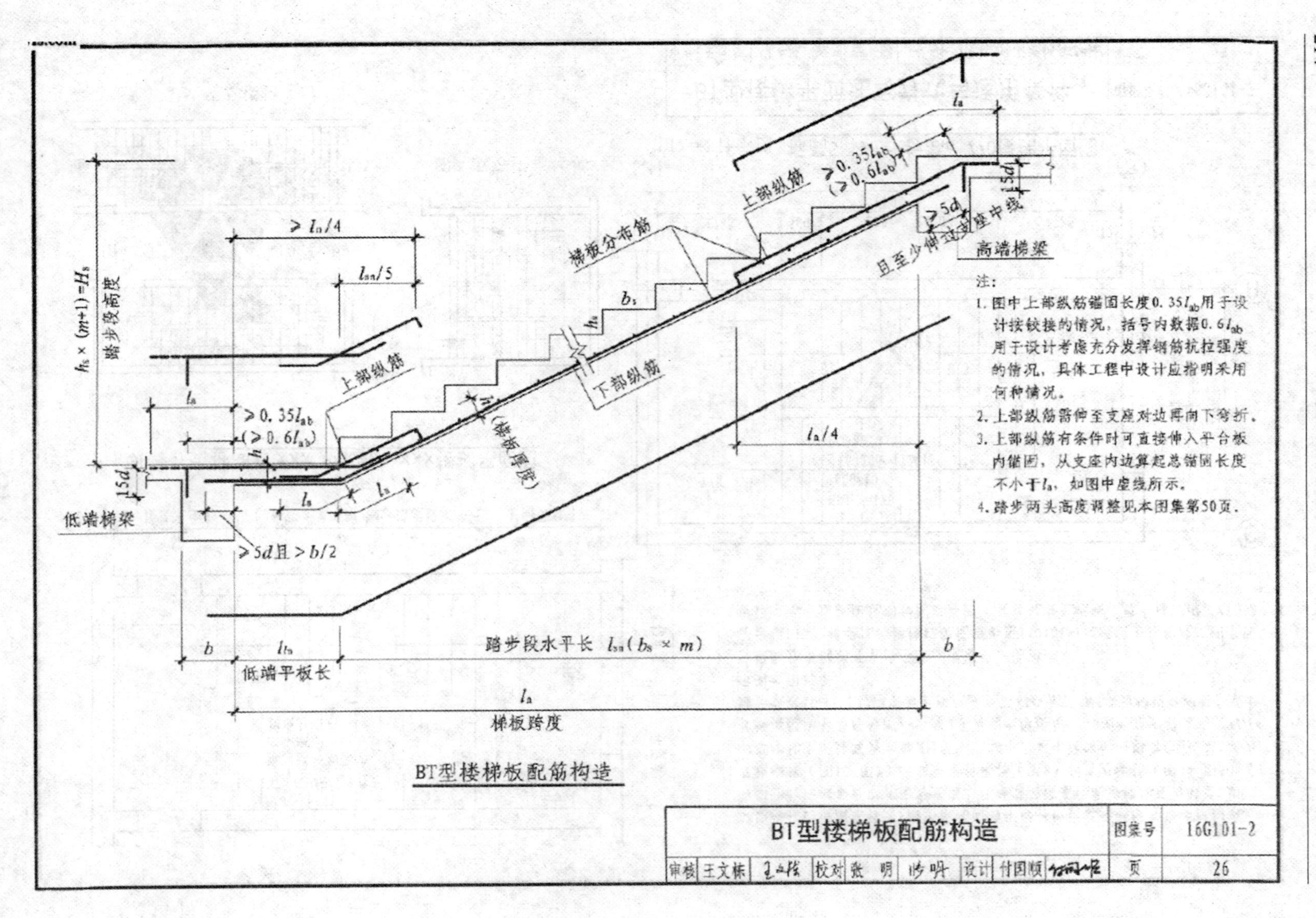

上部纵筋
≥0.35l_{ab}
(≥0.6l_{ab})
≥5d
且至少伸过支座中线
15d
高端梯梁
梯板分布筋
b_s
h_s
下部纵筋
h
(梯板厚度)
≥l_n/4
l_{sn}/5
上部纵筋
l_a
≥0.35l_{ab}
(≥0.6l_{ab})
15d
低端梯梁
≥5d且≥b/2
h_s × (m+1) = H_s
踏步段高度
l_n/4
b
l_{ln}
低端平板长
踏步段水平长 l_{sn}(b_s × m)
l_n
梯板跨度
注：
1. 图中上部纵筋锚固长度0.35l_{ab}用于设计按铰接的情况，括号内数据0.6l_{ab}用于设计考虑充分发挥钢筋抗拉强度的情况，具体工程中设计应指明采用何种情况。
2. 上部纵筋需伸至支座对边再向下弯折。
3. 上部纵筋有条件时可直接伸入平台板内锚固，从支座内边算起总锚固长度不小于l_a，如图中虚线所示。
4. 踏步两头高度调整见本图集第50页。
BT型楼梯板配筋构造
BT型楼梯板配筋构造
图集号 16G101-2
审核 王文栋 校对 张明 设计 付国顺 页 26

附:钢筋平法图集常用符号解释

•l_a:非抗震构件的钢筋锚固长度。

•l_{aE}:抗震构件的钢筋锚固长度。

•b_w:剪力墙的厚度。

•b_f:转角处的暗柱的厚度。

•l_n:梁的净跨度。

•l_{lE}:钢筋的搭接长度。

•λ_v:约束边缘构件的配筋特征值,计算配筋率时箍筋或拉筋抗拉强度设计值超过 360 N/mm²,应按 360 N/mm² 计算;箍筋或拉筋沿竖向间距:一级不宜大于 100 mm,二级不宜大于 150 mm。

•b_c:端柱端头的宽度。

•l_c:约束边缘构件沿墙肢的长度,不应小于图集中表内的数值、1.5bw 和 450 mm 三者的最大值,有翼墙或端柱时尚不应小于翼墙厚度或端柱沿墙肢方向截面高度;加 300 mm。

•l_n:梁跨度值。

•l_{ae}:纵向受拉钢筋抗震锚固长度。

•l_a:受拉钢筋最小锚固长度。

•l_{le}:纵向受拉钢筋抗震(绑扎)搭接长度。

•l_l:纵向受拉钢筋非抗震绑扎搭接长度。

•l_{ni}:梁本跨的净跨值。

•l_{ac}:暗柱长度。

•H_n:所在楼层的柱净高。

•h_c:柱截面长边尺寸(圆柱为截面直径),也表示为端柱的宽度。

•h_w:抗震剪力墙墙肢的长度(也表示梁净高)。

•h_b:梁截面高度。

•A_c:为计算边缘构件纵向构造钢筋的暗柱或端柱的截面面积。

思考题

1. 楼梯结构详图包括哪些?

2. 识读例图 13-1,写出楼梯主要配筋的规格、间距、配置位置。

3. 识读例图 13-2,写出楼梯主要配筋的规格、间距、配置位置。

4. 认真查阅相关图集,掌握现浇钢筋混凝土板式楼梯平法施工图制图规则。

第 14 章　变形缝

14.1　变形缝的种类

在建筑物因昼夜温差、不均匀沉降以及地震而可能引起结构破坏的变形的敏感部位或其他必要的部位，预先设缝将整个建筑物沿全高断开，使断开后建筑物的各部分成为独立的单元，或是划分为简单、规则、均一的段，并令各段之间的缝达到一定宽度，以适应变形的需要。这种将建筑物垂直分开的预留缝称为变形缝，包括伸缩缝、沉降缝、防震缝。如图 14-1 所示。在一般情况下，沉降缝可以与伸缩缝合并，抗震缝的设置也应结合伸缩缝、沉降缝的要求统一考虑。

图 14-1　变形缝

14.1.1　伸缩缝（温度缝）——对应昼夜温差引起的变形，基础不必断开

伸缩缝是指当建筑物较长时为避免建筑物因热胀冷缩较大而使结构构件产生裂缝所设置的变形缝。

当建筑物的长度过长时，因温度变化产生热胀冷缩现象而易发生破坏，因此常在较长房屋的适当位置设垂直缝，将墙体、楼板、屋顶断开。基础因埋于地下，受温度影响较小，不必断开。这种缝称伸缩缝，也称温度缝。

1. 需要设缝的情况

（1）建筑物长度超过一定限度；

（2）建筑平面复杂，变化较多；

（3）建筑中结构类型变化较大。

2. 设置原则

设置伸缩缝时通常是沿建筑物长度方向每隔一定距离或结构变化较大处在垂直方向预留缝隙，将基础以上的建筑构件全部断开，分为各自独立的能在水平方向自由伸缩的部分。基础部分因受温度变化影响较小，一般不须断开。

3. 缝的间距

伸缩缝的最大间距应根据不同材料的结构而定，详见《混凝土结构设计规范》中各种砌体结构和钢筋混凝土结构房屋伸缩缝的最大间距。

4. 缝的构造

根据建筑物的长度、结构类型和屋盖刚度以及屋面有否设保温或隔热层来考虑。伸缩缝宽度一般为 20~40 mm，通常采用 30 mm。以保证缝两侧的建筑构件能在水平方向自由伸缩。为避免风、雨对室内的影响，伸缩缝可砌成错口缝和企口缝，也可做成平缝。

14.1.2　沉降缝——对应不均匀沉降引起的变形，基础必须断开

沉降缝是为了预防建筑物各部分由于地基承载力不同或各部分荷载差异较大等原因引起建筑物不均匀沉降、导致建筑物破坏而设置的变形缝。

1. 需要设缝的情况

（1）当建筑物建造在不同的地基上，并难以保证均匀沉降时；

（2）当同一建筑物相邻部分的基础形式、宽度和埋置深度相差较大，易形成不均匀沉降时；

（3）当同一建筑物相邻部分的高度相差较大（一般为超过 10m）、荷载相差悬殊或结构形式变化较大等易导致不均匀沉降时；

（4）当平面形状比较复杂，各部分的连接部位又比较薄弱时；

（5）原由建筑物和新建、扩建的建筑物之间。

2. 设置原则

设置沉降缝时，必须将建筑的基础、墙体、楼层及屋顶等部分全部在垂直方向断开，使各部分形成能各自自由沉降的独立的刚度单元。

3. 缝的构造

沉降缝可以兼作伸缩缝。沉降缝的宽度随地基情况和建筑物的高度而不同，地基越软弱，建筑物越高大，缝宽也就越大。沉降缝的宽度一般为 50 mm 左右。若地基比较软弱，对 4~5 层的房屋，缝宽可取 80~120 mm；5 层以上缝宽应大于 120 mm。

14.1.3　防震缝——对应地震可能引起的变形，基础不一定断开

在抗震设防烈度为 6~9 度的地震区，为了防止建筑物因地震而造成开裂、破坏，应在适当位置设置垂直缝隙，沿建筑物的全高设置，这种缝称防震缝。

1. 需要设缝的情况

在地震设防烈度为 7~9 度地区，有下列情况之一时需设防震缝：

(1)毗邻房屋立面高差大于 6 m;

(2)房屋有错层且楼板高差较大;

(3)房屋毗邻部分结构的刚度、质量截然不同。

2. 设置原则

防震缝应沿建筑物全高设置。一般情况下基础可以不分开,但当平面较复杂时,也应将基础分开。

3. 缝的构造

防震缝宽度一般采用 50~100 mm,但对于多层和高层钢筋混凝土结构房屋,其最小缝宽应符合下列要求:

(1)当高度不超过 15 m 时,缝宽 70 mm;

(2)当高度超过 15 m 时,按不同设防烈度增加缝宽:6 度地区,建筑每增高 5 m,缝宽增加 20 mm; 7 度地区,建筑每增高 4 m,缝宽增加 20 mm; 8 度地区,建筑每增高 3 m,缝宽增加 20 mm;9 度地区,建筑每增高 2 m,缝宽增加 20 mm。

防震缝在墙身、楼层以及屋顶等各部分的构造基本上和沉降缝各部分的构造相同。另外要注意应将防震缝做成平缝,不应做成错口、企口等形式,以致失去防震缝的作用。

14.2 变形缝的构造

14.2.1 设变形缝处建筑的结构布置

1. 在变形缝的两侧设双墙或双柱

此做法较为简单,但易使缝两边的结构基础产生偏心。若用于伸缩缝时因基础可不断开,故无此问题,如图 14-2 所示。

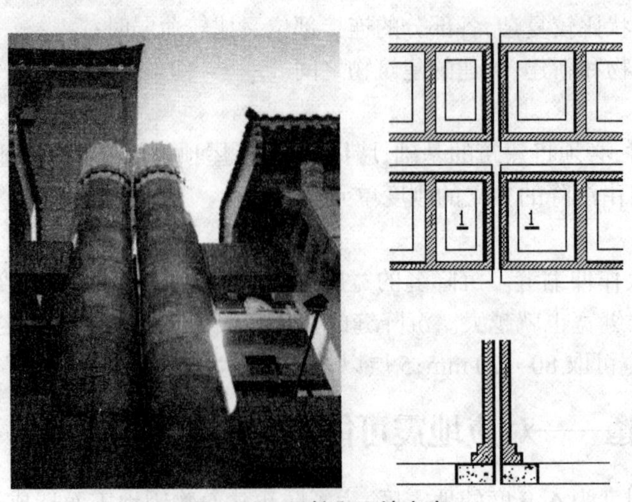

图 14-2 双柱和双墙方案

2. 在变形缝的两侧用水平构件悬臂向变形缝的方向挑出

此做法基础部分容易脱开距离,设缝较方便,特别适用于沉降缝,如图 14-3 所示。

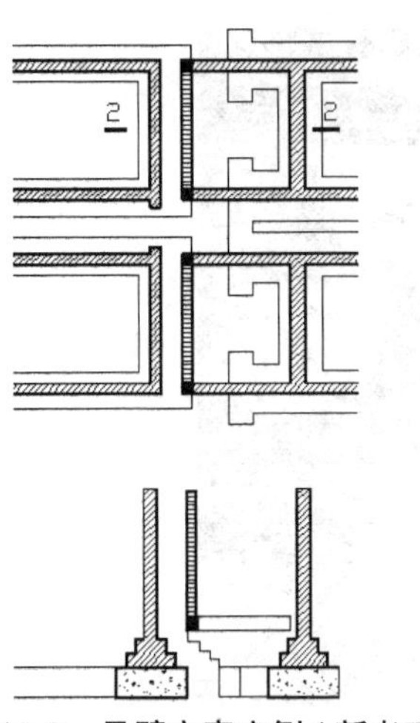

图 14-3 悬臂方案实例（新老建筑交接处新建筑结构退让原基础再出挑与老建筑设缝连接）

3. 用一段简支的水平构件做过渡处理

多用于连接两个建筑物的架空走道等，但在抗震设防地区需谨慎使用，如图 14-4 所示。

图 14-4 简支方案实例（某大学图书馆两栋塔楼之间的连接体由两端塔楼支承，并设缝适应变形）

14.2.2 变形缝盖缝构造

1. 变形缝盖缝要求

（1）所选择的盖缝板的形式必须能够符合所属变形缝类别的变形需要。

（2）所选择的盖缝板的材料及构造方式必须能够符合变形缝所在部位的其他功能需要，如防水、防火、美观等。

（3）在变形缝内部应当用具有自防水功能的柔性材料来塞缝，例如挤塑型聚苯板、沥青麻丝、橡胶条等。

2. 墙身变形缝盖缝构造

外墙变形缝常用麻丝沥青、泡沫塑料条、油膏等有弹性的防水材料填缝，缝口用镀锌铁皮、彩色薄钢板等材料进行盖缝处理；内墙变形缝一般结合室内装修用木板、各类金属板等盖缝处理。墙身变形缝盖缝构造做法如图 14-5 至图 14-7 所示。

图 14-5　外墙面变形缝盖缝

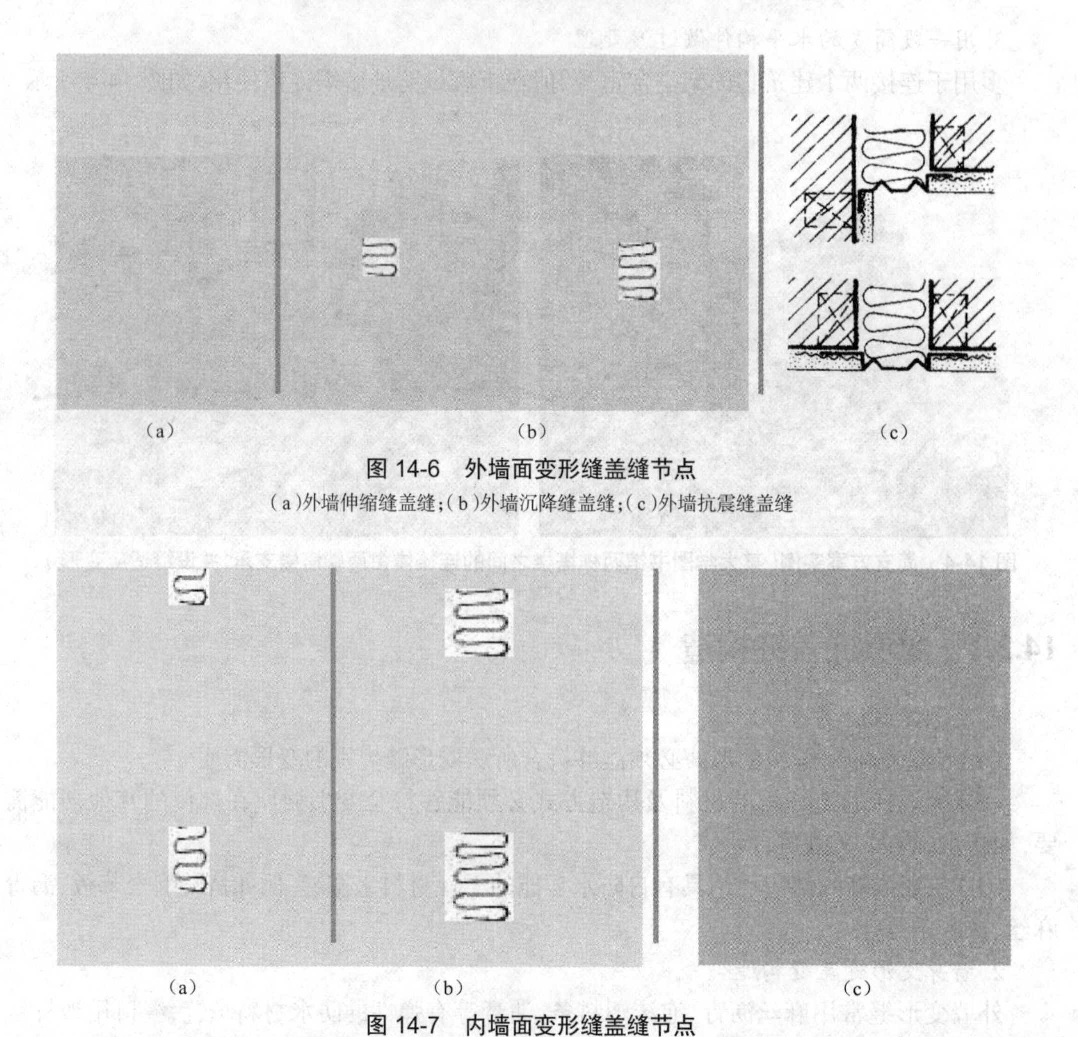

（a）（b）（c）

图 14-6　外墙面变形缝盖缝节点

（a）外墙伸缩缝盖缝；（b）外墙沉降缝盖缝；（c）外墙抗震缝盖缝

（a）（b）（c）

图 14-7　内墙面变形缝盖缝节点

（a）内墙伸缩缝盖缝；（b）内墙沉降缝盖缝；（c）内墙抗震缝盖缝

3. 楼面变形缝盖缝构造

楼地板伸缩缝的缝内常用麻丝沥青、泡沫塑料条、油膏等填缝进行密封处理，上铺金属、混凝土或橡塑等活动盖板。其构造处理需满足地面平整、光洁、防水、卫生等使用要求。

顶棚伸缩缝需结合室内装修进行，一般采用金属板、木板或橡塑板等盖缝，盖缝板只能固定于一侧，以保证缝的两侧构件能在水平方向自由伸缩变形。楼面变形缝盖缝构造做法如图 14-8、图 14-9 所示。

图 14-8　室内楼面盖缝做法实例

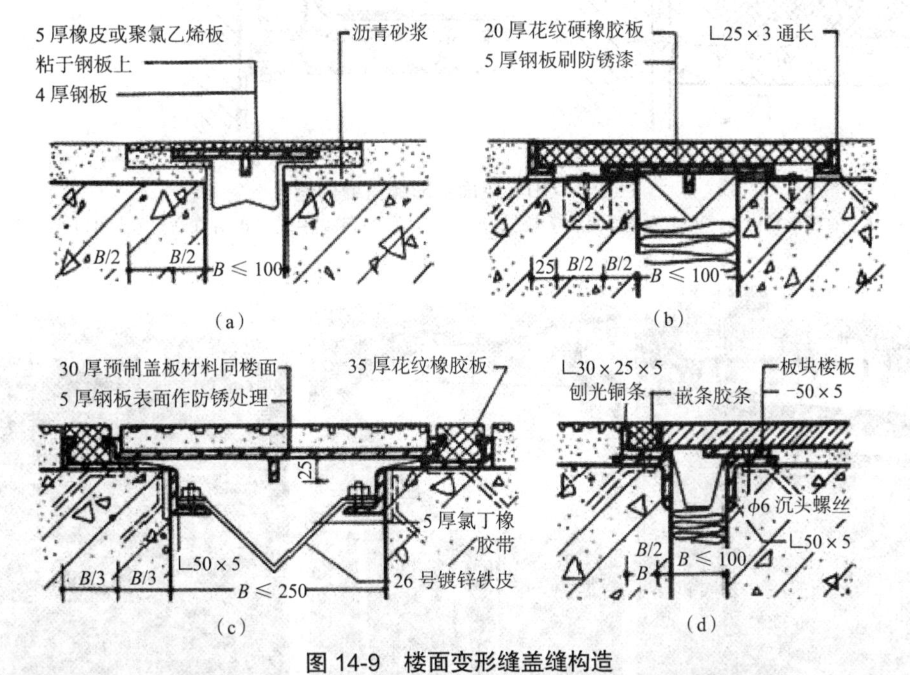

图 14-9　楼面变形缝盖缝构造

(a)粘贴盖缝面板的做法；(b)搁置盖缝面板的做法；(c)采用与楼板面层同样材料盖缝的做法；(d)单边挑出盖缝板的做法

4. 屋面变形缝盖缝构造

屋顶伸缩缝主要有伸缩缝两侧屋面标高相同处和两侧屋面高低错落处两种位置，当伸缩缝两侧屋面标高相同又为上人屋面时，通常做防水油膏嵌缝，进行泛水处理；为非上人屋面时，则在缝两侧加砌半砖矮墙，分别进行屋面防水和泛水处理，其要求同屋顶防水和泛水构造。在矮墙顶上，传统做法用镀锌铁皮盖缝，近年逐步流行用彩色薄钢板、铝板甚至不锈钢皮等盖缝。屋面变形缝盖缝构造做法如图 14-10、图 14-11 所示。

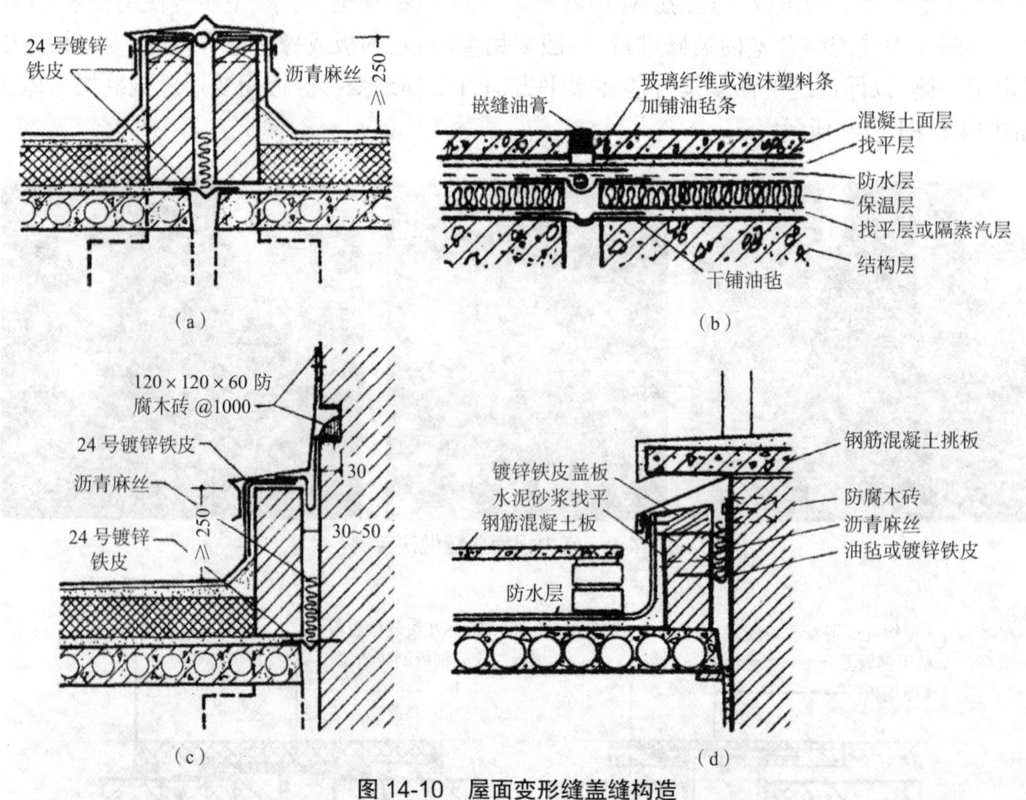

图 14-10 屋面变形缝盖缝构造

(a)不上人屋面变形缝构造；(b)上人屋面变形缝构造；(c)存在高差处沉降缝构造；(d)存在高差并有出口处沉降缝构造

图 14-11 变形缝设双墙处屋面盖缝和半地下室顶面盖缝实例

4. 地下室变形缝盖缝构造

地下室变形缝盖缝构造做法如图 14-12 所示。

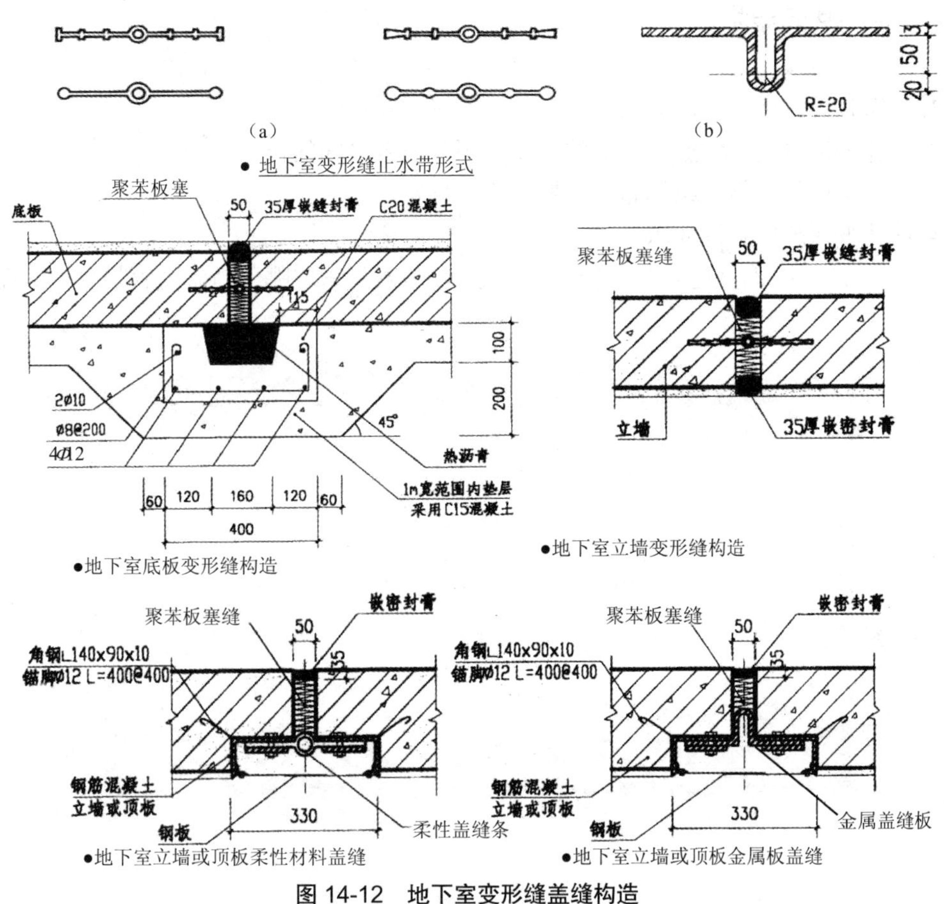

图 14-12　地下室变形缝盖缝构造

(a)橡胶止水带形状;(b)金属盖缝板形状

墙体沉降缝常用镀锌铁皮、铝合金板和彩色薄钢板等盖缝;地面、楼板层、屋顶沉降缝的盖缝处理基本同伸缩缝构造。顶棚盖缝处理应充分考虑变形方向,以尽量减少不均匀沉降后所产生的影响。

14.2.3　不设变形缝的做法

实际工程中,由于建筑物周围地形、地貌、地下管网及工程地质等复杂因素,建筑物不设变形缝,而采取其他有效措施适应变形的需要,常见做法如下。

1. 加强基础处理。

2. 加强结构易变形处的刚度。

3. 做后浇板带。

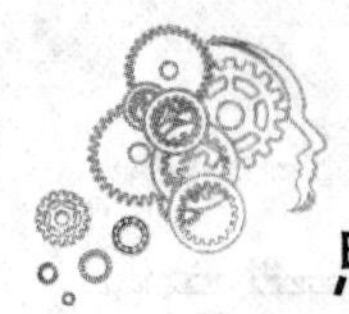

思考题

1. 建筑物设置变形缝的原因是什么,变形缝包括哪几类?
2. 简述伸缩缝、沉降缝、抗震缝的主要作用及三者之间的根本区别。
3. 设变形缝处建筑的结构布置主要有哪几种?
4. 简述变形缝的盖缝要求。
5. 实际工程中,有些建筑物不便设置变形缝,一般可采取哪些措施来满足变形的需要?

第 15 章　建筑工业化

15.1　概　述

15.1.1　建筑工业化的含义和特征

建筑工业化就是通过现代化的制造、运输、安装和科学管理的大工业的生产方式，来代替传统建筑业中分散的、低水平的、低效率的手工业生产方式。虽然近代和现代已逐步提高了机械化程度，减轻了劳动强度，但是和其他现代工业相比，建筑业仍然是劳动密集型、手工业比重大的行业。

建筑工业化的基本特点是用先进的技术，尽可能少的工时，最合理的价格，在保证质量的前提下，建造合乎各种使用要求的建筑。

实现建筑工业化有两个途径，一是发展预制装配式建筑，二是全现浇或现浇与预制相结合的建筑。预制装配式建筑是在加工厂生产预制各种构件，运到施工现场，再用各种机械进行安装。其优点是生产效率高，建设速度快、现场湿作业少，房屋自重轻，使用面积大等，是建筑工业化的主要形式。预制装配式建筑有砌块建筑、大板建筑、框架建筑和盒子建筑等；全现浇或现浇与预制相结合的建筑是在施工现场采用大模板现浇混凝土、滑升模板、升板、升层等施工方法，完成房屋主要结构的施工，而一些非承重构件仍采用预制的方法。其优点是施工速度快、整体性和抗震性好，适用于荷载大.整体性要求高的建筑。这类建筑包括大模建筑、滑升模板建筑、升板升层建筑等。

15.1.2　建筑工业化的发展

20 世纪 50 年代，我国借鉴前苏联的经验，推行标准化、工厂化、机械化，发展钢筋混凝土预制构件和预制全装配大板建筑，这是我国建筑工业化的开端，从此各种工业化建筑相继发展起来。60 年代开始的升板建筑和滑模建筑；70 年代开始的大模板建筑和框架板材建筑；80 年代又开始了盒子建筑的试点。特别是进人 80 年代，随着我国的改革开放，建筑工业化有了新的发展，全国已有数万家构件厂，商品混凝土兴起并迅速发展，机械化施工成就突出；原有的建筑体系逐步更新，新体系不断出现；采用定型模板施工的多种工业化现浇体系成套技术逐步形成；液压滑升模板工艺开始用于民用建筑，由多层向高层发展；大板建筑的发展也达到了一个新的高峰，在北京建成的大板建筑最高层数已达 18 层；全现浇的建筑也有了发展，组合式定型小钢模形成系列，发展迅速，并出现了扩大组合模板、钢木(竹)组合模板等。此外，还发展了爬模、提模、飞模、隧道模等多种现浇施工方法；预制钢筋混凝土体系也有新的发展，还形成了一些预制和现浇相结合的体系，框架结构采用现浇梁柱，预制楼板；高层和大跨度钢结构也有所发展……

目前,我国正处在加快城市化进程的历史阶段,加快城市化的过程也就是加快建筑工业化的过程。特别是从 1998 年开始,中国政府决定改变几十年来形成的“实物分配”的住房体制,把住房直接推入商品住宅市场化的范畴。这个改变使建筑业面临着一个继续发展的最好机遇,建筑工业化的进程由此迅速发展。

15.2 预制装配式建筑

15.2.1 板材装配式建筑

板材装配式建筑又叫大板建筑,是由预制大型墙板、大型楼板、大型屋面板、楼梯等构件组装成的一种全装配式建筑,如图 15-1 所示。其承重方式以横墙承重为主,也可以用纵墙承重或者纵、横墙混合承重。

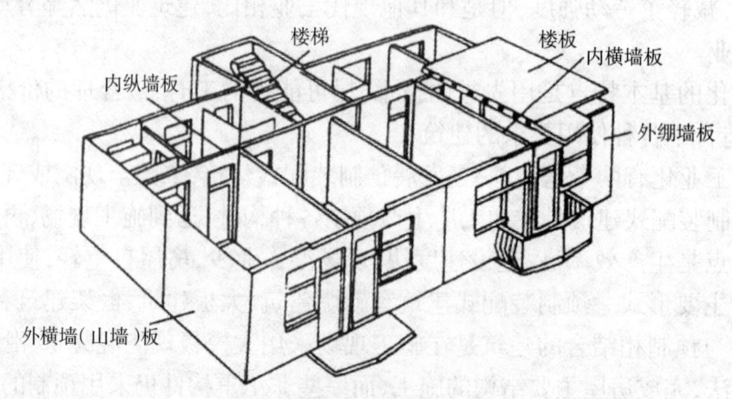

图 15-1 板材装配式建筑示意

大板建筑的墙板按其位置分为内墙板和外墙板;按受力情况分为承重墙板和非承重墙板;按其材料分为钢筋混凝土墙板、粉煤灰墙板,振动砖墙板等;按其构造形式分为单一材料墙板和复合墙板,如图 15-2 所示。

大板建筑装配化程度高,现场湿作业少,建设速度快;承载能力高,抗震性能好;与砖混结构比,可减轻自重 15%~20%,增加使用面积 5%~8%。是工业化建筑体系中的一个重要建筑类型。但这种建筑受预制板材规格的限制,结构布局和造型不够灵活,消耗钢材和水泥多,需要大型预制、运输和起重设备,因此造价较高,多用于大城市的多层和高层建筑。

15.2.2 盒子装配式建筑

盒子装配式建筑简称盒子建筑,是由盒子状的预制构件组合而成的建筑。

盒子建筑组合形式主要有全盒子建筑、板材盒子建筑和骨架盒子建筑三种。全盒子建筑是完全由承重盒子组成,如图 15-3 所示。板材盒子建筑是将小开间的房间做成承重盒子,中间架设大跨度的楼板和墙板。骨架盒子建筑由骨架承重,盒子放在骨架中间只承受自重,盒子像抽屉一样放置在支承框架中,如图 15-4 所示。

图 15-2　板材装配式建筑中所用的一些预制墙板

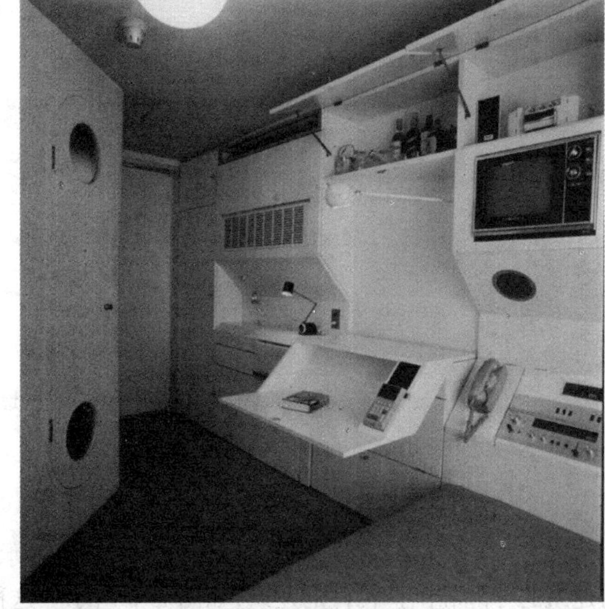

图 15-3　盒子装配式建筑(某高层公寓实例)

图 15-4 装配式钢筋混凝土框架支承盒子单元

盒子构件之间通常有两种连接方式，一种是利用盒子构件重叠产生的摩擦力保持稳定，不采用别的连接措施，适用于层数在五层以下的非地震区；另一种是盒子之间通过高强螺栓或焊接连成一体，如图 15-5 所示。为了隔声，盒子构件之间可用弹性隔声垫和空气层隔离。

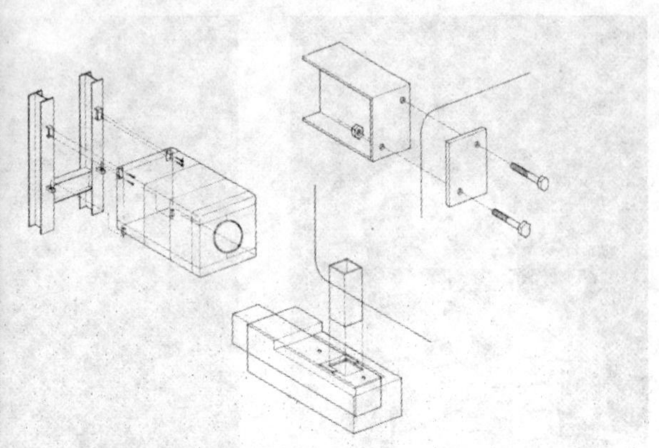

图 15-5 盒子间连接构造

15.2.3 钢筋混凝土骨架装配式建筑

钢筋混凝土骨架装配式建筑是采用柱、梁、板组成承重骨架，以各种轻质材料的板材墙作为建筑的分隔和围护构件的建筑，如图 15-6 所示。这种建筑的承重、围护构件分工明确，空间分隔布局灵活，自重轻，整体性好，抗震能力强，是目前应用范围较广的一种结构形式，适用于各种要求的民用与工业建筑。

图 15-6　钢筋混凝土骨架装配式建筑

15.2.4　轻钢装配式建筑

轻钢装配式建筑是采用厚度为 1.5~5 mm 的薄壁冷弯或冷轧型钢；小断面的普通型钢以及用小断面的型钢制成的小型构件如轻钢组合桁架等组成承重骨架，以各种轻质材料的板材墙作为建筑的分隔和围护构件的建筑，如图 15-7 所示。

图 15-7　轻钢骨架

它承重方式主要有柱梁式、隔扇式、混合式、盒子式等，如图 15-8 至图 15-10 所示。

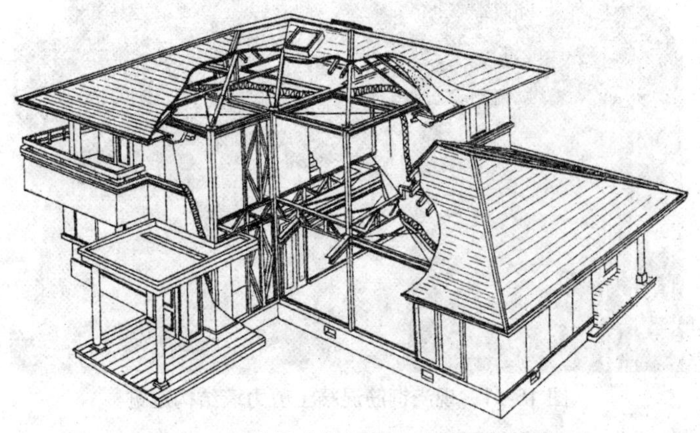

图 15-8　柱梁式轻钢结构建筑骨架构成

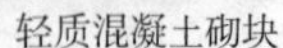
轻质混凝土砌块

轻质屋面板

压型钢板的现浇整体式楼板

图 15-9 轻钢装配式住宅

15.3 现浇或现浇与预制相结合的建筑

现浇和现浇与预制相结合的建筑是指在现场采用工具模板、泵送混凝土进行机械化施工的方式，将建筑结构的主体部分整体浇筑或者是浇筑其中的核心筒等部分，其他部分用装配式的方法完成。

主体结构形式有内浇外挂、内浇外砌、全现浇三种，如图 15-11 至图 15-13 所示。

图 15-11 现浇钢筋混凝土剪力墙结构建筑

图 15-12　工业化现浇与装配相结合的工艺

图 15-13　现浇钢筋混凝土框架结构建筑

15.4　配套设备的工业化

15.4.1　配套设备种类

配套设备主要指电气设备、采暖设备、厨房、卫生设备和空调设备等，如图 15-14 所示。

独立预制卫生间

独立预制厨房

相连预制厨房、卫生间

图 15-14　预制卫生间和厨房

15.4.2　配套方式

1. 与主体结构交叉的设备、管线，在主体结构施工时预留设备套管、孔洞或设备井，如图 15-15 所示。

2. 与主体结构不交叉的设备、管线，在主体结构完成后结合面装修等另行布置。

3. 将设备管道、通风管道、烟道以及卫生间、厨房的整个设备系统或部分设备，做成特殊的预制构件，表面留有接插口，在现场组装后连通，如图15-16所示。

图 15-15 在主体结构施工时预留设备套管、孔洞或设备井

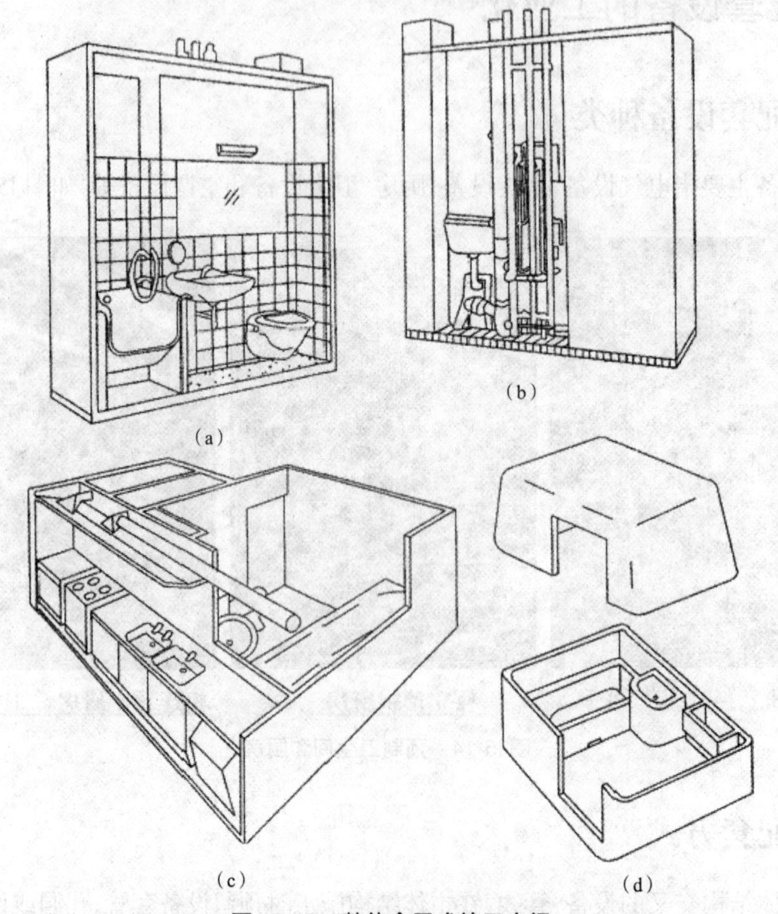

图 15-16 整体盒子式的卫生间

(a)带卫生洁具和装修的盒子卫生间；(b)盒子卫生间反面管道的布置；
(c)组合卫生洁具与厨房设备的盒子；(d)玻璃钢整体式盒子卫生间

思考题

1. 建筑工业化的含义和特征是什么？
2. 简述我国建筑工业化的发展。
3. 试述预制装配式建筑的主要优点和类型。
4. 什么是大板建筑，有何特点？
5. 简述大板建筑的板材类型。
6. 什么是盒子建筑？简述盒子建筑的组合形式。

第 16 章　工业建筑构造概述

16.1　基本知识

16.1.1　工业建筑的含义及特点

工业建筑是指为工业生产需要而建造的各种不同用途的建筑物。工业建筑与民用建筑一样具有建筑的共同性，在设计原则、建筑技术及建筑材料等方面有相同之处。但由于生产工艺复杂、技术要求高，所以工业建筑在结构、构造等方面与民用建筑又有许多不同之处。

工业建筑的特点是工业建筑中的厂房一般都有起重运输设备，要求有较大的空间，所以厂房跨度较大、层高较高。结构上要能承受较大的静荷载与动荷载、振动或冲击力。生产过程中可能会散发大量的余热、烟尘、有害气体，要求有良好的通风和采光，对于连跨整片的厂房是利用屋盖设置各种天窗来解决这类问题，有时根据生产需要，还要架设上下水管道、热力管道、供电管线、通风道等。

16.1.2　工业建筑类型

工业生产类型繁多，生产工艺流程各异，对工业建筑各有不同要求，因此工业建筑类型较多。

1. 按用途分有主要生产厂房（如机械制造厂的铸造、锻造、冲压、铆焊、电镀、热处理、机械加工、机械装配车间等），辅助生产厂房（如机械厂的机械修理、电机修理、工具及回收再生产车间等），动力用厂房（如发电站、变电所、锅炉房、煤气站、乙炔站等），其他建筑（如材料库、成品库、试验室、办公楼、车库、水泵房等）。

2. 按层数分有单层工业厂房和多层工业厂房。

3. 按生产状况分有热加工车间、冷加工车间、恒温恒湿车间、洁净车间等。

4. 按厂房跨数分有单跨、双跨、多跨厂房。

5. 按厂房承重结构类型分有墙体承重及骨架承重两种类型。

（1）墙体承重结构

外墙采用砖墙、砖柱承重，屋架采用钢筋混凝土、木或钢木轻型屋架。这种结构构造简单、造价经济、施工方便，由于砖的强度低，这种结构只适用于厂房跨度在 12 m 以内，高度 5~6 m，无吊车或吊车起质量不超过 5 t 的小型厂房。目前已很少采用。

（2）骨架承重结构

骨架承重结构主要有排架结构和刚架结构两种形式，如图 16-1、图 16-2 所示。

图 16-1　排架结构——某单层厂房室内

图 16-2　钢制刚架结构的飞机库

16.1.3　单层工业厂房的主要结构组成

单层工业厂房比较典型，以排架结构的单层工业厂房为例，其主要结构包括骨架构件和围护构件两大部分，如图 16-3 所示。

1. 屋盖结构

包括屋面板、天窗架、屋架等。屋面板铺设在屋架和天窗架上，天窗架安装在屋架上，屋面板直接承受其上面的荷载（包括屋面板自重、屋面围护材料、雪、积灰及施工等荷载），并把这些荷载传给屋架和天窗架。屋架是屋盖结构的主要承重构件。屋面板上的荷载、天窗架上的荷载等均由屋架承担。屋架搁置在柱上，将屋架上的全部荷载传给柱子。

2. 吊车梁

在柱子的牛腿上支撑吊车梁。吊车梁承受吊车荷载（包括吊车自重、吊车最大起质量，以及吊车启动或刹车时所产生的纵、横向水平冲力），并将荷载传给柱子。同时保证厂房纵向刚度和稳定性。

3. 柱子

柱子是厂房结构的主要承重构件。它承受着多方面的荷载，如屋盖上的荷载，吊车梁上的荷载，作用在纵向外墙上的风荷载，承担部分墙体质量的墙梁荷载及作用在山墙上的风荷载等。

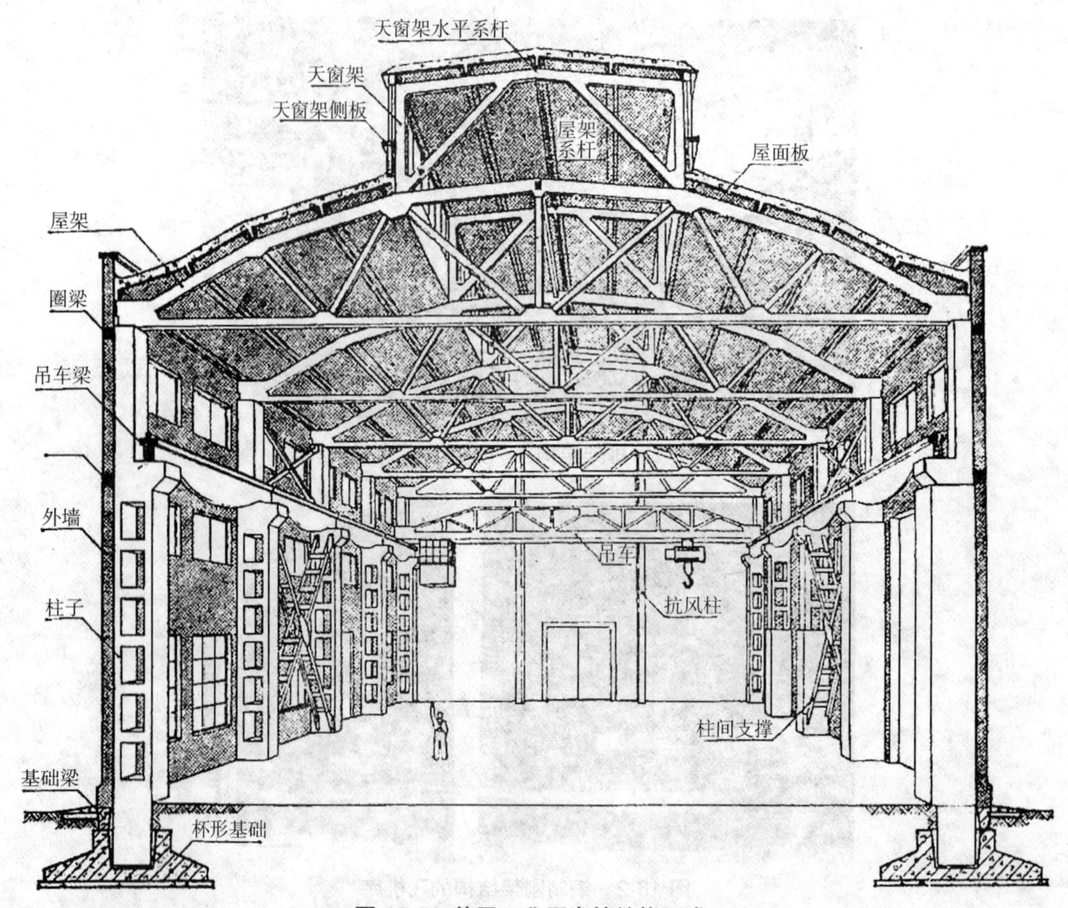

图 16-3　单层工业厂房的结构组成

4. 基础

基础承担作用在柱子上的全部荷载及基础梁上部分荷载，再由基础最后传给地基。

5. 外墙围护结构

包括厂房四周的外墙、抗风柱、圈梁和基础梁等。这些构件所承受的荷载主要是墙体和构件的自重及作用在墙上的风荷载。

6. 支撑系统构件

支撑系统构件的主要作用是加强厂房结构的空间整体刚度和稳定性。它主要传递水平风荷载及吊车产生的水平冲力。支撑系统构件包括屋盖结构支撑系统和柱间支撑系统。

13.1.4　单层工业厂房定位轴线及柱网尺寸

单层厂房的定位轴线是确定厂房主要承重构件标志尺寸及其相互位置的基准线，同时也是设备定位、安装及厂房施工放线的依据。

单层厂房的定位轴线一般有横向定位轴线与纵向定位轴线之分。通常与厂房横向排架平面相平行的轴线称为横向定位轴线，其编号用阿拉伯数字自左向右顺序注写；与横向排架平面相垂直的轴线称为纵向定位轴线，其编号用大写拉丁字母自下而上顺序注写，如图 13-4 所示。

由纵、横向定位轴线形成平面轴线网格，称为柱网。横向定位轴线之间的距离为柱距，纵向定位轴线的距离为跨度，如图 16-4 所示。单层厂房跨度在 18 m 和 18 m 以下时，应采用扩大模数 30M 数列，即 9 m、12 m、15 m、18 m；在 18 m 以上时，应采用扩大模数 60M 数列，即 24 m、30 m、36 m 等。单层厂房的柱距应采用扩大模数 60M 数列，常采用 6 m 柱距，有时也可采用 12 m 柱距。单层厂房山墙处的抗风柱柱距宜采用扩大模数 15M 数列，即 4.5m、6 m、7.5 m。

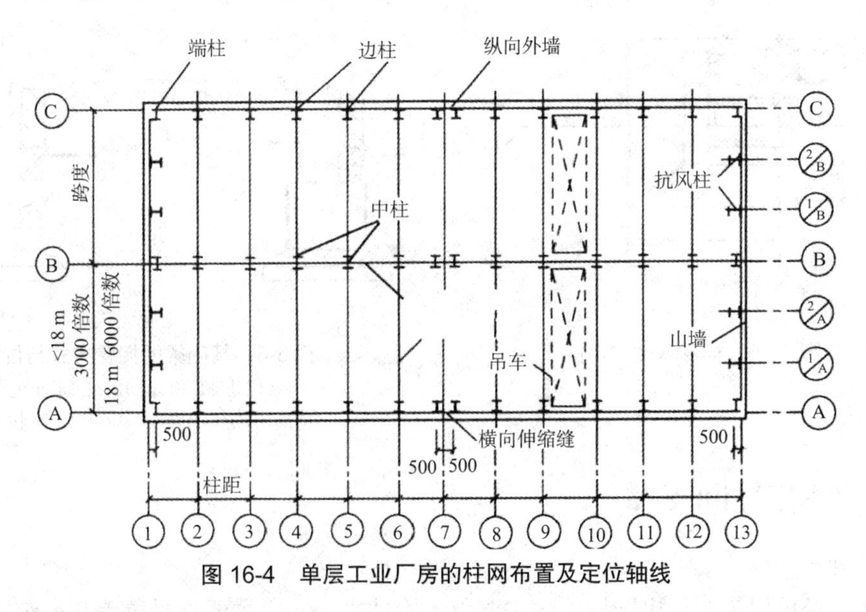

图 16-4　单层工业厂房的柱网布置及定位轴线

16.2　单层工业厂房的主要结构构件

16.2.1　基础与基础梁

单层排架工业厂房的基础多采用独立的钢筋混凝土杯形基础和墙下设基础梁的作法。

1. 杯形基础构造

钢筋混凝土杯形外形可做成锥形或阶梯形，顶部预留杯口以便插入预制柱，柱吊装就位后杯口与柱子四周缝隙用 C20 混凝土灌缝填实，其构造如图 13-5 所示。

2. 基础梁

当厂房采用钢筋混凝土排架结构时，外墙一般只起围护作用，墙体搁置在基础梁上，基础梁两端放在杯形基础的杯口上。这样墙体与基础一起沉降，可避免因不均匀沉降开裂。

基础梁的截面形状常用矩形或倒梯形，其顶面标高至少应低于室内地面 50 mm，高于室外地坪 100 mm。基础梁一般直接搁置在基础顶面上，当基础较深时，可采取在杯形基础顶面设置混凝土垫块，也可设置高杯口基础或在柱上设牛腿等措施，如图 13-6 所示。基础梁下面的回填土一般不夯实，以便使基础梁有沉降余地。

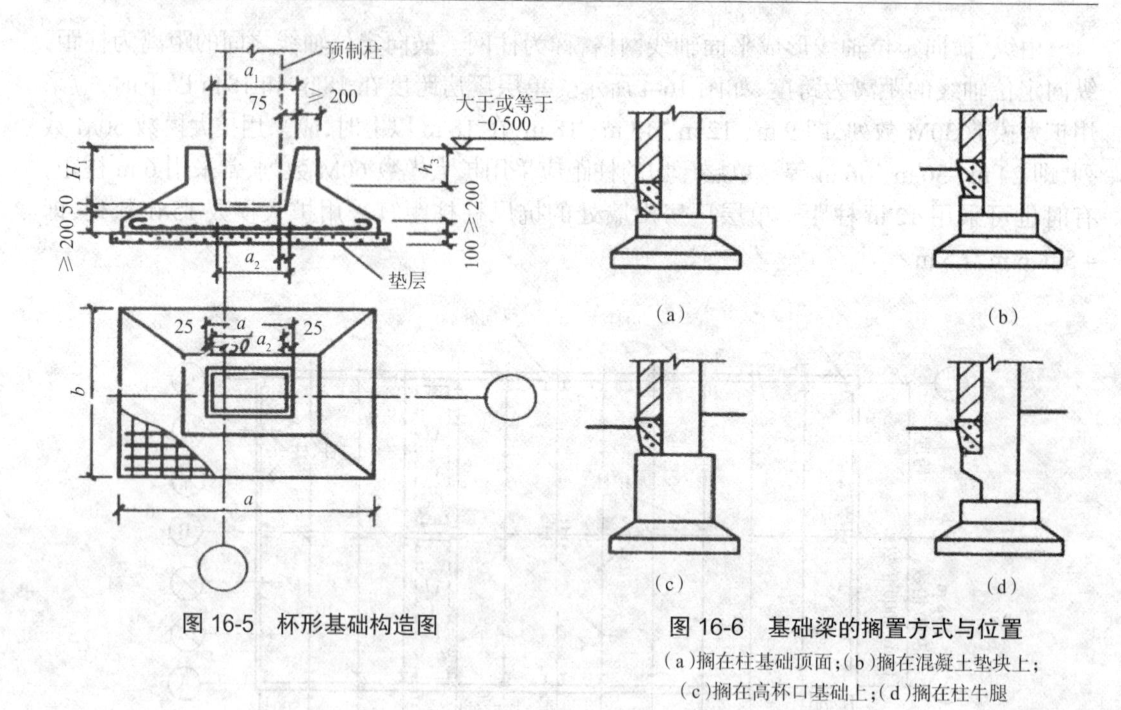

图 16-5 杯形基础构造图

图 16-6 基础梁的搁置方式与位置

（a）搁在柱基础顶面；（b）搁在混凝土垫块上；（c）搁在高杯口基础上；（d）搁在柱牛腿

16.2.2 柱与柱间支撑

1. 排架柱

排架柱是单层工业厂房结构中的主要承重构件之一。它主要承受屋盖和吊车梁等竖向荷载、风荷载及吊车产生的纵向和横向水平荷载，有时还承受墙体、管道设备等荷载，并将这些荷载连同自重传给柱下基础。

柱按材料可分为钢筋混凝土柱、钢柱、砖柱等。目前单层工业厂房多采用钢柱和钢筋混凝土柱。为了搁置吊车梁，柱的中间常做成扩大部分，称牛腿。牛腿以上称上柱，牛腿以下称下柱。

2. 柱间支撑

为了提高厂房的纵向刚度和稳定性，承受吊车工作期间的纵向制动力和来自山墙抗风柱传来的纵向风力及纵向地震力，在适当位置应设置柱间支撑。柱间支撑一般由型钢制成，其形式常采用交叉式，支撑斜杆与柱上预埋件焊接。当柱间需要通行、放置设备或柱距较大及采用交叉式支撑有困难时，可采用门架式支撑，如图 16-7 所示。

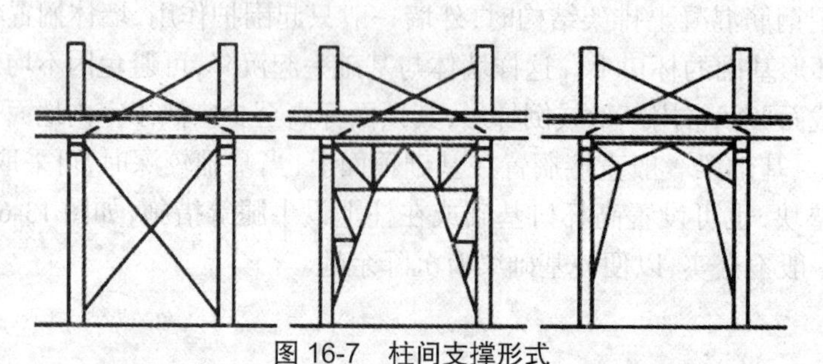

图 16-7 柱间支撑形式

3. 抗风柱

单层工业厂房的山墙面积很大，所受到的风荷载也很大，为保证山墙的稳定性，应在山墙内侧设置抗风柱，使山墙的风荷载一部分由抗风柱传至基础，另一部分由抗风柱的上端传至屋盖系统，再传至纵向柱列。

抗风柱与屋架的连接，一般采用弹簧钢板做成柔性连接，如图 16-8 所示。这样在水平方向可以有效地传递风荷载，同时在竖向使屋架与抗风柱之间有一定相对位移的可能性，保证了在各自产生不同沉降变形时，互不影响。屋架与抗风柱间应留有不少于 150 mm 的空隙。

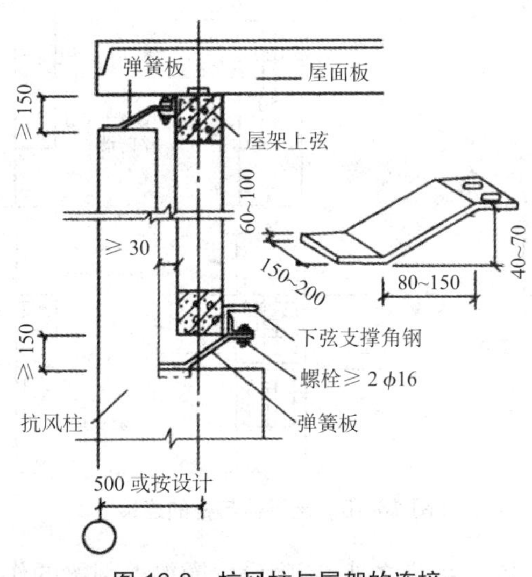

图 16-8　抗风柱与屋架的连接

16.2.3　吊车梁与连系梁

1. 吊车梁

吊车梁一般为钢筋混凝土梁，可用非预应力和预应力钢筋混凝土制作。其截面形式有等截面的 T 形、工字形吊车梁和变截面的折线形、鱼腹式吊车梁，如图 16-9 所示。

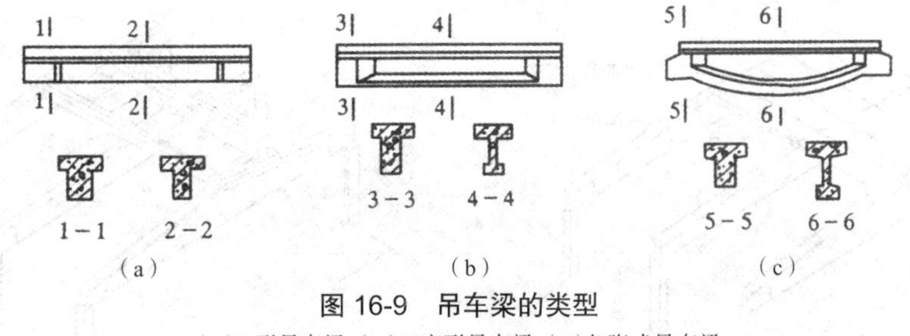

图 16-9　吊车梁的类型

(a)T 形吊车梁；(b)工字形吊车梁；(c)鱼腹式吊车梁

吊车梁的两端搁置在柱子牛腿上，多采用焊接连接。梁与柱中间的空隙用 C20 细石混凝土填实。

2. 连系梁

连系梁也称墙梁，是柱与柱之间在纵向的水平连系构件。连系梁的作用是加强厂房纵向刚度。承重连系梁一般为预制，搁置在柱的牛腿上。连系梁与柱的连接方式有两种，一种是在柱的牛腿上预埋铁件，连系梁的端部也预埋铁件，将连系梁安装就位后，用焊接固定。另一种是在柱的牛腿上预留孔，连系梁安装就位后，用螺栓加以固定，为使柱预制时外形简单，牛腿也可用钢牛腿，如图 16-10 所示。

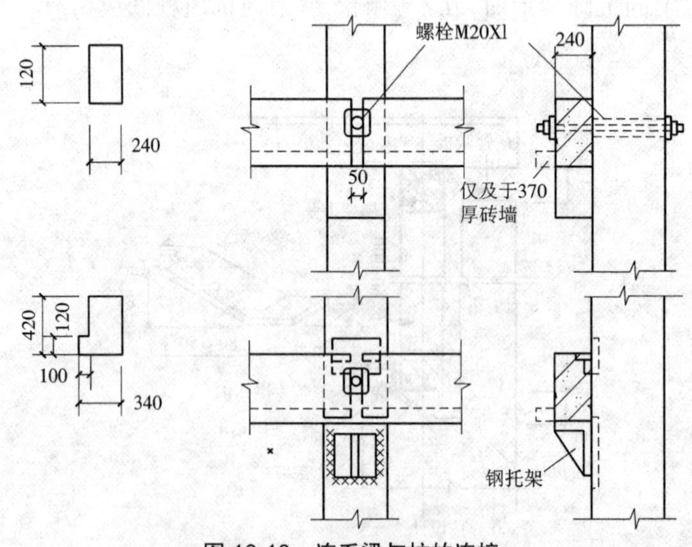

图 16-10 连系梁与柱的连接

单层工业厂房除了设置连系梁之外，还应设置圈梁。圈梁的作用是将墙体同厂房排架柱、抗风柱等箍在一起，以加强厂房的整体刚度和墙身的刚度及其稳定性。

16.2.4 屋盖结构构件

屋盖构件包括承重构件和覆盖构件两部分。根据承重方式屋盖可分为无檩体系和有檩体系。无檩体系是将大型屋面板直接搁置在屋架上弦（或屋面梁）上。有檩体系是将檩条搁置在屋架上弦（或屋面梁）上，然后在檩条上铺设小型屋面板，如图 16-11 所示。

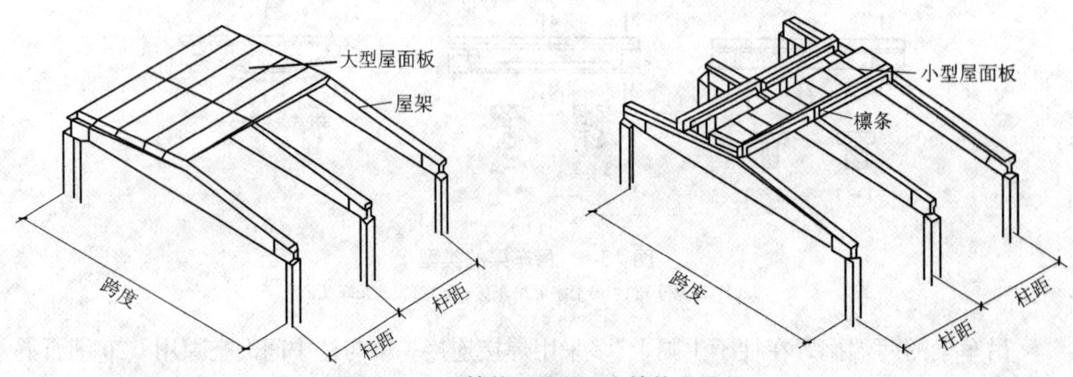

图 16-11 无檩体系屋盖和有檩体系屋盖

1. 屋架

在单层厂房中一般采用钢筋混凝土屋架，其形式有三角形、梯形、折线形等多种，如图 16-12 所示。屋架和柱的连接方式有焊接与螺栓连接。焊接法是在屋架就位校正后与柱顶预埋钢板进行焊接。螺栓连接是利用柱顶的预埋螺栓与屋架端部的支座钢板临时固定，经校正后用螺母拧紧，如图 16-13 所示。

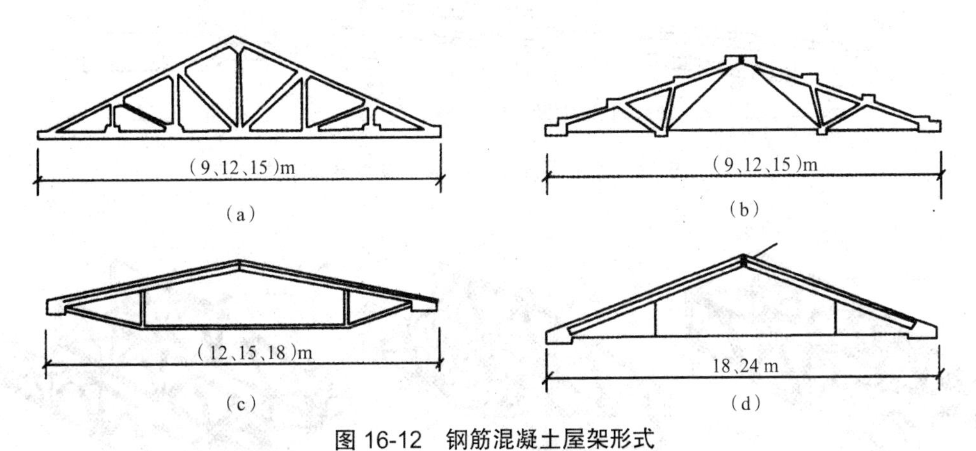

图 16-12　钢筋混凝土屋架形式

(a)钢筋混凝土三角形屋架；(b)预应力梯形屋架；(c)拱形屋架；(d)折线形屋架

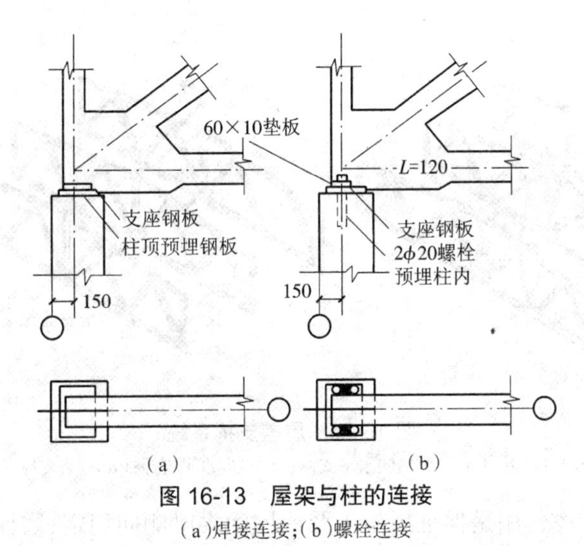

图 16-13　屋架与柱的连接

(a)焊接连接；(b)螺栓连接

2. 屋面大梁

屋面大梁的截面有 T 形和工字形两种，其腹板较薄，所以又称为薄腹梁。有单坡和双坡两种，屋面坡度为 1/10。屋面大梁的特点是形状简单，制作和安装较方便，梁高较小，重心低，稳定性好，可简化屋盖支撑。但它自重较大，为了节约材料，减轻自重，多采用工字形预应力混凝土屋面梁，如图 16-14 所示。

3. 支撑系统

屋盖支撑系统主要包括水平支撑、垂直支撑及纵向水平系杆等，如图 16-15 所示。

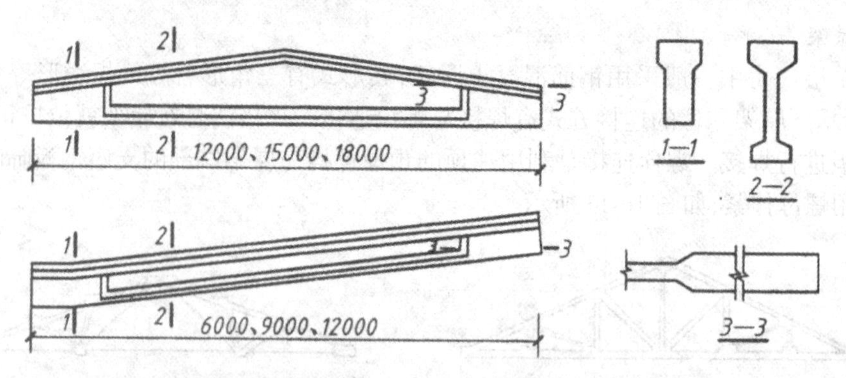

图 16-14 钢筋混凝土工字形预应力屋面梁盖

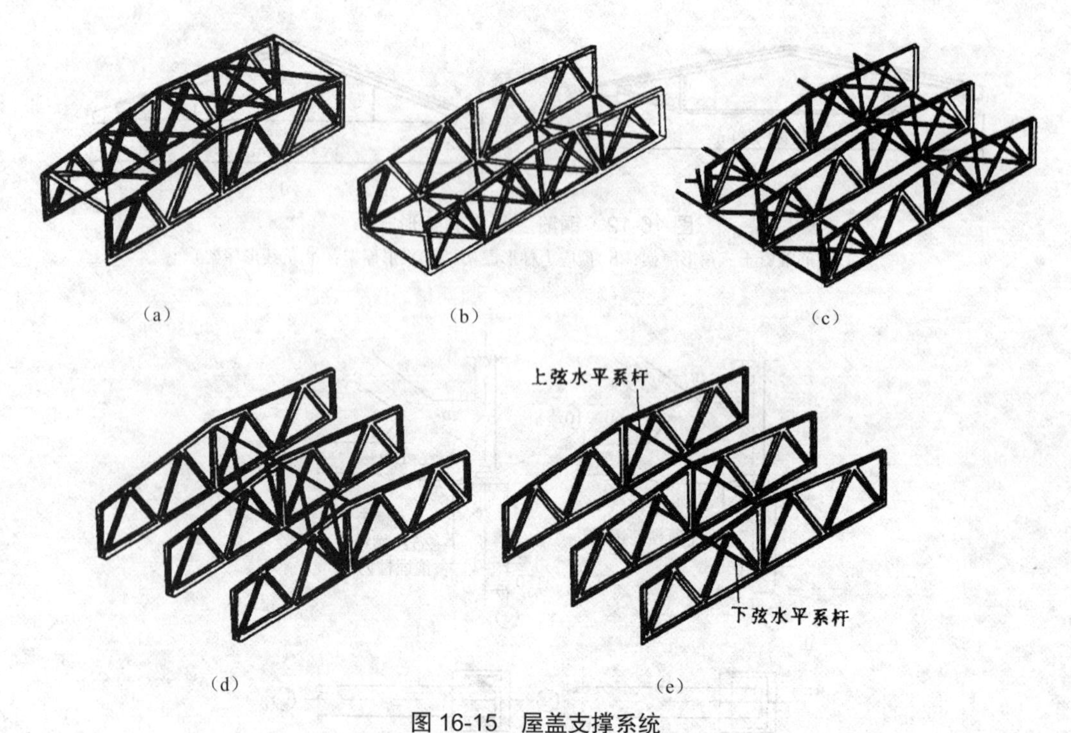

图 16-15 屋盖支撑系统

(a)上弦横向水平支撑;(b)下弦横向水平支撑;(c)纵向水平支撑;(d)垂直支撑;(e)水平系杆

上弦横向水平支撑作用是保证屋架上弦或屋面大梁侧向稳定,增加屋面刚度,将抗风柱的风荷载等传递至柱顶。

下弦横向水平支撑作用是在下弦有悬挂吊车或山墙抗风柱荷载传至屋架下弦时,能保证纵向水平荷载或风荷载传至柱顶。

纵向水平支撑,一般布置在下弦,沿柱列纵向水平布置。其作用是使吊车荷载产生的柱顶横向荷载或横向风荷载向纵向分布,以提高厂房的刚度。

垂直支撑的作用是保证屋架在使用和安装时的侧向稳定,提高厂房的整体刚度。

纵向水平系杆,一般在屋架上弦或下弦中央节点处,沿纵向通长设置一道。

16.3　单层工业厂房的构造概述

16.3.1　屋面构造

单层工业厂房的屋面直接承受风、雨、雪、热、寒等的影响，由于单层工业厂房屋面面积较大，集水量多，因此必须处理好屋面的排水和防水问题。

1. 屋面排水

为了迅速地排除屋面雨水，单层厂房的屋面须有一定的坡度。屋面的排水方式与民用建筑相同，分为无组织排水和有组织排水。有组织排水按落水管的位置又分为内排水和外排水，内排水多用于单层多跨工业厂房和北方严寒地区的单层工业厂房，如图 16-16 所示。

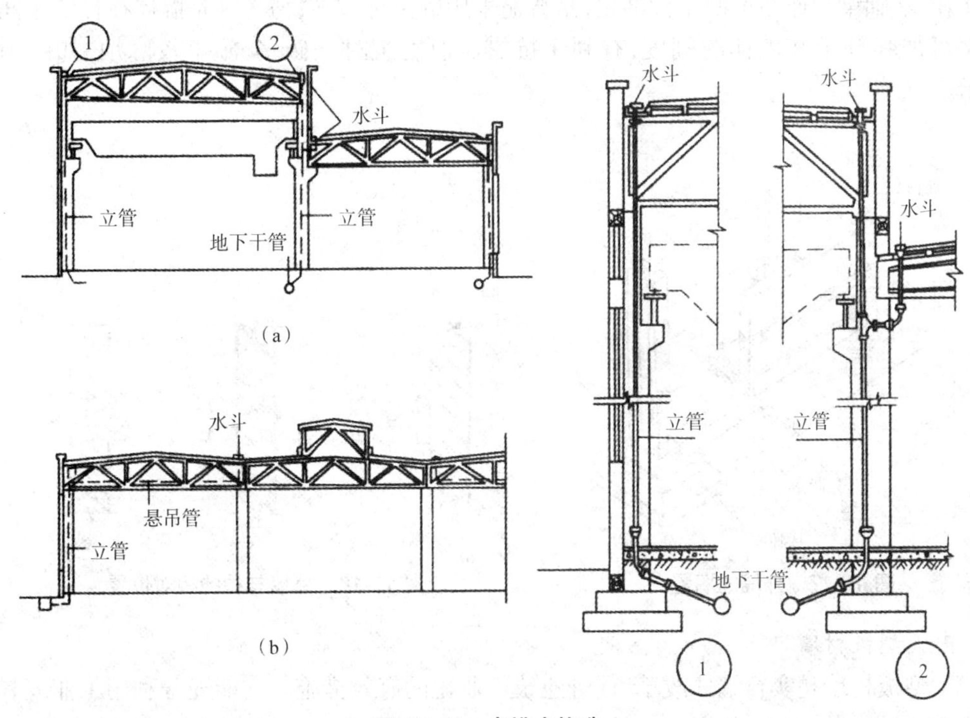

图 16-16　内排水构造

(a)立管内排水；(b)屋架悬吊管内排水

2. 屋面防水

单层厂房屋面防水可分为卷材防水、刚性防水和构件自防水。

卷材防水屋面作法与民用建筑相似，仅在屋面基层上有所不同。单层厂房最常用的基层是预应力钢筋混凝土或非预应力钢筋混凝土槽形屋面板。

刚性防水屋面一般采用在大型屋面板上现浇一层细石混凝土的防水做法。细石混凝土的厚度为 30~60 mm，内配ϕ4@200 mm 双向钢筋网片，每隔 6 m 设横向分仓缝，构造与民用建筑相同。

构件自防水屋面，主要靠屋面板本身的混凝土密实性，同时板面涂刷防水剂以达到防水的作用，如自防水屋面板。也可利用构件自身的性能进行防水，如金属压型屋面板。

3. 屋面细部构造

单层厂房屋面天沟、变形缝及屋面泛水作法与民用建筑构造大同小异，这里不再说明。

16.3.2 厂房外墙构造

单层工业厂房的外墙按其材料和施工方法分为砖墙、大型板材墙、开敞式外墙等。由于厂房外墙的高度与跨度都比较大，要承受较大的风荷载，同时还要受到某些机器设备与运输工具振动的影响，因此墙身应有足够的刚度与稳定性。

1. 砖墙

排架结构厂房的外墙砌筑在基础梁上，墙体全部荷载由基础梁承担，如图 16-17 所示。

外墙与柱的相对位置有两种，一种是墙体在柱的外侧，此方案构造简单，施工方便，热工性能好，基础梁和连系梁便于标准化，是普遍采用的一种方式；另一种是墙体在柱的中间，此方案可加强柱子和墙体的刚度，有利于抗震。但砌筑时砍砖多，施工较麻烦，如图 16-18 所示。

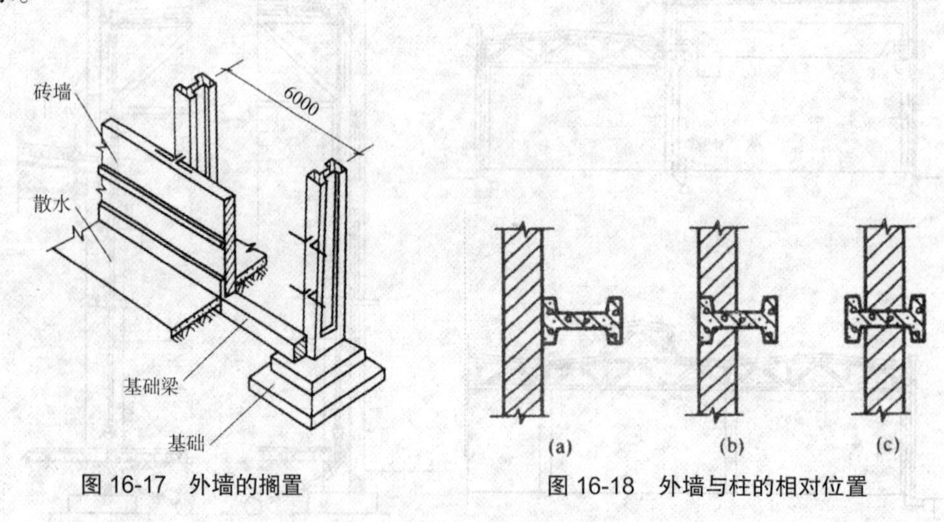

图 16-17 外墙的搁置　　图 16-18 外墙与柱的相对位置

2. 大型板材墙

大型板材墙是实行墙体改革，促进建筑工业化的有效措施。它能充分利用工业废料，变废为宝，减轻墙体自重，提高施工效率，增强抗震能力，因此大型板材墙目前已成为我国工业建筑广泛采用的外墙类型之一。

大型板材墙的类型很多，按所用材料分有钢筋混凝土墙板、陶粒混凝土墙板、加气混凝土墙板等；按其受力情况分有承重墙板和非承重墙板；按保温性能分有保温墙板和非保温墙板；按规格尺寸分有基本板、异型板和补充构件。

大型板材墙与柱子的连接有两种方法，即柔性连接与刚性连接。柔性连接通常采用螺栓连接和压条连接，如图 16-19 所示。

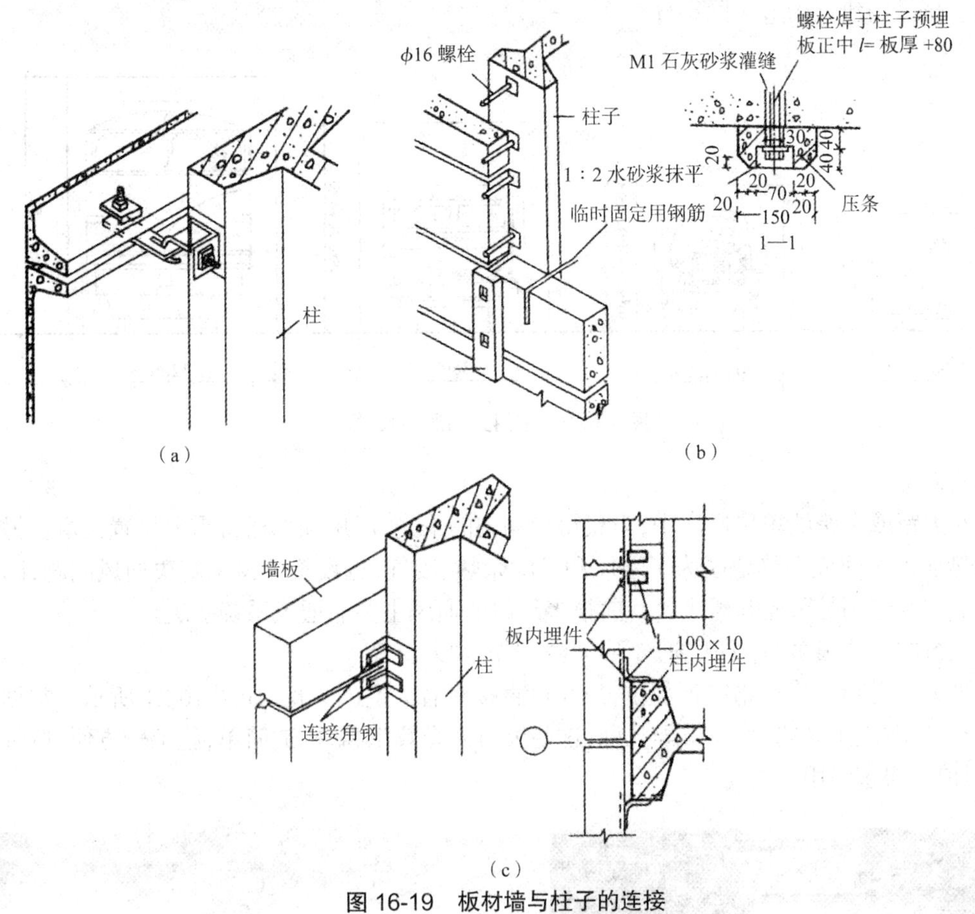

图 16-19　板材墙与柱子的连接

(a)螺栓挂钩柔性连接;(b)压条柔性连接;(c)刚性连接

16.3.3　门与窗构造

1. 大门

工业厂房的大门主要是供各种车辆(电瓶车、汽车、吊车、火车等)运输和人流通行及疏散之用。

厂房大门的洞口尺寸,取决于各种车辆的外形尺寸和运输物件尺寸大小。一般门的宽度应比满装货物时的车辆宽 600~1 000 mm,高度应高出 400~600 mm,同时大门的宽度与高度还应满足 30M 的模数。几种常用通行车辆的大门洞口尺寸如图 16-20 所示。

工业厂房大门的种类、组成构造与民用建筑构造大同小异,这里不再赘述。

2. 侧窗

单层厂房外墙上设置侧窗,除满足采光、通风要求外,有时根据生产工艺的特点,还能满足其他一些特殊要求,如有爆炸危险的车间,设置侧窗有利于泄压;在要求恒温、恒湿的车间设置侧窗,应具有足够的保温隔热性能;在洁净车间要求侧窗能防尘和密封等。由于厂房比较高大,有些车间对采光要求高,所以侧窗的面积较大。侧窗的洞口尺寸应符合模数数列的规定,高度和宽度均以 3M 为模数。由基本窗可以组合成尺寸较大的侧窗;侧窗的种类、组成构造与民用建筑构造大同小异。

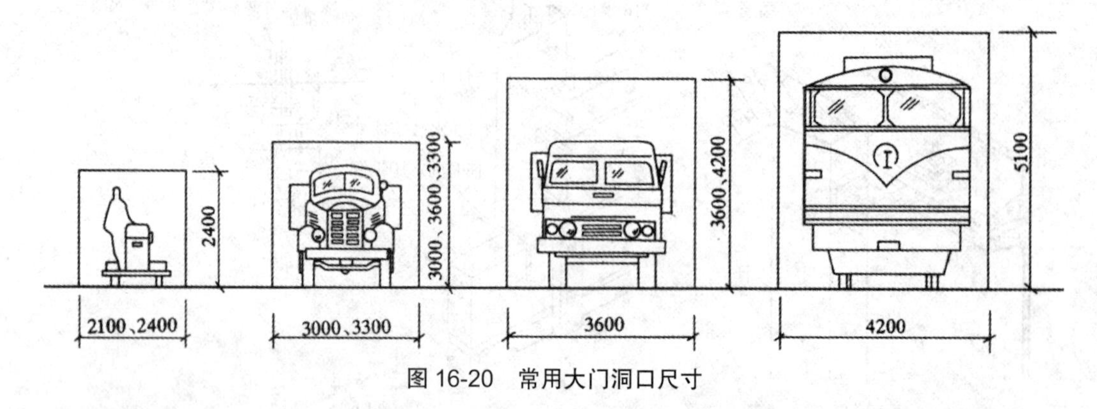

图 16-20 常用大门洞口尺寸

3. 天窗

在大跨或多跨的单层厂房中，为获得较均匀的采光，厂房顶部通常需要设置天窗。另外有的热加工车间或炎热地区为了通风和排除余热、废气，也设置天窗来解决通风问题，因此天窗的主要作用是采光和通风。目前很多厂房的通风主要靠通风系统解决。

天窗的形式很多，有平天窗、矩形天窗、下沉式天窗等。

平天窗是指在建筑物屋顶部位，采光口直接对着天空的天窗，如图 16-21 所示。常见的类型有采光板、采光罩、采光带等几种，这些天窗采光效率高，构造简单，施工较方便，造价较低，目前厂房多采用平天窗。

图 16-21 条形采光平天窗和点状平天窗(结合结构布置)

矩形天窗是局部取消屋面板，在此部位用天窗架支起高出屋面主体的小屋面，利用其两侧的侧窗采光和通风，如图 16-22 所示。

下沉式天窗是利用分别布置在屋架上下弦上的屋面板间的高差而构成的天窗，按照断面形式，可分为横向下沉式、纵向下沉式、井式天窗等，如图 16-23 所示。这些天窗与矩形天窗相比，省去了天窗架和天窗侧板，减轻了屋面质量，通风效果良好，但其构造较复杂，屋面防水、排水困难，屋面清扫不方便，所以较少采用。

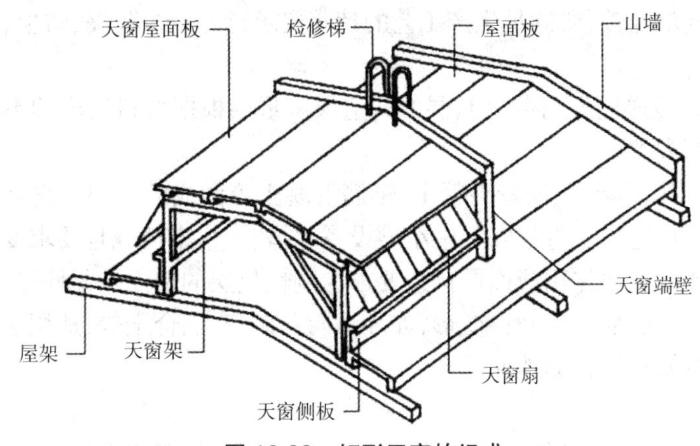

图 16-22 矩形天窗的组成

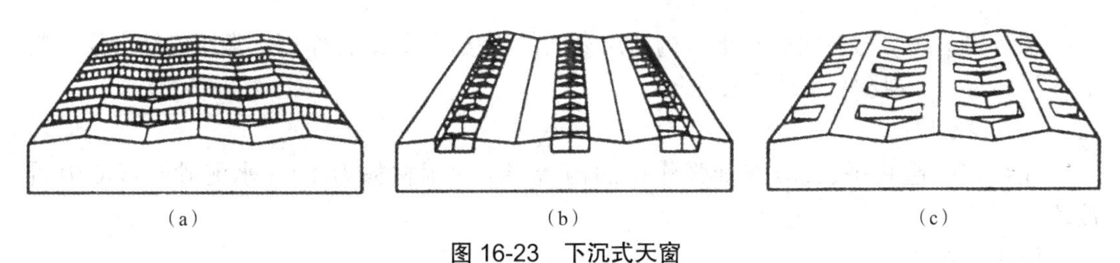

图 16-23 下沉式天窗

(a)横向下沉式天窗;(b)纵向下沉式天窗;(c)井式天窗

16.3.4 地面构造

工业建筑的地面应满足生产使用要求,根据生产中的荷载、设备运行情况,生产操作时产生的振动、冲击、温度、水和各种液体等影响来选择地面。由于厂房的地面面积较大,承受荷载较重,用料较多,所以在选择地面材料和地面构造方案时,必须注意经济合理性。

1. 地面的组成

单层厂房的地面与民用建筑的构造层次基本相同,一般由面层、垫层和基层组成,当基本构造层次不能满足使用要求时,可增设其他构造层,如结合层、找平层、防水层等,如图 16-24 所示。

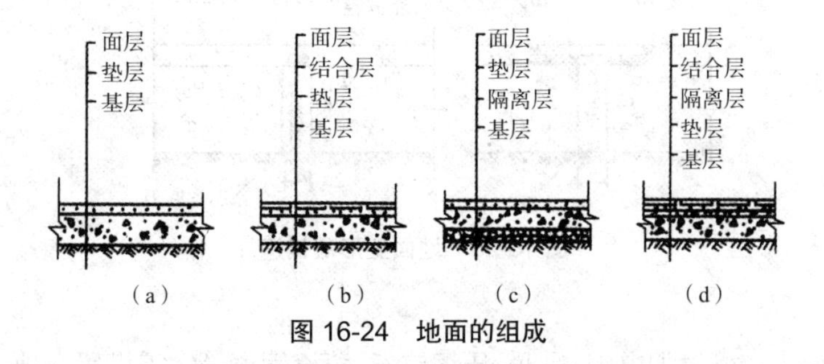

图 16-24 地面的组成

(1)面层

面层是直接承受各种物理、化学作用的表面层,如碾压、冲击、磨损、酸碱腐蚀等。地面设计除满足上述要求外，还要满足生产工艺的特殊要求，如防水、防爆、防尘、防火等。

（2）垫层

垫层是承受并传递地面荷载至基层的构造层。垫层根据材料性质的不同，可分为刚性垫层和柔性垫层两大类。

刚性垫层是指用混凝土、沥青混凝土、钢筋混凝土等做成的垫层。它具有整体性好、不透水、强度大等特点，适用于直接安装中小型设备、受较大集中荷载且要求变形小的地面，以及有侵蚀性介质或大量水作用或面层构造要求为刚性垫层的地面。柔性垫层由松散材料组成，无整体刚度，受力后易产生塑性变形，如砂、碎石、矿渣、三合土等，适用于有重大冲击、剧烈振动作用或储放笨重材料的地面。

（3）基层

基层是地面的最下层，是经过处理的地基层，最常用的是夯实后的素土。

（4）结合层

结合层是块状材料面层与下一构造层之间的连接层，起结合作用。常用的结合层材料有水泥砂浆、沥青胶泥、水玻璃胶泥等。

（5）找平层

在垫层上起找平、找坡或加强作用的构造层。常用材料为 1 : 3 水泥砂浆或 C10 混凝土。

（6）隔离层

隔离层是防止地面上各种液体或地下水、潮气透过地面的隔绝层。常用材料为沥青卷材制品。

2. 地面细部构造

（1）地面变形缝

在下列情况下应设置变形缝。大面积刚性垫层的地面，一般应设置变形缝，地面变形缝的位置应与建筑物的变形缝位置一致；在一般地面与振动大的设备基础之间应设变形缝；地面上局部地段的堆放荷载与相邻地段的荷载相差悬殊时应设变形缝。变形缝应贯穿地面各构造层，并用沥青类材料填充，如图 16-25 所示。

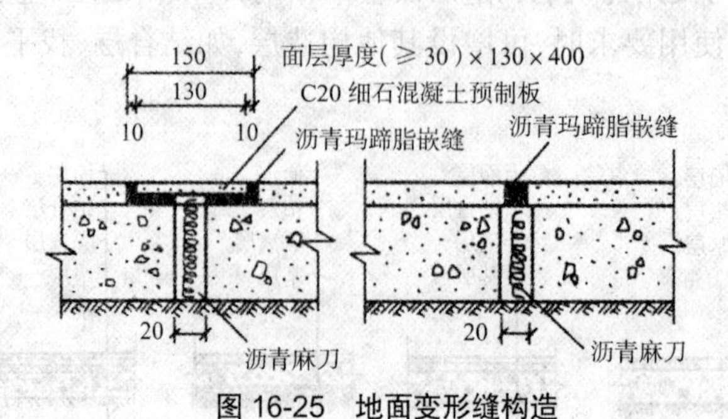

图 16-25 地面变形缝构造

（2）地沟

厂房内有些生产管道如电缆、采暖、压缩空气、蒸汽管道等常需设置在地沟内，地沟常见做法有两种：砖砌地沟和混凝土地沟，如图 16-26 所示。

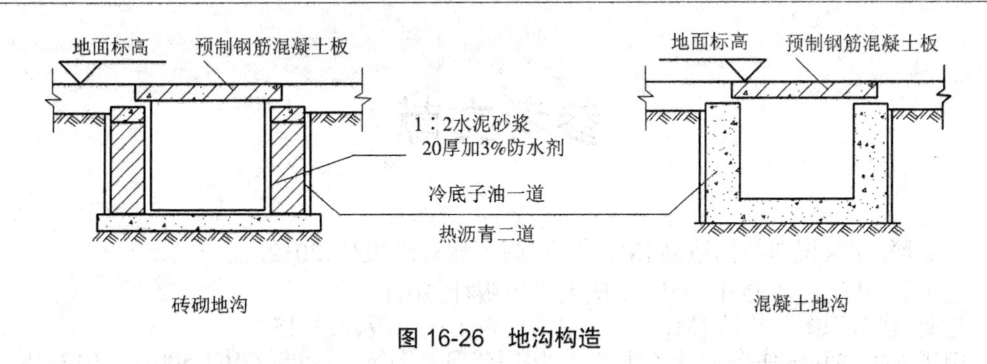

图 16-26　地沟构造

思考题

1. 什么是工业建筑，工业建筑有哪些特点？
2. 简述单层工业厂房的主要结构组成。
3. 何谓柱网？在确定柱网尺寸时，跨度和柱距是怎样规定的？
4. 试述厂房定位轴线及其作用、类型及编号的注写方法。
5. 试述杯形基础的构造及要求。
6. 根据基础埋置深度的不同，基础梁搁置在基础上的方式有哪几种？
7. 为什么单层厂房在山墙处要设抗风柱，抗风柱与屋架连接的构造原理和方法怎样？
8. 柱间支撑有何作用，一般怎样设置？
9. 吊车梁的形式有哪些，它与柱是怎样连接的？
10. 何谓连系梁？试述其作用及与柱的连系方式。
11. 屋盖结构有哪两种体系，有哪两部分组成？
12. 有些厂房为什么要设置天窗，常见的天窗有哪几种？
13. 砖外墙与柱的相对位置有几种布置方案，它们的优缺点是什么？
14. 试述厂房大门的有关尺寸要求。
15. 工业建筑在什么情况下应设置地面变形缝？
16. 厂房地面由哪些构造层次组成，它们有什么作用？

参考文献

[1] 吴舒琛. 建筑识图与构造高 [M]. 北京:高等教育出版社,2012.

[2] 张士芬. 建筑制图 [M]. 重庆:重庆大学出版社,2011.

[3] 赵研. 建筑识图与构造 [M]. 北京:中国建筑工业出版社,2015.

[4] 中华人民共和国住房和城乡建设部. 房屋建筑制图统一标准(GB/T 5001—2017)[S]. 北京:中国建筑工业出版社,2017.